New Wun Ching Developmental Publishing Co., Ltd.

New Age · New Choice · The Best Selected Educational Publications — NEW WCDP

第**6**版
Sixth Edition

林子賢
賴全裕　編著
呂牧蓁

作業環境控制通風工程

WORKPLACE
ENVIRONMENTAL
CONTROL:
Ventilation Engineering

　　作業環境控制工程是職業衛生學的核心課程之一，也是職業衛生技師及技能檢定等國家考試之必考科目或主要內容之一，其中通風工程是針對空氣中有害物之主要工程控制方法，也跟防火防爆有關，例如 2014 年發生於高雄市區之爆炸事故。本書《作業環境控制－通風工程》之編纂，即是為了提供莘莘學子與職業安全衛生相關從業人員，作為學習與參考之用。

　　本書 3 位作者都是在國內職業安全衛生有關學系任教，且具有工業通風實務經驗之研究學者。本書內容闡述了通風工程之基本觀念與原理，包括局部排氣與整體換氣，並在其後分別安排實務應用與檢測之章節，將作者群歷年研究與教學成果融入其中。與第 5 版章節之主要不同處，是新增近年考古題及多題計算題範例，並於第 5 章排氣機新增第 4 節簡易煙囪設計原則；以及因 COVID-19 疫情嚴峻，特別於第 9 章生物安全暨通風控制新增了第 4 節正壓手術室及負壓前室。

　　本書收錄自 2009 年開始之 10 年考古題，特別是職業安全衛生管理人員甲、乙級術科技能檢定考試（收錄到 2021 年第 1 次）、職業衛生與工業安全等技師國考（收錄到 2020 年）、職業安全衛生高普考（收錄到 2020 年）等，並在部分計算題後列出參考答案，以供讀者課後練習，培養獨立思考判斷之能力，也增強應考之實力。技能檢定考試中，術科的計算題，往往是及格與否的關鍵所在，而工業通風相關考題就是術科考題中常出現的，相信讀者可藉由研讀本書，來熟悉相關考試題目。

　　本書承蒙國內諸多大學院校職業安全有關學系之採用，諸多專家學者也提供了許多寶貴意見。在此向諸位先進致上由衷謝意。

林子賢・賴全裕・呂牧蓁

2021 春於臺中

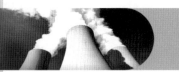

目錄 · Contents

�֎ Contents

Contents ✿

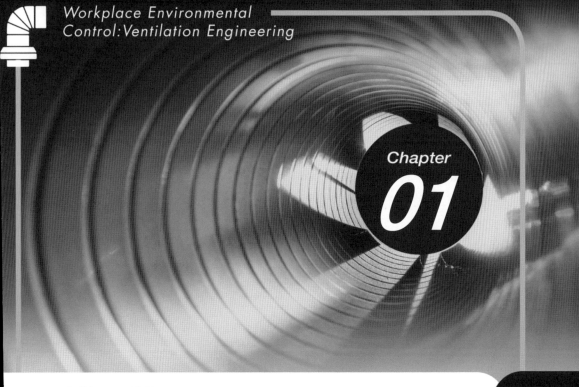

緒　論

第一節 ❖ 工業通風與作業環境控制

　　工業通風(industrial ventilation)是職業安全衛生的重要課題之一。依美國工業衛生學會（American Industrial Hygiene Association，簡稱 AIHA）定義，職業衛生是一門致力於預期(anticipation)、認知(recognition)、評估(evaluation)及控制(control)勞動場所中可能導致勞工或社區民眾生病、健康福祉受損或顯著不舒適的環境因子或壓力之科學及藝術。從上述的定義可知，工業通風在此即扮演危害「控制」的主要角色。另一方面，在工業安全領域中，工業通風也扮演著相當重要的角色，如局限空間危害預防、防火防爆，以及消防設備中之排煙設備等都與工業通風有很高的關連性。

　　以作業環境控制的觀點而言，控制污染物及防範有害物發生的最好方式，便是從其發生源著手，即所謂源頭管理，其次才是傳送途徑及個人防護等措施，作業環境控制與管理措施如表 1-1 所示。首先藉由取代高危害物料及工程改善來達到減少危害發生及暴露量，進而配合健康管理、行政管理與教育訓練等安全衛生管理事項，以達到維護勞工健康之目的。所謂工程改善，除了更新及調整機械設備外（有關法規如表 1-2 所示），主要就是運用工業通風原理，設置控制設備，將有害物從其發生源排除或降低其危害。

✕ 表 1-1　作業環境控制與管理措施

有害物發生源(source)	傳輸路徑(path)	暴露者(receiver)
1. 以低危害物料替代	1. 環境整理整頓	1. 教育訓練
2. 修改製程	2. 一般換氣	2. 輪班
3. 密閉製程	3. 稀釋通風	3. 包圍作業員
4. 隔離製程	4. 拉長距離	4. 個人監測系統
5. 加濕	5. 環境監測	5. 個人防護具
6. 局部排氣裝置	6. 維護管理	6. 維護管理
7. 維護管理		

✖ 表 1-2　作業環境控制與管理措施有關法規

法規	條號	條文
職業安全衛生設施規則	298	雇主對於處理有害物、或勞工暴露於強烈噪音、振動、超音波及紅外線、紫外線、微波、雷射、射頻波等非游離輻射或因生物病原體污染等之有害作業場所，應去除該危害因素，採取使用代替物、改善作業方法或工程控制等有效之設施。
	322	雇主對於廚房及餐廳，應依下列規定辦理： 一、餐廳、廚房應隔離，並有充分之採光及照明，且易於清掃之構造。
	325	各業特殊環境安全衛生設施標準及特殊危險、有害作業場所安全衛生設施標準，中央主管機關依其性質另行規定之。
	326	本規則規定之一切有關安全衛生設施，雇主應切實辦理，並應經常注意維修與保養。如發現有異常時，應即補修或採其他必要措施。如有臨時拆除或使其暫時喪失效能之必要時，應顧及勞工身體及作業狀況，使其暫停工作或採其他必要措施，於其原因消除後，應即恢復原狀。
	327	雇主應規定勞工遵守下列事項，以維護依本規則規定設置之安全衛生設備： 一、不得任意拆卸或使其失去效能。 二、發現被拆卸或喪失效能時，應即報告雇主或主管人員。
鉛中毒預防規則	8	雇主使勞工從事第 2 條第 2 項第 4 款或第 6 款之作業時，依下列規定： 四、鑄造過程中，如有熔融之鉛或鉛合金從自動鑄造機中飛散之虞，應設置防止其飛散之設備。 五、室內作業場所之地面，應為易於使用真空除塵機或以水清除之構造。
	9	雇主使勞工從事第 2 條第 2 項第 5 款之作業時，依下列規定： 二、室內作業場所之地面，應為易於使用真空除塵機或以水清除之構造。
	18	雇主使勞工從事第 2 條第 2 項第 14 款之剝除含鉛塗料時，依下列規定： 一、應採取濕式作業，但有顯著困難者，不在此限。 二、應將剝除之含鉛塗料立即清除。

✖ 表 1-2　作業環境控制與管理措施有關法規（續 1）

法規	條號	條文
鉛中毒預防規則	21	雇主使勞工於室內作業場所搬運粉狀之鉛、鉛混存物、燒結礦混存物之輸送機，依下列規定： 二、斗式輸送機，應設置有效防止鉛塵飛揚之設備。
	22	雇主使勞工從事乾燥粉狀之鉛、鉛混存物作業之場所，依下列規定： 一、應防止鉛、鉛混存物之鉛塵溢出於室內。 二、乾燥室之地面、牆壁或棚架之構造，應易於使用真空除塵機或以水清除者。
	33	雇主設置之局部排氣裝置或整體換氣裝置，於鉛作業時不得停止運轉。但裝置內部清掃作業，不在此限。 雇主設置之局部排氣裝置或整體換氣裝置之處所，不得阻礙其排氣或換氣功能。
	43	雇主使勞工從事第 2 條第 2 項第 15 款之作業時，依下列規定： 一、作業開始前，應確實隔離該設備與其他設備間之連結部分，並將該設備給予充分換氣。 二、應將附著或堆積該設備內部之鉛、鉛混存物或燒結礦混存物等之鉛塵充分濕潤以防止其飛揚。
四烷基鉛中毒預防規則	8	雇主使勞工從事第 2 條第 1 項第 3 款規定有關加鉛汽油用儲槽作業時，依下列規定： 二、儲槽之人孔、排放閥及其他不致使四烷基鉛或加鉛汽油流入內部之開口部分，應全部開放。
	26	雇主於儲藏四烷基鉛或加鉛汽油時，應使用具有栓蓋之牢固容器並使桶蓋向上以避免四烷基鉛或加鉛汽油之溢出、漏洩、滲透或擴散，該儲藏場所應依下列規定： 二、將四烷基鉛蒸氣排除於室外。
	27	雇主應將曾儲裝四烷基鉛之空容器予以密閉或放置於室外之一定場所，並予標示。
	28	雇主使勞工於隔離室以遙控方式從事四烷基鉛作業時，僅適用第 13 條、第 20 條、第 25 條、第 26 條及第 27 條之規定。

❖ 表 1-2　作業環境控制與管理措施有關法規（續 2）

法規	條號	條文
特定化學物質危害預防標準	6	為防止特定化學物質引起職業災害，雇主應致力確認所使用物質之毒性，尋求替代物之使用、建立適當作業方法、改善有關設施與作業環境並採取其他必要措施。
	10	雇主使勞工從事乙類物質中之鈹及其化合物或含鈹及其化合物占其重量超過 1%（鈹合金時，以鈹占其重量超過 3%者為限）之混合物（以下簡稱鈹等）以外之乙類物質之製造時，其核定基準如下： 一、製造場所應與其他場所隔離，且該場所之地板及牆壁應以不浸透性材料構築，且應為易於用水清洗之構造。 二、製造設備應為密閉設備，且原料、材料及其他物質之供輸、移送或搬運，應採用不致使作業勞工之身體與其直接接觸之方法。 三、為預防反應槽內之放熱反應或加熱反應，自其接合部分漏洩氣體或蒸氣，應使用墊圈等密接。 四、為預防異常反應引起原料、材料或反應物質之溢出，應在冷凝器內充分注入冷卻水。 五、必須在運轉中檢點內部之篩選機或真空過濾機，應為於密閉狀態下即可觀察其內部之構造，且應加鎖；非有必要，不得開啟。 六、處置鈹等以外之乙類物質時，應由作業人員於隔離室遙控操作。但將粉狀鈹等以外之乙類物質充分濕潤成泥狀或溶解於溶劑中者，不在此限。 八、為預防鈹等以外之乙類物質之漏洩及其暴露對勞工之影響，應就下列事項訂定必要之操作程序，並依該程序實施作業： (一) 閥、旋塞等（製造鈹等以外之乙類物質之設備於輸給原料、材料時，以及自該設備取出製品等時為限）之操作。 (二) 冷卻裝置、加熱裝置、攪拌裝置及壓縮裝置等之操作。 (三) 計測裝置及控制裝置之監視及調整。 (四) 安全閥、緊急遮斷裝置與其他安全裝置及自動警報裝置之調整。

✖ 表 1-2　作業環境控制與管理措施有關法規（續 3）

法規	條號	條文
特定化學物質危害預防標準	10	（五）蓋板、凸緣、閥、旋塞等接合部分之有否漏洩鈹等以外之乙類物質之檢點。 （六）試料之採取及其所使用之器具等之處理。 （七）發生異常時之緊急措施。 （八）個人防護具之穿戴、檢點、保養及保管。 （九）其他為防止漏洩等之必要措施。 九、自製造設備採取試料時，應依下列規定： （一）使用專用容器。 （二）試料之採取，應於事前指定適當地點，並不得使試料飛散。 （三）經使用於採取試料之容器等，應以溫水充分洗淨，並保管於一定之場所。 十、勞工從事鈹等以外之乙類物質之處置作業時，應使該勞工穿戴工作衣、不浸透性防護手套及防護圍巾等個人防護具。
	11	雇主使勞工從事鈹等之製造時，其核定基準如下： 為預防鈹等之粉塵、燻煙、霧滴之飛散致勞工遭受污染，應就下列事項訂定必要之操作程序，並依該程序實施作業。 （一）將鈹等投入容器或自該容器取出。 （二）儲存鈹等之容器之搬運。 （三）鈹等之空氣輸送裝置之檢點。 （五）試料之採取及其所使用之器具等之處理。 （六）發生異常時之緊急措施。 （七）個人防護具之穿戴、檢點、保養及保管。 （八）其他為防止鈹等之粉塵、燻煙、霧滴之飛散之必要措施。
	12	雇主為試驗或研究使勞工從事製造乙類物質時，應依下列規定： 一、製造設備應為密閉設備。但在作業性質上設置該項設備顯有困難，而將其置於氣櫃內者，不在此限。 二、製造場所應與其他場所隔離，且該場所之地板及牆壁應以不浸透性材料構築，且應為易於用水清洗之構造。

※ 表 1-2　作業環境控制與管理措施有關法規（續 4）

法規	條號	條文
特定化學物質危害預防標準	30	雇主對製造、處置或使用乙類物質、丙類物質或丁類物質之設備，或儲存可生成該物質之儲槽等，因改造、修理或清掃等而拆卸該設備之作業或必須進入該設備等內部作業時，應依下列規定： 一、派遣特定化學物質作業主管從事監督作業。 二、決定作業方法及順序，於事前告知從事作業之勞工。 三、確實將該物質自該作業設備排出。 四、為使該設備連接之所有配管不致流入該物質，應將該閥、旋塞等設計為雙重開關構造或設置盲板等。 五、依前款規定設置之閥、旋塞應予加鎖或設置盲板，並將「不得開啟」之標示揭示於顯明易見之處。 六、作業設備之開口部，不致流入該物質至該設備者，均應予開放。 七、使用換氣裝置將設備內部充分換氣。 八、以測定方法確認作業設備內之該物質濃度未超過容許濃度。 九、拆卸第 4 款規定設置之盲板等時，有該物質流出之虞者，應於事前確認在該盲板與其最接近之閥或旋塞間有否該物質之滯留，並採取適當措施。 十、在設備內部應置發生意外時能使勞工立即避難之設備或其他具有同等性能以上之設備。 十一、供給從事該作業之勞工穿著不浸透性防護衣、防護手套、防護長鞋、呼吸用防護具等個人防護具。 雇主在未依前項第八款規定確認該設備適於作業前，應將「不得將頭部伸入設備內」之意旨，告知從事該作業之勞工。
	35	雇主應於製造、處置或使用乙類物質或丙類物質之作業場所以外之場所設置休息室。 前項物質為粉狀時，其休息室應依下列規定： 一、應於入口附近設置清潔用水或充分濕潤之墊席等，以清除附著於鞋底之附著物。 二、入口處應置有衣服用刷。 三、地面應為易於使用真空吸塵機吸塵或水洗之構造，並每日清掃一次以上。 雇主於勞工進入前項規定之休息室之前，應使其將附著物清除。

✖ 表 1-2　作業環境控制與管理措施有關法規（續 5）

法規	條號	條文
特定化學物質危害預防標準	37	雇主使勞工從事特定化學物質等之作業時，應於每一班次指定現場主管擔任特定化學物質作業管理員從事監督作業。 雇主應使前項作業管理員執行下列規定事項： 一、 預防從事作業之勞工遭受污染或吸入該物質。 二、 決定作業方法並指揮勞工作業。 四、 監督勞工確實使用防護具。
	44	雇主使勞工從事下列之一作業時，應將石綿等加以濕潤。但濕潤石綿等有顯著困難者，不在此限。 一、 石綿等之截斷、鑽孔或研磨等作業。 二、 塗敷、注入或襯貼有石綿等之物之破碎、解體等作業。 三、 將粉狀石綿等投入容器或自該容器取出之作業。 四、 粉狀石綿等之混合作業。 雇主應於前項作業場所設置收容石綿等之切屑所必要之有蓋容器。
	45	雇主使勞工從事煉焦作業必須使勞工於煉焦爐上方或接近該爐作業時，應依下列規定： 煉焦爐用輸煤裝置、卸焦裝置、消熱車用導軌裝置或消熱車等之駕駛室內部，應具有可防止煉焦爐生成之特定化學物質之氣體、蒸氣或粉塵（以下簡稱煉焦爐生成物）流入之構造。 四、 為煤碳等之輸入而需使煉焦爐內減壓，應在上升管部分採取適當之裝置。 五、 為防止上升管與上升管蓋接合部分漏洩煉焦爐生成物，應將該接合部分緊密連接。 六、 為防止勞工輸煤於煉焦爐致遭受煉焦爐生成物之污染，輸煤口蓋之開閉，應由作業人員於隔離室遙控操作。
有機溶劑中毒預防規則	2	本規則適用於從事下列各款有機溶劑作業之事業： 三、 使用有機溶劑混存物從事印刷之作業。 四、 使用有機溶劑混存物從事書寫、描繪之作業。 五、 使用有機溶劑或其混存物從事上光、防水或表面處理之作業。 六、 使用有機溶劑或其混存物從事為黏接之塗敷作業。

❌ 表 1-2　作業環境控制與管理措施有關法規（續 6）

法規	條號	條文
有機溶劑中毒預防規則	2（續）	七、 從事已塗敷有機溶劑或其混存物之物品之黏接作業。 八、 使用有機溶劑或其混存物從事清洗或擦拭之作業。但不包括第 12 款規定作業之清洗作業。 九、 使用有機溶劑混存物之塗飾作業。但不包括第 12 款規定作業之塗飾作業。 十、 從事已附著有機溶劑或其混存物之物品之乾燥作業。 十一、 使用有機溶劑或其混存物從事研究或試驗。 十二、 從事曾裝儲有機溶劑或其混存物之儲槽之內部作業。但無發散有機溶劑蒸氣之虞者，不在此限。
	3	八、 作業時間短暫：指雇主使勞工每日作業時間在 1 小時以內。 九、 臨時性之有機溶劑作業：指正常作業以外之有機溶劑作業，其作業期間不超過 3 個月且 1 年內不再重覆者。
	18	雇主使勞工從事有機溶劑作業時，對有機溶劑作業之室內作業場所及儲槽等之作業場所，實施通風設備運轉狀況、勞工作業情形、空氣流通效果及有機溶劑或其混存物使用情形等，應隨時確認並採取必要措施。
	25	雇主於室內儲藏有機溶劑或其混存物時，應使用備有栓蓋之堅固容器，以免有機溶劑或其混存物之溢出、漏洩、滲洩或擴散，該儲藏場所應依下列規定： 一、 防止與作業無關人員進入之措施。 二、 將有機溶劑蒸氣排除於室外。
	26	雇主對於曾儲存有機溶劑或其混存物之容器而有發散有機溶劑蒸氣之虞者，應將該容器予以密閉或堆積於室外之一定場所。
粉塵危害預防標準	17	雇主依第 6 條規定設置之濕式衝擊式鑿岩機於實施特定粉塵作業時，應使之有效給水。
	18	雇主依第 6 條或第 23 條但書規定設置維持粉塵發生源之濕潤狀態之設備，於粉塵作業時，對該粉塵發生處所應保持濕潤狀態。
	21	雇主應公告粉塵作業場所禁止飲食或吸菸，並揭示於明顯易見之處所。

✖ 表 1-2　作業環境控制與管理措施有關法規（續 7）

法規	條號	條文
粉塵危害預防標準	22	雇主對室內粉塵作業場所至少每日應清掃 1 次以上。 雇主至少每月應定期使用真空吸塵器或以水沖洗等不致發生粉塵飛揚之方法，清除室內作業場所之地面、設備。但使用不致發生粉塵飛揚之清掃方法顯有困難，並已供給勞工使用適當之呼吸防護具時，不在此限。
營造安全衛生設施標準	86	雇主對於隧道、坑道作業，有因落磐、出水、崩塌或可燃性氣體、粉塵存在，引起爆炸火災或缺氧、氣體中毒等危險之虞，應即使作業勞工停止作業，離開作業場所，非經測定確認無危險及採取適當通風換氣後，不得恢復作業。
	99	雇主對於隧道、坑道之電力及其他管線系統，應依下列規定辦理： 一、電力系統應與水管、電訊、通風管系統隔離。
	166	雇主對於油漆作業場所，應有適當之通風、換氣，以防易燃或有害氣體之危害。
	172	雇主對於臨時房舍，應依下列規定辦理： 二、應有適當之通風及照明。

練習範例

職業安全衛生管理技術士技能檢定及高普考考題

（　）1. 下列何者不屬降低化學性危害暴露的基本概念？　(1)職場健康促進　(2)減少發生源的產生　(3)切斷化學物質傳輸路徑　(4)保護接受者。　　　　　　　【乙 3-317】

（　）2. 下列何者是最佳的危害控制先後順序（A.從危害所及的路徑控制；B.從暴露勞工加以控制；C.控制危害源）？　(1)ABC　(2)BCA　(3)CAB　(4)CBA。　　　　　　　【甲安 3-5】

（　）3. 有關勞工衛生危害之管制，應以下列何者優先？　(1)發生源、製程及硬體設備改善　(2)作業管理　(3)防護具　(4)健康管理。

【甲安 3-14】

（　）4. 危害控制應優先考慮由何處著手？　(1)暴露者　(2)危害所及之路徑　(3)危害源　(4)作業管理。

【甲衛 3-46】

（　）5. 下列何者是作業環境控制最有效的方法？　(1)以無毒性原料替代　(2)以通風工程控制　(3)使勞工戴用防護具　(4)減少勞工暴露。

【化測甲 2-42】

（　）6. 為降低個人暴露，可藉控制有害物發生源達成，下列何者屬於此類控制方法？　(1)替代　(2)整體換氣　(3)使用防護具　(4)減少工時。

【乙 3-318】

（　）7. 防範有害物危害之對策，應優先考慮下列何者？　(1)健康管理　(2)行政管理　(3)工程改善　(4)教育訓練。

【乙 3-316】

（　）8. 作業環境暴露結果評估後，採取之改善方案中應優先考量下列何者？　(1)健康管理　(2)工程控制　(3)行政管理　(4)使用防護具。

【化測甲 6-66】

（　）9. 對於有害物工程控制，下列敘述何者為非？　(1)將製造區隔離，以減少暴露人數　(2)使用濕潤法（濕式作業）以減少有機溶劑逸散　(3)改變製程以減少操作人員與危害因素之接觸　(4)使用區域排氣（通風），以排出危害氣懸物質。

【甲衛 3-266】

（　）10. 風險控制執行策略中，下列何者屬於工程控制法？　(1)修改操作方法　(2)修改操作條件　(3)修改製程設計　(4)修改操作步驟。

【甲安 3-142】

（　）11. 預防職業病最根本的措施為何？　(1)實施特殊健康檢查　(2)實施作業環境改善　(3)實施定期健康檢查　(4)實施僱用前體格檢查。

【職安衛共同科目 41】

（　）12. 以下何者是消除職業病發生率之源頭管理對策？　(1)使用個人防護具　(2)健康檢查　(3)改善作業環境　(4)多運動。

【職安衛共同科目 54】

（　）13. 室內粉塵作業場所依規定至少多久應清掃 1 次以上？　(1)每日　(2)每週　(3)每月　(4)每年。　【甲衛 1-113】

（　）14. 粉塵危害預防標準規定，下述何者有誤？　(1)作業場所禁止飲食　(2)至少每 4 小清掃 1 次以上　(3)應指定粉塵作業主管　(4)若作業場所對於粉塵飛揚之清掃方法有困難，可以採行供給勞工使用呼吸防護具，以代替每日至少清掃 1 次以上之規定。

【乙 1-301】

（　）15. 依粉塵危害預防規則規定，雇主應至少多久時間定期使用真空吸塵器或以水沖洗等不致發生粉塵飛揚之方法，清除室內作業場所之地面？　(1)每日　(2)每週　(3)每月　(4)每季。　【甲衛 1-118】

（　）16. 預防危害物進入人體的種種措施中，下列哪一項不是針對發生源所進行的措施？　(1)危害源包圍　(2)局部排氣　(3)危害物替換　(4)整體換氣。　【甲衛 3-238】

（　）17. 從事已塗布含鉛塗料物品之剝除含鉛塗料時，下列何者之預防設施效果最差？　(1)密閉設備　(2)局部排氣裝置　(3)整體換氣裝置　(4)濕式作業。　【甲衛 1-46】

（　）18. 在實施危害因子的預防管制時，如以調整暴露時間方式進行時，係屬何種管理？　(1)環境管理　(2)作業管理　(3)健康管理　(4)安全管理。　【甲衛 3-15】

（　）19. 防護具選用為預防職業病之第幾道防線？　(1)第一道　(2)第二道　(3)第三道　(4)最後一道。　【乙 3-327】

（　）20. 呼吸防護具通常使用時機不包括下列哪一項？　(1)為工業危害防護最後一道防線　(2)緊急搶救事件　(3)無其他工程控制方法可資使用　(4)經常性維護。　【甲衛 3-218】

（　　）21. 呼吸防護具通常使用時機不含下列哪項？　(1)短期維護　(2)緊急
　　　　　處置　(3)無其他工程控制方法可資使用　(4)為工業危害防護第一
　　　　　道防線。　　　　　　　　　　　　　　　　　　　【甲衛 3-222】

（　　）22. 職業衛生的控制原則中，下列何者不是工程管理項目？　(1) 使
　　　　　用防護具　(2)作業隔離　(3)濕式作業　(4)機械自動化。

　　　　　　　　　　　　　　　　　　　　　　　　　　　【物測乙 1-109】

23. 請從污染源、傳輸途徑、工作者 3 方面，分別說明作業場所有害物防制
　　的措施有哪些？　　　　　　　【2012 工安高考三級―工業衛生概論 3】

24. 某工廠作業經評估後含有多種化學性物質可能會造成勞工健康危害，請
　　提出可行的控制方法？　　【2013 地方三等特考工業安全－安全工程 3】

25. 請由職業衛生專業觀點，說明工作場所環境改善的措施選項，並依據優
　　先次序排序並舉例之。　　　　【2013 工礦衛生技師－工業衛生 3】

26. 請就以下安全防護原則，依其使用之優先性，排列順序（只需列出英文
　　代號，例 A>B>C…）。A：低危害替代高危害　B：工程控制　C：消除危
　　害　D：使用個人防護具　E：行政管理控制。　　　【2016-2 甲安 4-1】

27. 為了保護工人健康，請依工業衛生基本原理針對作業程序、製程環境、
　　工作人員分別說明如何控制作業場所的職業危害？

　　　　　　　　　　　　　　　【2014 高考三級工業安全－工業衛生概論 2】

28. 針對化學性危害之預防，可從發生源、傳播路徑及暴露者採取對策，試
　　列出 5 項有關「發生源」方面之對策。　　　　　　　【2015-2#9】

29. 針對化學性因子危害之預防，可從發生源、傳播路徑及暴露者採取對
　　策，試列出 5 項有關傳播路徑方面之對策。　　　　　【2013-3#9】

30. 防止有害物質危害之方法，可從 A.發生源、B.傳播途徑及 C.暴露者等
　　三處著手，請問下列各方法分屬上述何者？請依序回答。（本題各小項
　　均為單選，答題方式如：(1)A、(2)B……）

　　(1)設置整體換氣裝置。　　　　　　　(6)以低毒性、低危害性物料取代。

(2)設置局部排氣裝置。　　　　(7)實施輪班制度，減少暴露時間。

(3)製程之密閉。　　　　　　　(8)製程之隔離。

(4)實施勞工安全衛生教育訓練。　(9)使用正確有效之個人防護具。

(5)擴大發生源與接受者之距離。　(10)變更製程方法、作業程序。

【2013-1#8】

31. 何謂工程控制(engineering control)？試列舉 5 種工業衛生常用之工程控制方法。　　　　　　　　　　　【2015 普考工業安全－工業衛生概要5】

32. 工礦衛生技師如何運用專業知識和能力來控制(controls)職業場所產生的危害(hazards)？　　　　　　　　　【2012 工礦衛生技師－工業衛生3】

33. 解釋名詞：作業隔離。　　　　【2015 普考工業安全－工業衛生概要1】

34. 依據「職業安全衛生法」第 6 條第 7 款之規定，雇主對防止原料、材料、氣體、蒸氣、粉塵、溶劑、化學品、含毒性物質或缺氧空氣等引起之危害，應有符合規定之必要安全衛生設備及措施。在奈米物質(nanomaterials)暴露控制方法中，請申論應如何進行原則上之工程控制？　　　　　　　　　　　　　　　　　　【2018 工礦衛生技師－環控2】

35. 職業衛生專業在工作場所常採用的控制與管理措施有哪些？請由污染物發生源、傳送途徑以及污染物接收者（工人）等 3 個面向條列，並依據採用的優先次序闡述說明。　　　　　　　　【2019 高考工安－工衛概要2】

第二節　❀ 工業通風之功能與目的

　　通風之功能主要在於藉由供給或排除空氣，調節工作場所之空氣品質，以保持勞工之健康及提高其工作效率。其目的可概分為 4 種：

1. 提供工作場所勞工足夠的新鮮空氣。此目的在缺氧作業狀況下尤其重要，因氧氣含量不足所造成的缺氧，嚴重時可能造成永久性傷害，如植物人，甚至死亡。

2. 稀釋或抽取作業環境空氣中所含的低毒性有害物（整體換氣）或抽取高毒性有害物（局部排氣），並藉空氣的流動將其排出，降低作業環境空氣中有害物或危險物的濃度，減少勞工暴露，這是預防職業病最根本的措施之一。有害物的濃度應低於法定容許濃度，或使其刺激性不致引起勞工身體不適，如長期暴露於這些有害物中，可能引起各類慢性疾病。

3. 將空氣中的危險物稀釋並排出，避免火災爆炸的發生。

4. 調節作業環境之溫、濕度（例如中央空調）及風速，確保勞工之工作舒適度。

　　上述通風目的第 3 項之防火防爆，可對應到職業安全衛生設施規則（以下簡稱設施規則）第 8 章爆炸、火災及腐蝕、洩漏之防止第 3 節危險物處置之規定，如表 1-3 所示。

✖ 表 1-3　職業安全衛生設施規則第 8 章第 3 節危險物處置條文

條號	條文
188	雇主對於存有易燃液體之蒸氣、可燃性氣體或可燃性粉塵，致有引起爆炸、火災之虞之工作場所，應有通風、換氣、除塵、去除靜電等必要設施。 雇主依前項規定所採設施，不得裝置或使用有發生明火、電弧、火花及其他可能引起爆炸、火災危險之機械、器具或設備。
189	雇主對於通風或換氣不充分之工作場所，使用可燃性氣體及氧氣從事熔接、熔斷或金屬之加熱作業時，為防止該等氣體之洩漏或排出引起爆炸、火災，應依下列規定辦理： 一、氣體軟管或吹管，應使用不因其損傷、摩擦導致漏氣者。 二、氣體軟管或吹管相互連接處，應以軟管帶、軟管套及其他適當設備等固定確實套牢、連接。 三、擬供氣於氣體軟管時，應事先確定在該軟管裝置之吹管在關閉狀態或將軟管確實止栓後，始得作業。 四、氣體等之軟管供氣口之閥或旋塞，於使用時應設置標示使用者之名牌，以防止操作錯誤引起危害。 五、從事熔斷作業時，為防止自吹管放出過剩氧氣引起火災，應有充分通風換氣之設施。 六、作業中斷或完工離開作業場所時，氣體供氣口之閥或旋塞應予關閉後，將氣體軟管自氣體供氣口拆下，或將氣體軟管移放於自然通風、換氣良好之場所。

上述通風目的第 4 項之溫、濕度調節，可對應到職業安全衛生設施規則第 12 章第 2 節溫度及濕度之規定，如表 1-4 所示。至於風速，依「職業安全衛生設施規則」第 12 章第 3 節通風及換氣第 311 條第 2 項規定，雇主對於勞工經常作業之室內作業場所之氣溫在攝氏 10 度以下換氣時，不得使勞工暴露於每秒 1 公尺以上之氣流中。

✖ 表 1-4　職業安全衛生設施規則第 12 章第 2 節溫度及濕度條文

條號	條文
303	雇主對於顯著濕熱、寒冷之室內作業場所，對勞工健康有危害之虞者，應設置冷氣、暖氣或採取通風等適當之空氣調節設施。
304	雇主對於室內作業場所設置有發散大量熱源之熔融爐、爐灶時，應設置局部排氣或整體換氣裝置，將熱空氣直接排出室外，或採取隔離、屏障或其他防止勞工熱危害之適當措施。
305	雇主對於已加熱之窯爐，非在適當冷卻後，不得使勞工進入其內部從事作業。
306	雇主對作業上必須實施人工濕潤時，應使用清潔之水源噴霧，並避免噴霧器及其過濾裝置受細菌及其他化學物質之污染。 人工濕潤工作場所濕球溫度超過攝氏 27 度，或濕球與乾球溫度相差攝氏 1.4 度以下時，應立即停止人工濕潤。
307	對中央空調系統採用噴霧處理時，噴霧器及其過濾裝置，應避免受細菌及其他化學物質之污染。
308	雇主對坑內之溫度，應保持在攝氏 37 度以下；溫度在攝氏 37 度以上時，應使勞工停止作業。但已採取防止高溫危害人體之措施、從事救護或防止危害之搶救作業者，不在此限。

練習範例
職業安全衛生管理技術士技能檢定及高普考考題

（　　）1.　下列何者非通風換氣之目的？　(1)防止游離輻射　(2)防止火災爆炸　(3)稀釋空氣中有害物　(4)補充新鮮空氣。　　　　【乙 3-395】

(　　) 2. 有關工業通風功能與目的之下列敘述何者不正確？　(1)提供工作場勞工足夠的新鮮空氣　(2)稀釋或抽取作業環境空氣中所含的有害物，並藉空氣的流動將其排出，降低作業環境空氣中有害物或危險物的濃度　(3)藉由通風以控制及減少勞工暴露　(4)工業通風之排風機功能選用只需考慮馬力大小。　【甲衛 3-237】

(　　) 3. 整體換氣裝置是用來　(1)稀釋作業場所空氣中低毒性有害氣體或蒸氣　(2)稀釋作業場所空氣中高毒性有害氣體或蒸氣　(3)調節作業場所溫度　(4)調節作業場所濕度。

【物測甲 2-216，物測乙 2-232】

(　　) 4. 下列何者設施主要作為降低空氣溫度？　(1)加濕器　(2)除濕器　(3)中央空調　(4)空氣清淨裝置。　【物測乙 2-170】

(　　) 5. 空調型建築物換氣的主要目的為何？　(1)提高人體熱舒適度　(2)降低空氣污染濃度　(3)降低相對濕度　(4)促進空間對流熱排除。

【2012 建築師－建築環境控制 22】

(　　) 6. 熱危害改善工程對策中，下列何者是控制輻射熱(R)之有效對策？　(1)設置熱屏障　(2)設置隔熱牆　(3)設置反射簾幕　(4)增加風速。　【甲衛 3-388】

(　　) 7. 雇主對於室內作業場所設置有發散大量熱源之熔融爐、爐灶時，應採取防止勞工熱危害之適當措施，下列何者不正確？　(1)將熱空氣直接排出室外　(2)隔離　(3)換氣　(4)灑水加濕。【乙 3-330】

(　　) 8. 雇主以機械通風設備換氣使空氣充分流通，除提供勞工新鮮空氣外，下列何者較屬非應一併考慮之事項？　(1)溫度調節　(2)火災爆炸防止　(3)氣壓　(4)有害物濃度控制。　【甲衛 1-164】

9. 通風換氣排氣系統的應用可達到哪些目的（提示：考慮兩類系統）？

【2019 職業衛生技師－環控 1】

第三節 ✤ 工業通風的種類

工業通風一般分為「整體換氣」與「局部排氣」兩種。我國有關法規則可加上「密閉設備」而成 3 種。根據法規之定義,「密閉設備」指密閉有害物之發生源,使其不致散布之設備;「局部排氣裝置」指藉動力強制吸引並排出已發散之有害物之設備;「整體換氣裝置」指藉動力稀釋已發散之有害物之設備。各項通風設備在有關法規中之用詞定義,如表 1-5 所示。

✖ 表 1-5　通風換氣設備之用詞定義

通風換氣設備	用辭定義	法源
密閉設備	指密閉有機溶劑蒸氣之發生源使其蒸氣不致發散之設備。	有機溶劑中毒預防規則第 3 條第 3 款
	指密閉粉塵之發生源,使其不致散布之設備。	粉塵危害預防標準第 3 條第 5 款
局部排氣裝置	指藉動力強制吸引並排出已發散有機溶劑蒸氣之設備。	有機溶劑中毒預防規則第 3 條第 4 款
	指藉動力強制吸引並排出已發散粉塵之設備。	粉塵危害預防標準第 3 條第 6 款
	指藉動力吸引並排出已發散四烷基鉛蒸氣之設備。	四烷基鉛中毒預防規則第 3 條第 4 款
整體換氣裝置	指藉動力稀釋已發散有機溶劑蒸氣之設備。	有機溶劑中毒預防規則第 3 條第 5 款
	指藉動力稀釋已發散之粉塵之設備。	粉塵危害預防標準第 3 條第 7 款
換氣裝置	指藉動力輸入外氣置換儲槽、地下室、船艙、坑井或通風不充分之場所等內部空氣之設備。	四烷基鉛中毒預防規則第 3 條第 5 款

　　密閉設備基本上是屬於局部排氣裝置包圍型氣罩之一種，從維護勞工健康的角度而言，將有害物完全密閉起來是最能有效防止或減少勞工暴露有害物的方法，因此密閉設備是有害物作業場所控制危害的最優先考慮方法。如果無法完全密閉有害物之發生源，則第二個選擇應是設置局部排氣裝置，在有害物發生或存在之場所附近，利用動力捕集含有有害物之空氣並將其抽走，因為局部排氣裝置為能使有害物在其發生來源處擴散前即加以排除之工程控制方法。

　　整體換氣主要是藉由動力供給空氣至作業環境中，以便將有害物稀釋，進而利用氣流將有害物由作業環境中排除，有時會被稱為一般通風、全面通風或稀釋通風。如果要細分這些名詞，可參考美國政府工業衛生師協會（American Conference of Governmental Industrial Hygienists，以下簡稱 ACGIH）的說法：一般通風或全面通風(general ventilation)是屬於一般用語，泛指針對某一區域、房間或建築物提供及排除空氣；稀釋通風(dilution ventilation)則是以未受污染之空氣稀釋已受污染空氣，以控制空氣中有害物濃度、防火防爆、去除臭味或其他令人厭惡之污染物。

　　整體換氣根據其動力來源，可分為自然換氣與機械換氣兩種。自然換氣主要是利用天然風力，以溫度差或壓力差造成氣流流動，進而達到換氣之目的，此即一般所謂之溫差排氣或熱對流換氣。機械換氣乃利用機械動力，如風扇、抽風機等，達到空氣流動及稀釋有害物之目的。一般來說，以換氣效率而言，機械換氣優於自然換氣，因為機械換氣有人為操控之換氣設備，較能提供必要之換氣量，以便充分換氣，反觀自然換氣常需靠溫度差等不是人力可完全控制的動力，往往無法提供足夠之換氣量。

　　局部排氣與整體換氣除了設計方式不同外，其所造成的結果及勞工暴露情況也不同。整體換氣因為是用稀釋的方式，因此其排出之空氣中有害物濃度會比發生源或其作業環境空氣中之濃度低，而局部排氣一般是以較整體換氣量少之空氣將有害物捕集並集中於排氣導管中，所以其排氣導管中有害物濃度會大於作業場所空氣中之濃度。當然，以保護勞工健康的角度而言，局部排氣之效率遠大於整體換氣，因此在相關的法規中，都會要

求優先設置密閉設備或局部排氣裝置，以有機溶劑中毒預防規則為例，於室內作業場所或儲槽等之作業場所，從事有關第一種有機溶劑或其混存物之作業時，應於各該作業場所設置密閉設備或局部排氣裝置，至於整體換氣裝置僅可設置於危害比較低的第二種及第三種有機溶劑作業場所。至於鉛中毒預防規則中，也只有通風不充分之場所從事鉛合金軟焊之作業時，才得以設置整體換氣裝置，其餘各項鉛作業皆不得設置。總括而言，整體換氣裝置與局部排氣裝置之使用時機整理如表 1-6 所示。

※ 表 1-6　整體換氣裝置與局部排氣裝置之使用時機

裝置	使用時機
整體換氣裝置	1. 含有害物的空氣產生量不超過稀釋用空氣量。 2. 有害物進入空氣中的速率相當慢，且較有規律。 3. 有害物產生量少且毒性相當低，允許其散布在作業環境空氣中。 4. 勞工與有害物發生源距離必須足夠遠，使得勞工暴露濃度不致超過容許濃度標準。 5. 工作場所的區域大，不是隔離的空間。 6. 有害物發生源分布區域大，且不易設置局部排氣裝置時。
局部排氣裝置	1. 產生大量有害物的工作場所。 2. 有害物的毒性高或為放射性物質。 3. 有害物進入空氣中的速率快，且無規律。 4. 在一隔離的工作場所或有限的工作範圍。

第四節　整體換氣與局部排氣之選擇比較

為使讀者對前述之整體換氣裝置與局部排氣裝置，有整體性之觀念，且在選擇通風方式及操作維護各方面，能夠有所依循，特將整體換氣與局部排氣之特性列於表 1-7，以供讀者參考。其中之各個特性及專有名詞，則於各個相關章節中加以介紹。

✖ 表 1-7　整體換氣與局部排氣之對照表

特性	整體換氣	局部排氣
基本原理	有害物自發生源逸散，並稀釋至容許濃度值以下	有害物自發生源捕集，並自導管中移除
系統組成	排氣機、導管、排風及回風口	氣罩、導管、排氣機、排氣口
通風量及通風時間	穩定狀態	捕捉型氣罩
	Q=K(G/C)	Q=f（氣罩型式、捕捉風速、捕捉距離）
	G=0 時，濃度衰減所需時間	包圍型氣罩
	$t=(KV/Q)\times\ln(C_1/C_2)$	Q=開口面積×表面風速
	非二氧化碳有害物蓄積所需時間	接受型
	$t=(KV/Q)\times\ln\{G/(G-QC/K)\}$	Q=f（氣罩型式、大小及方位）
壓力損失	無導管時，不考慮壓損	各組成之壓損由動壓推估
	循環系統之導管同局部排氣系統	由總壓損推估排氣機動力
排氣機	通常是軸流式	靜壓損失大時用離心式
	循環系統導管較長時採離心式	懸吊型或導管較粗較短時可採軸流式
空氣清淨裝置	通常未使用	針對粒狀或氣狀有害物作選擇
	循環式空調有用 HEPA 濾網	
性能測試	氣流型態（如發煙管）	氣罩控制風速
	排氣機流率、動力	導管搬運風速
		排氣機流率、動力
		氣罩、導管靜壓

練習範例
職業安全衛生管理技術士技能檢定及高普考考題

（　）1. 有害物作業場所控制危害之最優先考慮方法為下列何者？　(1)自然換氣　(2)局部排氣裝置　(3)整體換氣裝置　(4)密閉設備。

【甲衛 3-240】

（　）2. 對於劇毒性及腐蝕性有害物之控制，下列哪一種控制技術應優先考慮？　(1)整體換氣　(2)局部排氣　(3)密閉設備　(4)呼吸防護具。　　　　　　　　　　　　　　　　　　　　【化測甲 2-76】

（　）3. 有機溶劑作業採取控制設施，如不計算成本，下列何者應優先考量？　(1)密閉設備　(2)局部排氣裝置　(3)整體換氣裝置　(4)吹吸型換氣裝置。　　　　　　　　　　　　　　　　　【甲衛 1-35】

（　）4. 能使有害物在其發生源處未擴散前，即加以排除的工程控制方法為下列何者？　(1)整體換氣　(2)熱對流換氣　(3)自然通風　(4)局部排氣。　　　　　　　　　　　　　　　　　　　　【乙 3-397】

（　）5. 下列何者為有機溶劑作業最佳之控制設施？　(1)密閉設備　(2)局部排氣裝置　(3)整體換氣裝置　(4)吹吸型換氣裝置。　　　　　　　　　　　　　　　　　　　　　　　　　【甲衛 1-36】

（　）6. 下列何種通風設備可用於第一種有機溶劑之室內作業場所？　(1)局部排氣　(2)整體換氣　(3)自然換氣　(4)溫差排氣。　【乙 396】

（　）7. 藉動力強制吸引並排出已發散粉塵之設備為下列何者？　(1)局部排氣裝置　(2)密閉設備　(3)整體換氣裝置　(4)維持濕潤狀態之設備。　　　　　　　　　　　　【甲衛 1-115，化測甲 1-128】

（　）8. 廚房設置之排油煙機為下列何者？　(1)整體換氣裝置　(2)局部排氣裝置　(3)吹吸型換氣裝置　(4)排氣煙囪。　　　　　　　　　　　　　　　　　　　　【職安衛共同科目 94】

（　）9. 整體換氣裝置通常不用在粉塵或燻煙之作業場所，其原因不包括下列哪一項？　(1)粉塵或燻煙產生速度及量大，不易稀釋排除　(2)粉塵或燻煙危害小，且容許濃度高　(3)粉塵或燻煙產生率及產生量皆難以估計　(4)整體換氣裝置較適合於使用在污染物毒性小之氣體或蒸氣產生場所。　　　　　　　　　【甲衛 3-250】

（　）10. 整體換氣裝置通常不用在粉塵或燻煙之作業場所，其原因包括下列哪幾項？　(1)粉塵或燻煙產生率及產生量容易估計　(2)粉塵或燻煙危害小，且容許濃度高　(3)粉塵或燻煙產生速度及量大，不易稀釋排除　(4)整體換氣裝置較適合於使用在污染物毒性小之氣體或蒸氣產生場所。　【甲衛 3-39】

（　）11. 使用風扇可影響下列何者？　(1)傳導　(2)對流　(3)輻射　(4)對流與輻射效應。　【物測乙 2-169】

（　）12. 一般工業通風，整體換氣裝置所需排氣量較局部排氣裝置　(1)小　(2)大　(3)相等　(4)不一定。　【物測甲 2-141】

（　）13. 依鉛中毒預防規則規定，得免設置局部排氣裝置或整體換器裝置，不包括下列何種作業？　(1)作業時間短暫　(2)臨時性作業　(3)與其他作業有效隔離勞工不必經常出入　(4)採用濕式作業。

【乙 1-297】

14. 何謂整體換氣及局部換氣？其可適用在哪些作業環境？

【2013 升等薦任工業安全－工業衛生概論 5】

15. 解釋名詞：密閉。　【2015 普考工業安全－工業衛生概要 1】

16. 請試述下列名詞之意涵：局部排氣。

【2018 高考三級工業安全－工業衛生概論 1.4】

17. 下列各情境，何者可使用整體換氣即可(A)，何者應使用局部排氣(B)？請依序作答。(本題各小項均為單選，答題方式如：(1)A、(2)B...)

(1) 工作場所的區域大，不是隔離的空間。

(2) 在一隔離的工作場所或有限的工作範圍。

(3) 有害物的毒性高或放射性物質。

(4) 有害物產生量少且毒性相當低，允許其散布在作業環境空氣中。

(5) 有害物發生源分布區域大，且不易設置氣罩時。

(6) 有害物進入空氣中的速率快,且無規律。

(7) 有害物進入空氣中的速率相當慢,且較有規律。

(8) 含有害物的空氣產生量不超過通風用空氣量。

(9) 產生大量有害物的工作場所。

(10) 工作者與有害物發生源距離足夠遠,使得工作者暴露濃度不致超過容許濃度標準。 【2020-1#8】

18. 依有機溶劑中毒預防規則規定,回答下列問題:

(1) _____:指密閉有機溶劑蒸氣之發生源使其蒸氣不致發散之設備。

(2) _____:指藉動力強制吸引並排出已發散有機溶劑蒸氣之設備。

(3) _____:指藉動力稀釋已發散有機溶劑蒸氣之設備。

第五節 ❖ 工業通風相關法規

目前與工業通風相關之法規,主要都是屬於「職業安全衛生法」(以下簡稱本法),以及其中央主管機關—行政院勞動部所訂定之有關細則、規則、標準及辦法等。本法(2019 年 5 月 15 日總統令修正公布)之訂定是為了要防止職業災害,保障工作者的安全及健康(第 1 條),因此在其第 2 章安全衛生設施第 6 條第 1 項規定:

雇主對下列事項應有符合規定之必要安全衛生設備及措施:

二、防止爆炸性或發火性等物質引起之危害。

三、防止電、熱或其他之能引起之危害。

四、防止採石、採掘、裝卸、搬運、堆積或採伐等作業中引起之危害。

七、防止原料、材料、氣體、蒸氣、粉塵、溶劑、化學品、含毒性物質或缺氧空氣等引起之危害。

八、 防止輻射、高溫、低溫、超音波、噪音、振動或異常氣壓等引起之危害。

十、 防止廢氣、廢液或殘渣等廢棄物引起之危害。

十二、防止動物、植物或微生物等引起之危害。

十四、防止未採取充足通風、採光、照明、保溫或防濕等引起之危害。

　　此法條第 3 項規定上述必要之安全衛生設備與措施之標準及規則，由中央主管機關定之。因此，目前勞動部依據上述條文所訂定之法規中，與通風有關法規如表 1-8 所示。此表所提第 12、23 及 54 條之規定，如表 1-9 所示。至於各法規之通風有關條文，則於之後各有關章節進行說明。上述各表中有關用詞，依本法第 2 條定義如表 1-10 所示。

✖ 表 1-8　勞動部訂定之通風有關法規

序號	法規名稱	修定日期	法源（本法）
1	職業安全衛生法施行細則	2020.2.27	第 54 條
2	職業安全衛生設施規則	2020.3.2	第 6 條第 3 項
3	勞工作業環境監測實施辦法	2016.11.2	第 12 條第 5 項
4	缺氧症預防規則	2014.6.26	第 6 條第 3 項
5	鉛中毒預防規則	2014.6.30	第 6 條第 3 項
6	四烷基鉛中毒預防規則	2014.6.30	第 6 條第 3 項
7	特定化學物質危害預防標準	2016.1.30	第 6 條第 3 項
8	有機溶劑中毒預防規則	2014.6.25	第 6 條第 3 項
9	粉塵危害預防標準	2014.6.25	第 6 條第 3 項
10	營造安全衛生設施標準	2021.1.6	第 6 條第 3 項
11	礦場職業衛生設施標準	2014.6.25	第 6 條第 3 項
12	勞工作業場所容許暴露標準	2018.3.14	第 12 條第 2 項
13	職業安全衛生管理辦法	2020.9.24	第 23 條第 4 項
14	局部排氣裝置定期自動檢查基準	1993.11.3	適用序號 12 第 40 條及第 47 條
15	空氣清淨裝置定期自動檢查基準	1998.10	適用序號 12 第 41 條

✖ 表 1-9　職業安全衛生法第 12、23 及 54 條條文

條	條文
12	雇主對於中央主管機關定有容許暴露標準之作業場所，應確保勞工之危害暴露低於標準值。 前項之容許暴露標準，由中央主管機關定之。 雇主對於經中央主管機關指定之作業場所，應訂定作業環境監測計畫，並設置或委託由中央主管機關認可之作業環境監測機構實施監測。但中央主管機關指定免經監測機構分析之監測項目，得僱用合格監測人員辦理之。 雇主對於前項監測計畫及監測結果，應公開揭示，並通報中央主管機關。中央主管機關或勞動檢查機構得實施查核。 前 2 項之作業場所指定、監測計畫與監測結果揭示、通報、監測機構與監測人員資格條件、認可、撤銷與廢止、查核方式及其他應遵行事項之辦法，由中央主管機關定之。
23	雇主應依其事業單位之規模、性質，訂定職業安全衛生管理計畫；並設置安全衛生組織、人員，實施安全衛生管理及自動檢查。 前項之事業單位達一定規模以上或有第 15 條第 1 項所定之工作場所者，應建置職業安全衛生管理系統。 中央主管機關對前項職業安全衛生管理系統得實施訪查，其管理績效良好並經認可者，得公開表揚之。 前 3 項之事業單位規模、性質、安全衛生組織、人員、管理、自動檢查、職業安全衛生管理系統建置、績效認可、表揚及其他應遵行事項之辦法，由中央主管機關定之。
54	本法施行細則，由中央主管機關定之。

✖ 表 1-10　職業安全衛生法用詞定義

序號	用詞	定義
1	工作者	勞工、自營作業者及其他受工作場所負責人指揮或監督從事勞動之人員。
2	勞工	受僱從事工作獲致工資者。
3	雇主	事業主或事業之經營負責人。
4	事業單位	本法適用範圍內僱用勞工從事工作之機構。

❖ 表 1-10　職業安全衛生法用詞定義（續）

序號	用詞	定義
5	職業災害	因勞動場所之建築物、機械、設備、原料、材料、化學品、氣體、蒸氣、粉塵等或作業活動及其他職業上原因引起之工作者疾病、傷害、失能或死亡。

　　第 18 條所稱有立即發生危險之虞時，依本法施行細則第 25 條規定，指勞工處於需採取緊急應變或立即避難之情形，與通風有關者如下：

一、　自設備洩漏大量危害性化學品，致有發生爆炸、火災或中毒等危險之虞時。

四、　於作業場所有易燃液體之蒸氣或可燃性氣體滯留，達爆炸下限值之 30%以上，致有發生爆炸、火災危險之虞時。

五、　於儲槽等內部或通風不充分之室內作業場所，致有發生中毒或窒息危險之虞時。

六、　從事缺氧危險作業，致有發生缺氧危險之虞時。

第六節　❖　局部排氣裝置簡介

　　局部排氣裝置（Local Exhaust System，簡稱 LE）是指藉動力強制吸引並排出已經發散之有害物之設備。局部排氣之目的為對污染工作場所空氣之有害物質，其在高濃度產生時，以未被混合分散於清潔空氣，利用吸氣氣流將污染空氣於高濃度狀態下，局部性地予捕集排除，進而清淨後放出於大氣。其優點為對於排除污染物之效果較為顯著，且較整體換氣為經濟。因此，對粉塵、氣體、蒸氣、煙霧等污染物實施換氣時，首應考慮設置局部排氣裝置之可行性。

一般係由氣罩(hood)、吸氣導管(duct)、空氣清淨裝置(air cleaner)、排氣機(fan)、排氣導管及排氣口(stack)所構成。整個系列組合之示意圖如圖1-1所示。其中，排氣機之前的所有導管稱為吸氣導管，排氣機之後的所有導管稱為排氣導管。顧名思義，吸氣導管管內氣流處於負壓狀態，排氣導管之管內氣流則處於正壓狀態。一般而言，空氣清淨裝置位於排氣機之前，如此可使通過排氣機之廢氣較為乾淨，排氣機之操作效能應可提升或較能維持良好狀態，減少排氣機之保養負荷，延長排氣機之操作壽命，減少事業單位之總支出。

圖 1-1　局部排氣裝置示意圖

圖 1-1 局部排氣裝置組成中之氣罩、導管、空氣清淨裝置，以及排氣機之簡述，依序如下：

🏠 一、氣罩

包圍污染物發生源設置之圍壁，或於無法包圍時儘量接近於發生源設置之開口面，使其產生吸氣氣流引導污染物流入其內部之局部排氣裝置之入口部分。通常有以下幾種：包圍式(enclose)、崗亭式(booth)、外裝側吸式(lateral)、接收式(receiver)及吹吸式(push-pull)。

二、導管

　　包括自氣罩、空氣清淨裝置至排氣機之運輸管路（吸氣管路）及自排氣機至排氣口之搬運管路（排氣導管）兩部分。設置導管時應同時考慮排氣量及污染物流經導管時所產生之壓力損失，故導管截面積及長度之決定為影響導管設置之重要因子。截面積較大時雖其壓力損失較低，但流速會因而減低，易導致大粒徑之粉塵沉降於導管內。

三、空氣清淨裝置

　　在污染物排出於室外前，以物理或化學方法自氣流中予以清除之裝置。包含除塵裝置及清除廢氣裝置。除塵裝置則有重力沉降室、慣性集塵機、離心分離機、濕式洗塵器、靜電集塵器及袋式集塵器等。廢氣處理裝置則有充填塔（吸收塔）、洗滌塔、焚燒爐等。

四、排氣機

　　通常為排氣風扇，是局部排氣裝置之動力來源，其功能在使導管在排氣機前後產生不同壓力以帶動氣流。最常用的可分為軸流式與離心式。軸流式之排氣量大，靜壓低、形體較小，可置於導管內，適於低靜壓局部排氣裝置。而離心式有自低靜壓至高靜壓範圍之設計，但形體較大。

　　因此，由以上簡介可知局部排氣裝置基本上是一組管流，因此其設計基本原理主要是應用流體力學中的管流原理，最常用到的公式為連續方程式及伯努利(Bernoulli)方程式，兩者分別是質量守恆及能量守恆之代表公式。而局部排氣裝置之各個組成，在設計時各有其專業考量。整體而言，氣罩及排氣機等要能有效地捕集空氣中有害物，空氣清淨裝置則要能有效去除此有害物。在節能減碳的思維下，各組件不應造成太多壓力損失。如果不是單一導管，而是由 2 個以上氣罩所共管，則合管處之靜壓要取得平衡，否則會由壓力損失較小的氣罩抽取過量空氣，壓力損失過大的氣罩不

只無法有效捕集空氣中有害物,甚至可能會有其他導管收集到的廢氣由此逆流出來。自本書第 2 章起,將先行介紹氣罩部分,接著 3 章則分別介紹導管、空氣清淨裝置及排氣機。

第七節 ❀ 局部排氣設計與使用時機

目前法規規定工業通風設計應由專業人員妥為設計,有關規定如表 1-11 所示。一般而言,局部排氣裝置是在管理人員如設備工程師或職業衛生師之協助或監督下,由機械或空調工程師設計完成,它必須符合法規在設施及有害物容許濃度標準等各方面之要求。有鑑於此,身為職業安全衛生專業人員,必須瞭解局部排氣裝置之基本設計原理及相關法規之規定,包括流體力學基本原理、現場作業程序與操作特性等,當然最重要的是要清楚瞭解可能危害勞工的有害物發生源特性,如此可使局部排氣裝置在最少的排氣量及能源消耗下,發揮最大的處理效能。另一方面,職業安全衛生專業人員也應具備檢測局部排氣裝置性能之能力,以便及早發現不正常操作現象,並採取必要之改善措施。

✖ 表 1-11　工業通風設計應由專業人員妥為設計之有關規定

法規	條號	條文
鉛中毒預防規則	31	雇主設置密閉設備、局部排氣裝置或整體換氣裝置者,應由專業人員妥為設計,並維持其有效性能。
四烷基鉛中毒預防規則	15	雇主設置之局部排氣裝置,應由專業人員妥為設計,並維持其有效性能。
特定化學物質危害預防標準	38	雇主設置之密閉設備、局部排氣裝置或整體換氣裝置,應由專業人員妥為設計,並維持其性能。
有機溶劑中毒預防規則	17	雇主設置之密閉設備、局部排氣裝置、吹吸型換氣裝置或整體換氣裝置,應由專業人員妥為設計,並維持其有效性能。

局部排氣裝置在許多方面優於整體換氣，由於它從有害物發生源附近即可移除有害物，從經濟的角度來看，它所需要的排氣量及排氣機動力會比整體換氣小。另一方面，由於導管中有害物之濃度較高，且排氣量較小，從經濟的考量上，在空氣清淨裝置部分也會比較划算。當然在使用局部排氣裝置前，應優先考慮能減少有害物發散量的方法，如改用危害較低之原料、改善或隔離製程等工程改善方法。

局部排氣裝置之使用時機，列舉如下：

1. 無其他更經濟有效之控制方法。
2. 環境測定或員工抱怨顯示空氣中存在有害物，其濃度會危害健康、有爆炸之虞、會影響產能或產生不舒服的問題。
3. 法規有規定需設置。目前在有機溶劑、鉛及四烷基鉛等中毒預防規則、特定化學物質及粉塵危害預防標準等法規中皆有相關規定，分別如表 1-12 至表 1-17 所示，其中粉塵危害預防標準之附表一，如表 1-18 所示。
4. 預期可見改善之成效，包括產能及員工士氣之提升、廠房整潔等。
5. 有害物發生源很小、固定或有害物容易四處逸散。
6. 有害物發生源很靠近勞工呼吸區(breathing zone)。
7. 有害物發生量不穩定，會隨時間改變。

表 1-12　職業安全衛生設施規則第 292 條有關通風換氣之規定

雇主對於有害氣體、蒸氣、粉塵等作業場所，應依下列規定辦理： 一、工作場所內發生有害氣體、蒸氣、粉塵時，應視其性質，採取密閉設備、局部排氣裝置、整體換氣裝置或以其他方法導入新鮮空氣等適當措施，使其不超過勞工作業場所容許暴露標準之規定。勞工有發生中毒之虞者，應停止作業並採取緊急措施。 二、勞工暴露於有害氣體、蒸氣、粉塵等之作業時，其空氣中濃度超過 8 小時日時量平均容許濃度、短時間時量平均容許濃度或最高容許濃度者，應改善其作業方法、縮短工作時間或採取其他保護措施。 三、有害物工作場所，應依有機溶劑、鉛、四烷基鉛、粉塵及特定化學物質等有害物危害預防法規之規定，設置通風設備，並使其有效運轉。

表 1-13　鉛中毒預防規則之局部排氣裝置使用時機有關規定

條號	條文
11	雇主使勞工從事鉛之襯墊及表面上光作業時，依下列規定： 一、從事鉛、鉛混存物之熔融、熔接、熔斷、熔鉛噴布或真空作業等塗布及表面上光之室內作業場所，應設置局部排氣裝置。
13	雇主使勞工於自然通風不充分之場所從事軟焊之作業時，應於該作業場所設置局部排氣裝置或整體換氣裝置。
14	雇主使勞工於室內作業場所以散布或噴布方式使用含鉛化合物之釉藥從事施釉作業時，應於該作業場所設置局部排氣裝置。
15	雇主使勞工於室內作業場所以噴布或以銀漆塗飾方式使用含鉛化合物之繪料從事繪畫作業時，應於該作業場所設置局部排氣裝置。
16	雇主使勞工使用熔融之鉛從事淬火或退火作業時，應設置局部排氣裝置及儲存浮渣之容器。
17	一、雇主使勞工從事鉛之襯墊或已塗布含鉛塗料物品之壓延、熔接、熔斷、加熱、熱鉚接之室內作業場所，應設置局部排氣裝置。 二、雇主使勞工非以濕式作業方式從事鉛之襯墊或已塗布含鉛塗料物品軋碎之室內作業場所，應設置密閉設備或局部排氣裝置。
19	雇主使勞工於轉印紙之製造過程中，從事粉狀鉛、鉛混存物之散布、上粉之作業時，應於該作業場所設置局部排氣裝置。
20	第 5 條第 2 款及第 3 款、第 6 條第 2 款及第 3 款、第 7 條第 2 款及第 3 款、第 10 條第 2 款、第 4 款、第 5 款及第 12 條第 3 款規定設置之局部排氣裝置之氣罩，應採用包圍型。但作業方法上設置此種型式之氣罩困難時，不在此限。
21	雇主使勞工於室內作業場所搬運粉狀之鉛、鉛混存物、燒結礦混存物之輸送機：一、供料場所及轉運場所，應設置密閉設備或局部排氣裝置。

✖ 表 1-13　鉛中毒預防規則之局部排氣裝置使用時機有關規定（續）

條號	條文
24	雇主使勞工從事下列各款規定作業時，得免設置局部排氣裝置或整體換氣裝置，但第 1 款至第 3 款勞工有遭鉛污染之虞時，應提供防護具。 一、 與其他作業場所有效隔離而勞工不必經常出入之室內作業場所。 二、 時間短暫之作業或臨時性之作業。 三、 從事鉛、鉛混存物、燒結礦混存物等之熔融、鑄造或第 2 條第 2 項第 2 款規定使用轉爐從事熔融之作業場所等其牆壁面積一半以上為開放，而鄰近 4 公尺無障礙物者。 四、 於熔融作業場所設置利用溫熱上升氣流之排氣煙囪且以石灰覆蓋熔融之鉛或鉛合金之表面者。

✖ 表 1-14　四烷基鉛中毒預防規則之局部排氣裝置使用時機有關規定

條號	條文
5	雇主使勞工從事將四烷基鉛混入汽油或將其導入儲槽之作業時： 一、 裝置之構造應能防止從事該作業勞工被四烷基鉛污染或吸入蒸氣。 二、 作業場所建築物之牆壁至少應有三面為開放且能充分通風者。 五、 作業場所應與其他作業場所或勞工經常進出之場所隔離。
7	雇主使勞工從事處理內部被四烷基鉛污染或有被污染之虞之儲槽作業時： 四、 儲槽之人孔、排放閥及其他不致使四烷基鉛流入內部之開口部分，應全部開放。 六、 作業開始前或在作業期間，均應使用換氣裝置，將儲槽內部充分換氣。
8	雇主使勞工從事處理內部被加鉛汽油污染或有被污染之虞儲槽作業時： 四、 作業開始前或作業期間，均應使用換氣裝置，將儲槽內部充分換氣。 前項第 4 款之換氣裝置，需將槽內空氣中汽油濃度降低至符合勞工作業場所容許暴露標準之規定。
11	雇主使勞工從事使用四烷基鉛研究或試驗之作業時，應於各四烷基鉛蒸氣發生源設置局部排氣裝置。

✖ 表 1-14　四烷基鉛中毒預防規則之局部排氣裝置使用時機有關規定（續）

條號	條文
12	雇主使勞工於地下室、船艙、坑井或通風不充分之場所，從事清除被四烷基鉛或加鉛汽油污染或有被污染之虞之物品或場所之作業時： 二、作業前除使用該場所之換氣裝置予以充分換氣外，作業時間內亦應使該換氣裝置維持有效運轉。

✖ 表 1-15　特定化學物質危害預防標準之局部排氣裝置使用時機有關規定

條號	條文
11	雇主使勞工從事鈹等之製造時，其核定基準如下： 一、鈹等之燒結或煆燒設備（自氫氧化鈹製造高純度氧化鈹製程中之設備除外）應設置於與其他場所隔離之室內，且應設置局部排氣裝置。 二、經燒結、煆燒之鈹等，應使用吸出之方式自匣缽取出。 三、經使用於燒結、煆燒之匣缽之打碎，應與其他場所隔離之室內實施，且應設置局部排氣裝置。 四、鈹等之製造場所之地板及牆壁，應以不浸透性材料構築，且應為易於用水清洗之構造。 五、鈹等之製造設備（從事鈹等之燒結或煆燒設備、自電弧爐融出之鈹等製造鈹合金製程中之設備及自氫氧化鈹製造高純度氧化鈹製程中之設備除外）應為密閉設備或設置覆圍等。 六、必須於運轉中檢點內部之前款設備，應為於密閉狀態或覆圍狀態下可觀察其內部之構造，且應加鎖；非有必要，不得開啟。 七、以電弧爐融出之鈹等製造鈹合金製程中實施下列作業之場所，應設置局部排氣裝置。 (一) 於電弧爐上之作業。 (二) 自電弧爐泄漿之作業。 (三) 熔融鈹等之抽氣作業。 (四) 熔融鈹等之浮碴之清除作業。 (五) 熔融鈹等之澆注作業。 八、為減少電弧爐插入電極部分之間隙，應使用砂封。

※ 表 1-15　特定化學物質危害預防標準之局部排氣裝置使用時機有關規定（續）

條號	條文
11 （續）	九、 自氫氧化鈹製造高純度氧化鈹製程中之設備，應依下列規定： （一） 熱分解爐應設置於與其他場所隔離之室內場所。 （二） 其他設備應為密閉設備、設置覆圍或加蓋形式之構造。 十、 鈹等之供輸、移送或搬運，應採用不致使作業勞工之身體與其直接接觸之方法。 十一、 處置粉狀之鈹等時（除供輸、移送或搬運外），應由作業人員於隔離室遙控操作。 十四、 勞工從事鈹等之處置作業時，應使該勞工穿戴工作衣及防護手套（供處置濕潤狀態之鈹等之勞工應著不浸透性之防護手套。）等個人防護具。
14	雇主使勞工從事鈹等之加工作業（將鈹等投入容器、自容器取出或投入反應槽等之作業除外）時，應於該作業場所設置可密閉鈹等之粉塵發生源之密閉設備或局部排氣裝置。
16	雇主對散布有丙類第一種物質或丙類第三種物質之氣體、蒸氣或粉塵之室內作業場所，應於各該發生源設置密閉設備或局部排氣裝置。但設置該項設備顯有困難或為臨時性作業者，不在此限。 依前項但書規定未設密閉設備或局部排氣裝置時，應設整體換氣裝置或將各該物質充分濕潤成泥狀或溶解於溶劑中者，不致於危害勞工健康之程度者。 第一項規定之室內作業場所不包括散布有丙類第一種物質之氣體、蒸氣或粉塵之下列室內作業場所： 一、 於丙類第一種物質製造場所，處置該物質時。 二、 於燻蒸作業場所處置氰化氫、溴甲烷或含各該物質占其重量超過百分之一之混合物（以下簡稱溴甲烷等）時。 三、 將苯或含有苯佔其體積比超過百分之一之混合物（以下簡稱苯等）供為溶劑（含稀釋劑）使用時。
45	雇主使勞工從事煉焦作業必須使勞工於煉焦爐上方或接近該爐作業時，應依下列規定： 二、 煉焦爐之投煤口及卸焦口等場所，應設置可密煉焦爐生成物之密閉設備或局部排氣裝置。
47	雇主不得使勞工從事以苯等為溶劑之作業。但作業設備為密閉設備或採用不使勞工直接與苯等接觸並設置包圍型局部排氣裝置者，不在此限。

※ 表 1-16　有機溶劑中毒預防規則之局部排氣裝置使用時機有關規定

條號	條文
6	雇主使勞工於下列規定之作業場所，應依下列規定，設置必要之控制設備： 一、於室內作業場所或儲槽等之作業場所，從事有關第一種有機溶劑或其混存物之作業，應於各該作業場所設置密閉設備或局部排氣裝置。 二、於室內作業場所或儲槽等之作業場所，從事有關第二種有機溶劑或其混存物之作業，應於各該作業場所設置密閉設備、局部排氣裝置或整體換氣裝置。 三、於儲槽等之作業場所或通風不充分之室內作業場所，從事有關第三種有機溶劑或其混存物之作業，應於各該作業場所設置密閉設備、局部排氣裝置或整體換氣裝置。 前項控制設備，應依有機溶劑之健康危害分類、散布狀況及使用量等情形，評估風險等級，並依風險等級選擇有效之控制設備。 第 1 項各款對於從事第 2 條第 12 款及同項第 2 款、第 3 款對於以噴布方式從事第 2 條第 4 款至第 6 款、第 8 款或第 9 款規定之作業者，不適用之。
7	雇主使勞工以噴布方式於下列各款規定之作業場所，從事各該款有關之有機溶劑作業時，應於各該作業場所設置密閉設備或局部排氣裝置： 一、於室內作業場所或儲槽等之作業場所，使用第二種有機溶劑或其混存物從事第 2 條第 4 款至第 6 款、第 8 款或第 9 款規定之作業。 二、於儲槽等之作業場所或通風不充分之室內作業場所，使用第三種有機溶劑或其混存物從事第 2 條第 4 款至第 6 款、第 8 款或第 9 款規定之作業。
8	雇主使勞工於室內作業場所（通風不充分之室內作業場所除外），從事臨時性之有機溶劑作業時，不受第 6 條第 1 款、第 2 款及前條第 1 款規定之限制，得免除設置各該條規定之設備。
9	雇主使勞工從事下列各款規定之一之作業，經勞動檢查機構認定後，免除設置下列各款規定之設備： 一、於周壁之 2 面以上或周壁面積之 1/2 以上直接向大氣開放之室內作業場所，從事有機溶劑作業，得免除第 6 條第 1 款、第 2 款或第 7 條規定之設備。 二、於室內作業場所或儲槽等之作業場所，從事有機溶劑作業，因有機溶劑蒸氣擴散面之廣泛不易設置第 6 條第 1 款、第 7 條之設備時，得免除各該條規定之設備。

表 1-16　有機溶劑中毒預防規則之局部排氣使用時機有關規定（續 1）

條號	條文
9 （續）	前項僱主應檢具下列各款文件，向勞動檢查機構申請認定之： 一、 免設有機溶劑設施申請書。 二、 可辨識清楚之作業場所略圖。 三、 工作計畫書。 經認定免除設置第 1 項設備之僱主，於勞工作業環境變更，致不符合第 1 項各款規定時，應即依法設置符合標準之必要設備，並以書面報請檢查機構備查。
10	雇主使勞工從事有機溶劑作業，如設置第 6 條或第 7 條規定之設備有困難，而已採取一定措施時，得報經中央主管機關核定，免除各該條規定之設備。 前項之申報，準用前條第 2 項至第 4 項之規定。
11	雇主使勞工於下列各款規定範圍內從事有機溶劑作業，已採取一定措施時，得免除設置各該款規定之設備： 一、 適於下列情形之一而設置整體換氣裝置時，不受第 6 條第 1 款或第 7 條規定之限制，得免除設置密閉設備或局部排氣裝置： (一) 於儲槽等之作業場所或通風不充分之室內作業場所，從事臨時性之有機溶劑作業。 (二) 於室內作業場所（通風不充分之室內作業場所除外），從事有機溶劑作業，其作業時間短暫。 (三) 於經常置備處理有機溶劑作業之反應槽或其他設施與其他作業場所隔離，且無須勞工常駐室內。 (四) 於室內作業場所或儲槽等之作業場所之內壁、地板、頂板從事有機溶劑作業，因有機溶劑蒸氣擴散面之廣泛不易設置第 6 條第 1 款或規定之設備。 二、 於儲槽等之作業場所或通風不充分之室內作業場所，從事有機溶劑作業，而從事該作業之勞工已使用輸氣管面罩且作業時間短暫時，不受第 6 條規定之限制，得免除設置密閉設備、局部排氣裝置或整體換氣裝置。 三、 適於下列情形之一時，不受第 6 條規定之限制，得免除設置密閉設備、局部排氣裝置或整體換氣裝置： (二) 藉水等覆蓋開放槽內之有機溶劑或其混存物，或裝置有效之逆流凝縮機於槽之開口部使有機溶劑蒸氣不致擴散於作業場所內者。

✖ 表 1-16　有機溶劑中毒預防規則之局部排氣使用時機有關規定（續 2）

條號	條文
11（續）	四、於汽車之車體、飛機之機體、船段之組合體或鋼樑等大型物件之外表從事有機溶劑作業時，因有機溶劑蒸氣廣泛擴散不易設置第 6 條或第 7 條規定之設備，且已設置吹吸型換氣裝置時，不受第 6 條或第 7 條規定之限制，得免設密閉設備、局部排氣裝置或整體換氣裝置。
16	雇主設置之局部排氣裝置、吹吸型換氣裝置或整體換氣裝置，於有機溶劑作業時，不得停止運轉。 設有前項裝置之處所，不得阻礙其排氣或換氣功能，使之有效運轉。

✖ 表 1-17　粉塵危害預防標準之局部排氣裝置使用時機有關規定

條號	條文
6	雇主為防止特定粉塵發生源之粉塵之發散，應依表 1-18 乙欄所列之每一特定粉塵發生源，分別設置對應同表該欄所列設備之任何之一種或具同等以上性能之設備。
10	雇主對從事特定粉塵作業以外之粉塵作業之室內作業場所，為防止粉塵之發散，應設置整體換氣裝置或具同等以上性能之設備。但臨時性作業、作業時間短暫或作業期間短暫，且供給勞工使用適當之呼吸防護具時，不在此限。
11	雇主對於從事特定粉塵作業以外之粉塵作業之坑內作業場所（平水坑除外），為防止粉塵之擴散，應設置換氣裝置或同等以上性能之設備。但臨時性作業、作業時間短暫或作業期間短暫，且供給勞工使用適當之呼吸防護具時，不在此限。 前項換氣裝置應具動力輸入外氣置換坑內空氣之設備。
13	適於下列各款之一之特定粉塵作業，雇主除於室內作業場所設置整體換氣裝置及於坑內作業場所設置第 11 條第 2 項之換氣裝置外，並使各該作業勞工使用適當之呼吸防護具時，得不適用第 6 條之規定。 一、於使用前直徑小於 30 公分之研磨輪從事作業時。 二、使用搗碎或粉碎之最大能力每小時小於 20 公斤之搗碎機或粉碎機從事作業時。 三、使用篩選面積小於 700 平方公分之篩選機從事作業時。 四、使用內容積小於 18 公升之混合機從事作業時。

✂ 表 1-17　粉塵危害預防標準之局部排氣裝置使用時機有關規定（續）

條號	條文
16	局部排氣裝置或整體換氣裝置，於粉塵作業時間內，應不得停止運轉。局部排氣裝置或整體換氣裝置，應置於使排氣或換氣不受阻礙之處，使之有效運轉。
23	雇主使勞工從事表 1-18 丙欄所列之作業時，應提供並令該作業勞工使用適當之呼吸防護具。但該作業場所粉塵發生源設置有密閉設備、局部排氣裝置或對該粉塵發生源維持濕潤狀態者，不在此限。

✂ 表 1-18　粉塵危害預防標準之粉塵作業及其應採措施

甲欄	乙欄		丙欄
粉塵作業	特定粉塵發生源及應採措施。		應著用呼吸防護具之作業。
1. 採掘礦物等（不包括濕潤土石）場所之作業。但於坑外以濕式採掘之作業及於室外非以動力或非以爆破採掘之作業除外。	1. 於坑內以動力採掘礦物等之處所。	1. 之處所： (1) 使用衝擊式鑿岩機採掘之處所應使用濕式型者。但坑內經查確無水源且供勞工著用有效之呼吸用防護具者不在此限。 (2) 未使用衝擊式鑿岩機之處所應設置維持濕潤狀態之設備。	1. 於坑外以衝擊式鑿岩機採掘礦物等之作業。
2. 積載有礦物等（不包括濕潤物）車荷臺以翻覆或傾斜方式卸礦場所之作業，但 3、9 或 18 所列之作業除外。			2. 於室內或坑內之裝載礦物等之車荷臺以翻覆或傾斜方式卸礦之作業。

✖ 表 1-18　粉塵危害預防標準之粉塵作業及其應採措施（續 1）

甲欄	乙欄		丙欄
3. 於坑內礦物等之搗碎、粉碎、篩選或裝卸場所之作業。但濕潤礦物等之裝卸作業及於水中實施搗碎、粉碎或篩選之作業除外。	2. 以動力搗碎、粉碎或篩選之處所。 3. 以車輛系營建機械裝卸之處所。 4. 以輸送機（移動式輸送機除外）裝卸之處處所（不包括 2 所列之處所）。	2. 之處所： (1) 設置密閉設備。 (2) 設置維持濕潤狀態之設備。 3、4.之處所： 設置維持濕潤狀態之設備。	
4. 於坑內搬運礦物等（不包括濕潤物）場所之作業。但駕駛裝載礦物等之牽引車輛之作業除外。			
5. 於坑內從事礦物等（不包括濕潤物）之充填或散布石粉之場所作業。			3. 於坑內礦物等（不包括濕潤物）之充填或散布石粉之作業。
6. 岩石或礦物之切斷、雕刻或修飾場所之作業（不包括 13 所列作業）。但使用火焰切斷、修飾之作業除外。	5. 於室內以動力（手提式或可搬動式動力工具除外）切斷、雕刻或修飾之處所。 6. 於室內以研磨材噴射、研磨或岩石、礦物之雕刻之處所。	5. 之處所： (1) 設置局部排氣裝置。 (2) 設置維持濕潤狀態之設備。 6. 之處所： (1) 設置密閉設備。 (2) 設置局部排氣裝置。	4. 於室內或坑內以手提式或可搬動式動力工具切斷岩石、礦物或雕刻及修飾之作業。 5. 於室外以研磨材噴射、研磨或岩石、礦物之雕刻場所之作業。

✖ 表 1-18　粉塵危害預防標準之粉塵作業及其應採措施（續 2）

甲欄	乙欄		丙欄
7. 以研磨材吹噴研磨或用研磨材以動力研磨岩石、礦物之或從事金屬或削除毛邊或切斷金屬場所之作業。但 6 所列之作業除外。	7. 於室內用研磨材以動力（手提式或可搬動式動力工具除外）研磨岩石、礦物或金屬或削除毛邊或切斷金屬之處所之作業。	7. 之處所： (1) 設置密閉設備。 (2) 設置局部排氣裝置。 (3) 設置維持濕潤狀態之設備。	6. 於室外以研磨材噴射研磨或岩石、礦物之雕刻場所之作業。 7. 於室內、坑內、儲槽、船舶、管道、車輛等之內部以手提式或可搬動式動力工具（限使用研磨材者）研磨岩石、礦物或金屬或削除毛邊或切斷金屬之作業。
8. 以動力從事搗碎、粉碎或篩選土石、岩石、礦物、碳原料或鋁箔場所之作業（不包括 3、15 或 19 所列之作業）。但於水中或油中以動力搗碎、粉碎或修飾之作業除外。	8. 於室內以動力（手提式動力工具除外）搗碎、粉碎或篩選土石、岩石礦物、碳原料或鋁箔之處所。	8. 之處所： (1) 設置密閉設備。 (2) 設置局部排氣裝置。 (3) 設置維持濕潤狀態之設備（但鋁箔之搗碎、粉碎或篩選之處所除外）。	8. 於室內或坑內以手提式動力工具搗碎、粉碎土石、岩石礦物、碳原料或鋁箔之作業。

✖ 表 1-18　粉塵危害預防標準之粉塵作業及其應採措施（續 3）

甲欄	乙欄		丙欄
9. 水泥、飛灰或粉狀之礦石、碳原料或碳製品之乾燥、袋裝或裝卸場所之作業。但 3、17 或 18 所列之作業除外。	9. 於室內將水泥、飛灰或粉狀礦石、碳原料、鋁或二氧化鈦袋裝之處所。	9. 之處所：設置局部排氣裝置。	9. 將乾燥水泥、飛灰、粉狀礦石、碳原料或碳製品裝入乾燥設備內部之作業或於室內從事此等物質之裝卸作業。
10. 粉狀鋁或二氧化鈦之袋裝場所之作業。			
11. 以粉狀之礦物等或碳原料為原料或材料物品之製造或加工過程中，將粉狀之礦物等石、碳原料或含有此等之混合物之混入、混合或散布場所之作業。但 12、13 或 14 所列之作業除外。	10. 於室內混合粉狀之礦物等、碳原料及含有此等物質之混入或散布之處所。	10. 之處所： (1) 設置密閉設備。 (2) 設置局部排氣裝置。 (3) 設置維持濕潤狀態之設備。	
12. 於製造玻璃或琺瑯過程中從事原料混合場所之作業或將原料或調合物投入熔化爐之作業。但於水中從事混合原料之作業除外。	11. 於室內混合原料之處所。	11. 之處所： (1) 設置密閉設備。 (2) 設置局部排氣裝置。 (3) 設置維持濕潤狀態之設備。	

表 1-18　粉塵危害預防標準之粉塵作業及其應採措施（續 4）

甲欄	乙欄		丙欄
13. 陶磁器、耐火物、矽藻土製品或研磨材製造過程中，從事原料之混合或成形、原料或半製品之乾燥、半製品裝載於車臺，或半製品或製品自車臺卸車、修飾或打包場所、或窯內之作業。但於陶磁器製造過程中原料灌注成形、半製品之修飾或製品打包之作業及於水中混合原料之作業除外。	12. 於室內混合原料之處所。 13. 裝造耐火磚、磁磚過程中，於室內以動力將原料（潤濕物除外）成形之處所。 14. 於室內將半製品或製品以動力（手提式動力工具除外）修飾之處所。	12. 之處所： (1) 設置密閉設備。 (2) 設置局部排氣裝置。 (3) 設置維持濕潤狀態之設備。 13. 之處所： (1) 設置局部排氣裝置。 14. 之處所： (1) 設置局部排氣裝置。 (2) 設置維持濕潤狀態之設備。	10. 將乾燥原料或半製品裝入乾燥設備內部之作業或裝入爐內之作業。
14. 於製造碳製品過程中，從事碳原料混合或成形、半成品入窯或半成品、成品出窯或修飾場所之作業。但於水中混合原料之作業除外。	15. 於室內混合原料之處所。 16. 於室內將半製品或製品以動力（手提式動力工具除外）修飾之處所。	15. 之處所： (1) 設置密閉設備。 (2) 設置局部排氣裝置。 (3) 設置維持濕潤狀態之設備。 16. 之處所： (1) 設置局部排氣裝置。 (2) 設置維持濕潤狀態之設備。	11. 將半製品入窯或將半製品或製品出窯或裝入窯內之作業。

表 1-18　粉塵危害預防標準之粉塵作業及其應採措施（續 5）

甲欄	乙欄		丙欄
15. 從事使用砂模、製造鑄件過程中拆除砂模、除砂、再生砂、將砂混鍊或削除鑄毛邊場所之作業（不包括 7 所列之作業）。但於水中將砂再生之作業除外。	17. 於室內以拆模裝置從事拆除砂模或除砂或以動力（手提式動力工具除外）再生砂或將砂混鍊，或削除鑄毛邊之處所。	17. 之處所： (1) 設置密閉設備。 (2) 設置局部排氣裝置。	12. 非以拆模裝置實施拆除砂模或除砂或非以動力再生砂或以手提式動力工具削除鑄毛邊之作業。
16. 從事靠泊礦石專用碼頭之礦石專用船艙內將礦物等（不包括濕潤物）攪落或攪集之作業。			13. 從事靠泊礦石專用碼頭之礦石專用船艙內將礦物等（不包括濕潤物）攪落或攪集之作業。
17. 在金屬、其他無機物鍊製或融解過程中，將土石或礦物投入開放爐、熔結出漿或翻砂場所之作業。但自轉爐出漿或以金屬模翻砂場所之作業除外。			

✖ 表 1-18　粉塵危害預防標準之粉塵作業及其應採措施（續6）

甲欄	乙欄		丙欄
18. 燃燒粉狀之鑄物過程中或鍊製、融解金屬、其他無機物過程中將附著於爐、煙道、煙囪等或付著、堆積之礦渣、灰之清落、清除、裝卸或投入於容器場所之作業。			14. 將附著、堆積於爐、煙道、煙囪等之礦渣、灰之清落、清除、裝卸或投入於容器之作業。
19. 使用耐火物構築爐或修築或以耐火物製成爐之解體或搗碎之作業。			15. 使用耐火物構築爐或修築或以耐火物製成爐之解體或搗碎之作業。
20. 在室內、坑內或儲槽、船舶、管道、車輛等內部實施金屬熔斷、電焊熔接之作業。但在室內以自動熔斷或自動熔接之作業除外。			16. 在室內、坑內或儲槽、船舶、管道、車輛等內部實施金屬熔斷、電焊熔接之作業。
21. 於金屬熔射場所之作業。	18. 於室內非以手提式熔射機熔射金屬之處所。	18. 之處所： (1) 設置密閉設備。 (2) 設置局部排氣裝置。	17. 以手提式熔射機熔射金屬之作業。

表 1-18　粉塵危害預防標準之粉塵作業及其應採措施（續 7）

甲欄	乙欄	丙欄
22. 將附有粉塵之藺草等植物纖維之入庫、出庫、選別調整或編織場所之作業。		18. 將附有粉塵之藺草之入庫或出庫之作業。

練習範例
職業安全衛生管理技術士技能檢定及高普考考題

（　）1. 局部排氣裝置連接氣罩與排氣機之導管為下列何者？　(1)排氣導管　(2)主導管　(3)肘管　(4)吸氣導管。　　　【乙 3-401】

（　）2. 局部排氣裝置之排氣導管在排氣機與下列何者之間？　(1)氣罩　(2)空氣清淨裝置　(3)排氣口　(4)天花板回風口。　　【乙 3-400】

（　）3. 局部排氣裝置之設計與使用時機，下列哪一項敘述不正確？　(1)從有害物發生源附近即可移除有害物，其所需要的排氣量及排氣機動力會比整體換氣大　(2)在使用局部排氣裝置前，應優先考慮能減少有害物發散量的方法　(3)作業環境監測或員工抱怨顯示空氣中存在有害物，其濃度會危害健康、有爆炸之虞　(4)法規有規定需設置，例如四烷基鉛中毒預防規則。　　　【甲衛 3-258】

（　）4. 有關局部排氣裝置之設計與使用時機，下列哪一項敘述不正確？　(1)有害物發生源很小、有害物容易四處逸散　(2)有害物發生源遠離勞工呼吸區(breathing zone)　(3)有害物發生量不穩定，會隨時間改變　(4)預期可見改善之成效，包括產能及員工士氣之提昇、廠房整潔等。　　　【甲衛 3-259】

（　）5. 依職業安全衛生設施規則規定，工作場所發生有害氣體時，應視其性質採取密閉設備、局部排氣裝置等，使其空氣中有害氣體濃度不超過下列何者？　(1)容許濃度　(2)飽和濃度　(3)恕限值濃度　(4)有效濃度。　　　　　　　　　　　　　　　　【乙 3-328】

（　）6. 依有機溶劑中毒預防規則規定，雇主使勞工以噴布方式於室內作業場所，使用第二種有機溶劑從事為黏接之塗敷作業，應於該作業場所設置何種控制設備？　(1)只限密閉設備　(2)密閉設備或局部排氣裝置　(3)密閉設備、局部排氣裝置或整體換氣裝置　(4)不用設置控制設備。　　　　　　　　　　　　　　　【乙 1-284】

（　）7. 依有機溶劑中毒預防規則之規定，使用二硫化碳從事研究之作業場所，可由下列何者擇一設置，作為工程控制之方式？　(1)密閉設備　(2)局部排氣裝置　(3)整體換氣裝置　(4)電風扇。

【化測甲 1-177】

（　）8. 依粉塵危害預防標準規定，雇主使勞工於室內從事水泥袋裝之處所，應採設備為何？　(1)設置密閉設備　(2)設置局部排氣裝置　(3)維持濕潤狀態　(4)設置整體換氣。　　　　　【乙 1-300】

（　）9. 依粉塵危害預防標準規定，使勞工於室內混合粉狀之礦物等、碳原料及含有此等物質之混入或散布之處所，下列何項不符合規定？　(1)設置密閉設備　(2)設置局部排氣裝置　(3)維持濕潤狀態　(4)整體換氣裝置。　　　　　　　　　　　　【甲衛 1-119】

（　）10. 依粉塵危害預防標準規定，下列何項屬從事特定粉塵作業之室內作業場所，應設置之設施？　(1)密閉設備　(2)局部排氣裝置　(3)維持濕潤之設備　(4)整體換氣裝置。　　　　【甲衛 1-238】

11. 解釋名詞：局部排氣裝置。　　　　　　　　　【2011-3 甲衛 4-1】

12. 試說明局部排氣的原理、目的、構造組成與使用時機。

【2017 地方特考三等工業安全－工業衛生概論 3】

13. 依有機溶劑中毒預防規則規定，雇主對使用三氯乙烯之室內作業場所應設置局部排氣裝置，試問：　(1)局部排氣裝置在設置時之相關規定為何？　(2)依規定，此裝置每年須定期實施自動檢查一次，其檢查項目為何？　【2010-1 甲衛 1】

14. (1) 依粉塵危害預防標準規定，雇主設置之局部排氣裝置，有關氣罩、導管、排氣機及排氣口之規定，分別為何？

　　(2) 前項 4 種裝置中，哪一種有例外排除之規定？　【2013-3#8】

15. 依據勞動部職業安全衛生署於 106 年所發布之「醫療院所手術煙霧危害預防及呼吸防護參考指引」，何謂手術煙霧（surgical smoke 或 plume）？試申論應如何進行原則上之控制？若使用局部排氣裝置，請問在組成上須具備哪些單元？　【2018 工礦衛生技師-環控 5】

第八節　定期自動檢查

　　局部排氣裝置依法應實施定期自動檢查，「職業安全衛生管理辦法」（以下簡稱本辦法）第 40 條規定，雇主對局部排氣裝置、空氣清淨裝置及吹吸型換氣裝置應每年依下列規定定期實施檢查 1 次：

一、氣罩、導管及排氣機之磨損、腐蝕、凹凸及其他損害之狀況及程度。

二、導管或排氣機之塵埃聚積狀況。

三、排氣機之注油潤滑狀況。

四、導管接觸部分之狀況。

五、連接電動機與排氣機之皮帶之鬆弛狀況。

六、吸氣及排氣之能力。

七、 設置於排放導管上之採樣設施是否牢固、鏽蝕、損壞、崩塌或其他妨礙作業安全事項。

八、 其他保持性能之必要事項。

　　針對上述第 6 項吸氣及排氣之能力，是局部排氣裝置之性能中，最主要的考量指標之一。而判定局部排氣裝置良窳之準則，其最主要的評估項目可能是氣罩附近之風速及氣流流向，即捕集飛散界限點或自有害物發生源至飛散點間之有害物，所必要之吸氣氣流速度，此將於下一章說明。

　　至於雇主對局部排氣裝置或除塵裝置，於開始使用、拆卸、改裝或修理時，應依本辦法第 47 條規定實施重點檢查：

一、 導管或排氣機粉塵之聚積狀況。

二、 導管接合部分之狀況。

三、 吸氣及排氣之能力。

四、 其他保持性能之必要事項。

　　基於上述這兩條有關局部排氣定期檢查及重點檢查之規定，主要是提綱契領式地提出檢查內容，重點檢查表內容可依勞動部之公告範本（參見第 7 章），至於詳細之檢查基準，可參考勞動部過去所定之局部排氣裝置定期檢查基準及其解說。此基準詳列應置備之檢查儀器及設備、檢查項目、檢查方法及判定基準，詳細內容請參見附錄 B。其他自動檢查有關法規，如表 1-19 所示。

✖ 表 1-19　定期自動檢查有關法規

法規	條號	條文
職業安全衛生管理辦法	44-1	雇主對於機械、設備,應依本章第 1 節及第 2 節規定,實施定期檢查。但雇主發現有腐蝕、劣化、損傷或堪用性之虞,應實施安全評估,並縮短其檢查期限。
	69	雇主使勞工從事下列有害物作業時,應使該勞工就其作業有關事項實施檢點: 一、有機溶劑作業。 二、鉛作業。 三、四烷基鉛作業。 四、特定化學物質作業。 五、粉塵作業。
	79	雇主依第 13 條至第 63 條規定實施之自動檢查,應訂定自動檢查計畫。
職業安全衛生管理辦法	80	雇主依第 13 條至第 49 條規定實施之定期檢查、重點檢查應就下列事項記錄,並保存 3 年。 一、檢查年月日。 二、檢查方法。 三、檢查部分。 四、檢查結果。 五、實施檢查者之姓名。 六、依檢查結果應採取改善措施之內容。
特定化學物質危害預防標準	37	雇主使勞工從事特定化學物質等之作業時,應於每一班次指定現場主管擔任特定化學物質作業管理員從事監督作業。 雇主應使前項作業管理員執行下列規定事項:三、保存每月檢點局部排氣裝置及其他預防勞工健康危害之裝置 1 次以上之紀錄。

✖ 表 1-19　定期自動檢查有關法規（續）

法規	條號	條文
粉塵危害預防規則	19	雇主使勞工從事粉塵作業時，應依下列規定辦理： 一、對粉塵作業場所實施通風設備運轉狀況、勞工作業情形、空氣流通效果及粉塵狀況等隨時確認，並採取必要措施。 二、預防粉塵危害之必要注意事項，應通告全體有關勞工。
礦場勞工衛生設施標準	13	雇主對坑內作業場所，每週應確認其通風量1次以上，並採必要之措施。其採用自然通風之坑內作業場所，於季節更換之際應每日為之。

練習範例

職業安全衛生管理技術士技能檢定及高普考考題

（　）1. 依職業安全衛生管理辦法規定，局部排氣裝置應多久實施定期自動檢查1次？　(1)每季　(2)每6個月　(3)每年　(4)每2年。

【乙級 1-106, 甲衛 1-188, 化測甲 1-120】

（　）2. 下列有關粉塵作業之控制設施之敘述，何者有誤？　(1)整體換氣裝置應置於排氣或換氣不受阻礙之處，使之有效運轉　(2)設置之濕式衝擊式鑿岩機於實施特定粉塵作業時，應使之有效給水　(3)局部排氣裝置依規定每2年定期檢查1次　(4)維持濕潤狀態之設備於粉塵作業時，對該粉塵發生處所應保持濕潤狀態。　【甲衛 1-117】

（　）3. 依職業安全衛生管理辦法規定，下列哪些機械、設備於開始使用時須實施重點檢查？　(1)捲揚裝置　(2)第一種壓力容器　(3)除塵裝置　(4)整體換氣裝置。　【乙 1-351】

（　）4. 依職業安全衛生管理辦法規定，雇主對局部排氣裝置，應於下列何種時機實施重點檢查？　(1)開始使用　(2)修理　(3)拆卸　(4)改造。　【物測甲 1-122，物測乙 1-147】

（　）5. 雇主對局部排氣裝置或除塵裝置，於開始使用、拆卸、改裝或修理時，依職業安全衛生管理辦法規定實施重點檢查，以下哪一項敘述不正確？　(1)檢查導管或排氣機粉塵之積聚狀況　(2)檢查導管接合部分之狀況　(3)檢查吸氣及排氣之能力　(4)改用危害較低之原料、改善或隔離製程等工程改善方法。　【甲衛 3-260】

（　）6. 設置之局部排氣裝置依有機溶劑中毒預防規則或職業安全衛生管理辦法之規定，應實施之自動檢查不包括下列何種？　(1)每年之定期自動檢查　(2)開始使用、拆卸、改裝或修理時之重點檢查　(3)作業勞工就其作業有關事項實施之作業檢點　(4)輸液設備之作業檢點。　【甲衛 1-37】

（　）7. 依粉塵危害預防規則規定，對於粉塵作業場所應多久時間內確認實施通風設備運轉狀況、勞工作業情形、空氣流通效果及粉塵狀況等，並採取必要措施？　(1)隨時　(2)每週　(3)每月　(4)每年。　【甲衛 1-112】

8. 依職業安全衛生管理辦法規定，對局部排氣裝置、空氣清淨裝置及吹吸型換氣裝置，應每年定期實施檢查 1 次，請列舉 6 項檢查項目以保持其性能。　【2017-2 甲衛#4】

9. 現行職業安全衛生相關法規中，對於通風設施之管理可概分為設置、性能要求與使用管理等面向，這些預防標準 40 年來依據法規原則及產業狀況需要進行調整，請說明如何做策略上的修正，可讓職業衛生專業依據作業環境現場狀況，採取彈性措施達到法規保護勞動工作者之目的。
　【2017 高考三級工業安全—工業衛生概論 3】

Chapter

02

氣　罩

第一節 ❖ 氣罩型式

　　氣罩是局部排氣裝置中，設於有害物發生源附近，用以有效捕集有害物，避免其逸散至作業環境中或是到達勞工呼吸帶。由於氣罩是空氣進入局部排氣系統的入口，因此氣罩型式、規格設計與安裝位置都會直接影響整個局部排氣系統的功能及捕捉效率。

　　在《Industrial Ventilation-A Manual of Recommended Practice》2010 年第 27 版中，將氣罩型式分為 3 大類：包圍式(enclosing)、捕捉式(capturing)或外裝式(exterior)及接收式(receiving)，而在《Fundamentals of Industrial Hygiene》一書中，則是先分為兩大類：包圍式與外裝式，再把外裝式區分為捕捉式及接收式 2 種。

　　包圍式與外裝式氣罩之差異，主要在於有害物發生源與氣罩之相對位置。包圍式指的是發生源位於氣罩的內部，即由氣罩包圍發生源，反之，外裝式氣罩指的是發生源位於氣罩外部，或是說氣罩裝設於發生源附近。

　　捕捉式與接收式氣罩之差異主要是在於有害物自發生源產生時，是否具有動力。捕捉式氣罩的捕集對象無明顯動力，需由局部排氣裝置提供動力，使有害物進入氣罩中，這是一般較常見的氣罩型式。至於接受式氣罩捕集的對象，是指具有動力的有害物，如加熱熔爐之熱煙具有往上之動力，而研磨機之磨屑則具有磨輪切線方向之動力。以下介紹各式氣罩，至於各種氣罩之相關圖示，除本章外，亦可參考附錄 B 局部排氣裝置定期自動檢查基準中，氣罩及吸氣、排氣能力之檢查方法表格中之圖示。

一、包圍式氣罩

　　包圍式氣罩可根據其包圍程度及開口面數目分成完全包圍式、單面開口式及雙面開口式。完全包圍式在平常操作時未留開口或僅留小面積開口，操作停止或進行維修時才會打開氣罩，如覆蓋型、手套箱型(glove hood)及法規所稱之密閉式設備，這是有害物暴露量最低的形式。單面開口

式，如一般實驗室之抽氣櫃(laboratory hood)及崗亭型(booth)噴塗室，雙面開口式之開口如在兩端，則稱隧道型，常應用在乾燥流程，如圖 2-1、2-2、2-3、2-4 所示。

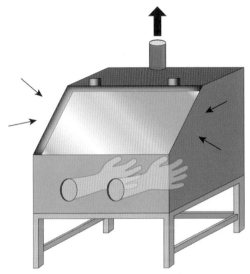

圖 2-1　手套箱型氣櫃

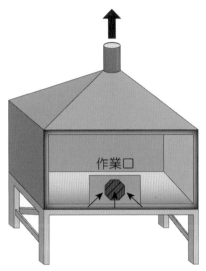

圖 2-2　包圍型氣罩

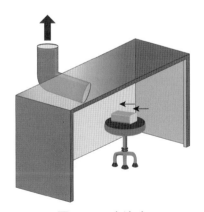

圖 2-3　噴塗室

圖 2-4　包圍型氣罩之應用

⌂ 二、外裝式氣罩

　　為配合製程需要，而無法裝設包圍式氣罩時，則使用外裝式氣罩。捕捉式氣罩可根據其吸氣方向可區分為側邊(side-draft)、上方(freely suspended)及下方(down-draft)吸引式，而根據氣罩開口形狀可分成圓形、矩形、狹縫型、百葉型及格條型，其中狹縫型又稱槽溝型(slot)，指的是矩形氣罩開口展弦比(aspect ratio)，即長寬比小於 0.2，如圖 2-5、2-6、2-7、2-8 所示。

圖 2-5　圓形外裝型氣罩—側邊吸引式　圖 2-6　矩形外裝型氣罩—側邊吸引式

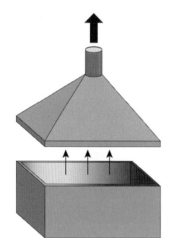

圖 2-7　敞篷型氣罩—上方吸引式

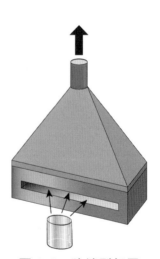

圖 2-8　狹縫型氣罩

三、接收式氣罩

接收式氣罩有 2 種，研磨輪型氣罩(grinding wheel hood)如圖 2-9 所示。熔爐等熱作業所用之懸吊式氣罩(canopy)，如圖 2-10 所示。

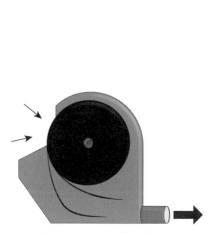

圖 2-9　研磨輪型氣罩

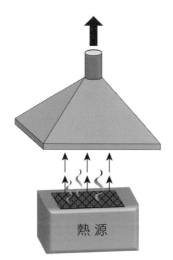

熱源

圖 2-10　熱作業用敞篷型懸吊式氣罩

各種作業在氣罩中的控制效果遠優於氣罩外，所以完全包圍式比崗亭式好，崗亭式比外裝式好，吹吸式因形式上使作業處在其中，所以效果也會比單一側的外裝式好。所以噴漆應在噴漆室（即崗亭式氣罩）中施作，當移出噴漆室，一般外裝式氣罩很難能達到噴漆室的捕集效能。

外裝式氣罩因抽氣氣流風速在氣罩外迅速減少，因此氣罩應離污染發生源越近越好，兩者相距最好不超過氣罩開口規格，因為該處的風速大概只有開口處的 1/10，風速劇減會減弱氣罩捕集能力。以日常生活常見的抽油煙機為例，屬外裝式氣罩，如果在廚房以外的地方，例如餐廳甚至客廳，聞到瓦斯爐炒菜的味道，這表示抽油煙機的集氣效能有所不足。反之，一般餐廳如用類似包圍式的廚具，即瓦斯爐具是在整個抽氣櫃中，則其集氣效果就大為提升，至少就比較不會在廚房以外的地方聞到炒菜味了。

其實，要從外裝式改裝成包圍式也不難。如果氣罩設在污染發生源作業區正上方，只要不影響原先作業，可在氣罩開口邊緣，往下加裝檔板，

最好往下延伸到作業區，甚至作業區下方，儘量包圍作業區，這樣等於是把外裝式氣罩升級成包圍式氣罩。擋板可為塑膠布或壓克力，可完整一面或垂簾條式，可固定式也可設成活動式。

練習範例
職業安全衛生管理技術士技能檢定及高普考考題

（　）1. 排氣量相同時，控制效果最好之局部排氣裝置氣罩為下列何者？
(1)手套箱式　(2)崗亭式　(3)外裝式　(4)吹吸式。　　【乙 3-404】

（　）2. 有機溶劑作業設置之局部排氣裝置控制設施，氣罩之型式以下列何者控制效果較佳？　(1)包圍式　(2)崗亭式　(3)外裝式　(4)吹吸式。　　　　　　　　　　　　　　　　　　　　　【甲衛 1-39】

（　）3. 下列何種局部排氣裝置之氣罩性能最佳？　(1)包圍型氣罩　(2)外裝型側邊氣罩　(3)外裝型下方吸引式氣罩　(4)上方吹引式氣罩。　　　　　　　　　　　　　　　　　　　　　　　　【化測乙 1-2】

（　）4. 下列何種型式的氣罩最不易受氣罩外氣流的影響？　(1)接收式　(2)外裝式下方吸引式　(3)外裝式側邊吸引式　(4)包圍式。　　　　　　　　　　　　　　　　　　　　　　　　　　【乙 3-405】

（　）5. 理論上採用何種通風裝置能最經濟、有效移除熱源？　(1)包圍型氣罩　(2)整體換氣　(3)加裝電風扇　(4)外裝式氣罩。　　　　　　　　　　　　　　　　　　　　　　　　【物測甲 2-142】

（　）6. 關於包圍式氣罩之敘述，下列哪一項不正確？　(1)將污染源密閉防止氣流干擾污染源擴散，觀察口及檢修點越大越好　(2)氣罩內應保持一定均勻之負壓，以避免污染物外洩　(3)氣罩吸氣氣流不宜鄰近物料集中地點或飛濺區內　(4)對於毒性大或放射物質應將排氣機設於室外。　　　　　　　　　　　　　　　　　【甲衛 3-261】

（　）7. 常用於乾燥流程的隧道型氣罩，屬下列何種氣罩？　(1)包圍式 (2)外裝式　(3)接收式　(4)吹吸式。　　　　　　【乙 3-403】

（　）8. 關於外裝式氣罩之敘述，下列哪一項不正確？　(1)氣罩口加裝凸緣以提高控制效果　(2)頂蓬式氣罩可在罩口四周加裝擋板，以減少橫向氣流干擾　(3)頂蓬式氣罩擴張角度應大於 60o，以確保吸氣速度均勻　(4)在使用上及操作上，較包圍式氣罩更易於被員工接受。　　　　　　　　　　　　　　　　　　　【甲衛 3-262】

（　）9. 請問下列何種氣罩較不適合使用在生產設備本身散發熱氣流，如爐頂熱煙，或高溫表面對流散熱之情況？　(1)高吊式氣罩　(2)向下吸引式氣罩　(3)接收式氣罩　(4)低吊式氣罩。　【甲衛 3-263】

（　）10. 有機溶劑作業設置之局部排氣裝置控制設施，氣罩型式下列何者控制效果最差？　(1)包圍式　(2)崗亭式　(3)外裝式　(4)吹吸式。　　　　　　　　　　　　　　　　　　　　　　　　　【化測甲 1-117】

（　）11. 目前市售導煙機搭配廚房抽油煙機使用，此操作模式屬下列何種氣罩？　(1)包圍式　(2)外裝式　(3)接收式　(4)吹吸式。
　　　　　　　　　　　　　　　　　　　　　　　　　　　【乙 3-402】

12. 解釋名詞：外裝式氣罩。　【2010 工礦衛生技師－作業環境控制工程 1】

13. 有毒、污染氣體或粉塵的工作場所必須排氣換氣以確保空氣品質低於容許暴露值(permissible exposure level, PEL)，請問：

(1) 什麼是吸拉式(pull type)和呼推式(push type)？

(2) 設計通風管道時，為何必須採行吸拉式而不能呼推式？

　　　　　　　　　　　　　　　　　　　【2016 高考三級工安－安管 1】

14. 有害物控制設備包括 A.包圍型氣罩、B.外裝型氣罩及 C.吹吸型換氣裝置。請問下列各圖示分屬上述何者？請依序回答。（本題各小項均為單選，答題方式如：(1)A、(2)B……）　　　　　　　【2015-1#9】

(1)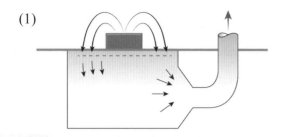

(2)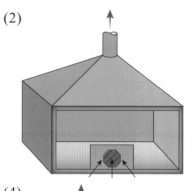

(3)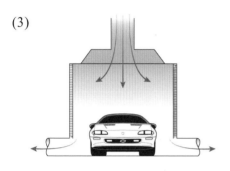

(4)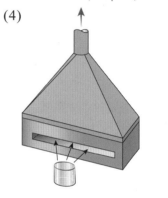

(5)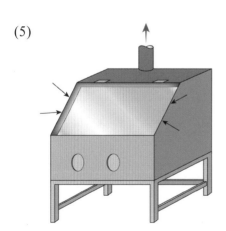

第二節 ✿ 設置氣罩之有關規定

⌂ 一、鉛中毒預防規則

　　化學物質有關法規大致都有設置氣罩之有關規定，鉛中毒預防規則之有關規定，如表 2-1 所示。

✖ 表 2-1　鉛中毒預防規則之氣罩設置有關規定

條號	條文
20	本規則第 5 條第 2 款及第 3 款、第 6 條第 2 款及第 3 款、第 7 條第 2 款及第 3 款、第 10 條第 2 款、第 4 款、第 5 款及第 12 條第 3 款規定設置之局部排氣裝置之氣罩，應採用包圍型。但作業方法上設置此種型式之氣罩困難時，不在此限。
25	雇主設置之局部排氣裝置之氣罩，依下列規定： 一、 應設置於每一鉛、鉛混存物、燒結礦混存物等之鉛塵發生源。 二、 應視作業方法及鉛塵散布之狀況，選擇適於吸引該鉛塵之型式及大小。 三、 外裝型或接受型氣罩之開口，應儘量接近於鉛塵發生源。

　　上述第 20 條所列有關條款如下：

條號	條文
2	本規則適用於從事鉛作業之有關事業。 前項鉛作業，指下列之作業： 一、 鉛之冶煉、精煉過程中，從事焙燒、燒結、熔融或處理鉛、鉛混存物燒結礦混存物之作業。 二、 含鉛重量在 3%以上之銅或鋅之冶煉、精煉過程中，當轉爐連續熔融作業時，從事熔融及處理煙灰或電解漿泥之作業。 三、 鉛蓄電池或鉛蓄電池零件之製造、修理或解體過程中，從事鉛、鉛混存物等之熔融、鑄造、研磨、軋碎、製粉、混合、篩選、捏合、充填、乾燥、加工、組配、熔接、熔斷、切斷、搬運或將粉狀之鉛、鉛混存物倒入容器或取出之作業。

條號	條文
2 （續）	七、鉛化合物、鉛混合物製造過程中，從事鉛、鉛混存物之熔融、鑄造、研磨、混合、冷卻、攪拌、篩選、煅燒、烘燒、乾燥、搬運倒入容器或取出之作業。 八、從事鉛之襯墊及表面上光作業。 九、橡膠、合成樹脂之製品、含鉛塗料及鉛化合物之繪料、釉藥、農藥、玻璃、黏著劑等製造過程中，鉛、鉛混存物等之熔融、鑄注、研磨、軋碎、混合、篩選、被覆、剝除或加工之作業。 十、於通風不充分之場所從事鉛合金軟焊之作業。 十三、使用熔融之鉛從事金屬之淬火、退火或該淬火、退火金屬之砂浴作業。 十五、含鉛、鉛塵設備內部之作業。
5	雇主使勞工從事第 2 條第 2 項第 1 款之作業時，依下列規定： 一、鉛之冶煉、精煉過程中，從事焙燒、燒結、熔融及鉛、鉛混存物、燒結礦混存物等之熔融、鑄造、烘燒等作業場所，應設置局部排氣裝置。 二、非以濕式作業方式從事鉛、鉛混存物、燒結礦混存物等之軋碎、研磨、混合或篩選之室內作業場所，應設置密閉設備或局部排氣裝置。 三、非以濕式作業方式將粉狀之鉛、鉛混存物、燒結礦混存物等倒入漏斗、容器、軋碎機或自其取出時，應於各該作業場所設置局部排氣裝置及承受溢流之設備。
6	雇主使勞工從事第 2 條第 2 項第 2 款之作業時，依下列規定： 一、以鼓風爐或電解漿泥熔融爐從事冶煉、熔融或煙灰之煅燒作業場所，應設置局部排氣裝置。 二、非以濕式作業方法從事煙灰、電解漿泥之研磨、混合或篩選之室內作業場所，應設置密閉設備或局部排氣裝置。 三、非以濕式作業方法將煙灰、電解漿泥倒入漏斗、容器、軋碎機等或自其中取出之作業，應於各該室內作業場所設置局部排氣裝置及承受溢流之設備。
7	雇主使勞工從事第 2 條第 2 項第 3 款之作業時，依下列規定： 一、從事鉛、鉛混存物之熔融、鑄造、加工、組配、熔接、熔斷或極板切斷之室內作業場所，應設置局部排氣裝置。

條號	條文
7 （續）	二、非以濕式作業方法從事鉛、鉛混存物之研磨、製粉、混合、篩選、捏合之室內作業場所，應設置密閉設備或局部排氣裝置。 三、非以濕式作業方法將粉狀之鉛、鉛混存物倒入容器或取出之作業，應於各該室內作業場所設置局部排氣裝置及承受溢流之設備。 四、從事鉛、鉛混存物之解體、軋碎作業場所，應與其他之室內作業場所隔離。但鉛、鉛混存物之熔融、鑄造作業場所或軋碎作業採密閉形式者，不在此限。 五、鑄造過程中，如有熔融之鉛或鉛合金從自動鑄造機中飛散之虞，應設置防止其飛散之設備。
10	雇主使勞工從事第 2 條第 2 項第 7 款之作業時，依下列規定： 一、從事鉛、鉛混存物之熔融、鑄造、煆燒及烘燒之室內作業場所，應設置局部排氣裝置。 二、從事鉛或鉛混存物冷卻攪拌之室內作業場所，應設置密閉設備或局部排氣裝置。 四、非以濕式作業方法從事鉛、鉛混存物之研磨、混合、篩選之室內作業場所，應設置密閉設備或局部排氣裝置。 五、非以濕式作業方法將粉狀之鉛、鉛混存物倒入容器或取出之作業，應於各該室內作業場所設置局部排氣裝置及承受溢流之設備。 六、以人工搬運裝有粉狀之鉛、鉛混存物之容器為避免搬運之勞工被上述物質所污染，應於該容器上裝設把手或車輪或置備有專門運送該容器之車輛。 七、室內作業場所之地面，應為易於使用真空除塵機或以水清除之構造。
12	雇主使勞工從事第 2 條第 2 項第 9 款之作業時，依下列規定： 1. 從事鉛、鉛混存物熔融或鑄注之室內作業場所，應設置局部排氣裝置及儲存浮渣之容器。 2. 從事鉛、鉛混存物軋碎之作業場所，應與其他作業場所隔離。 3. 非以濕式作業從事鉛、鉛混存物之研磨、混合、篩選之室內作業場所，應設置密閉設備或局部排氣裝置。

🏠 二、特定化學物質危害預防標準

條號	條文
10	雇主使勞工從事乙類物質中之鈹及其化合物或含鈹及其化合物占其重量超過 1%（鈹合金時，以鈹占其重量超過 3%者為限）之混合物（以下簡稱鈹等）以外之乙類物質之製造時，其核定基準如下： 七、 從事鈹等以外之乙類物質之計量、投入容器、自該容器取出或裝袋作業，於採取前款規定之設備顯有困難時，應採用不致使作業勞工之身體與其直接接觸之方法，且該作業場所應設置包圍型氣罩之局部排氣裝置；局部排氣裝置應置除塵裝置。
11	雇主使勞工從事鈹等之製造時，其核定基準如下： 十二、 從事粉狀之鈹等之計量、投入容器、自該容器取出或裝袋作業，於採取前款規定之設施顯有困難時，應採用不致使作業勞工之身體與其直接接觸之方法，且該作業場所應設置包圍型氣罩之局部排氣裝置。
13	雇主使勞工處置、使用乙類物質，將乙類物質投入容器、自容器取出或投入反應槽等之作業時，應於該作業場所設置可密閉各該物質之氣體、蒸氣或粉塵發生源之密閉設備或使用包圍型氣罩之局部排氣裝置。
15	雇主使勞工從事製造丙類第一種物質或丙類第二種物質時，製造設備應採用密閉型，由作業人員於隔離室遙控操作。但將各該粉狀物質充分濕潤成泥狀或溶解於溶劑中者，不在此限。 因計量、投入容器、自該容器取出或裝袋作業等，於採取前項設施顯有困難時，應採用不致使勞工之身體與其直接接觸之方法，且於各該作業場所設置包圍型氣罩之局部排氣裝置。
17	雇主依本標準規定設置之局部排氣裝置，氣罩應置於每一氣體、蒸氣或粉塵發生源；如為外裝型或接受型之氣罩，則應接近各該發生源設置。

🏠 三、有機溶劑中毒預防規則

第 12 條規定雇主設置之局部排氣裝置之氣罩,應依下列之規定:

1. 氣罩應設置於每一有機溶劑蒸氣發生源。
2. 外裝型氣罩應儘量接近有機溶劑蒸氣發生源。
3. 氣罩應視作業方法、有機溶劑蒸氣之擴散狀況及有機溶劑之比重等,選擇適於吸引該有機溶劑蒸氣之型式及大小。

🏠 四、粉塵危害預防標準

第 7~9 條及第 15 條有規範氣罩之設置,條文如下所示:

條號	條文
7	雇主依前條規定設置之局部排氣裝置(在特定粉塵發生源設置有磨床、鼓式砂磨機等除外),應就表 2-2 所列之特定粉塵發生源,設置同表所列型式以外之氣罩。
8	雇主使勞工於室內作業場所(通風不充分之室內作業場所除外),從事臨時性之有機溶劑作業時,不受第 6 條第 1 款、第 2 款及前條第 1 款規定之限制,得免除設置各該條規定之設備。
9	雇主依第 6 條或第 23 條但書設置局部排氣裝置之特定粉塵發生源,設置有磨床、鼓式砂磨機等回轉機械時,應依下列之一設置氣罩: 一、 可將回轉體機械裝置等全部包圍之方式。 二、 設置之氣罩可在氣罩開口面覆蓋粉塵之擴散方向。 三、 僅將回轉體部分包圍之方式。
15	雇主設置之局部排氣裝置,應依下列之規定:一、氣罩宜設置於每一粉塵發生源,如採外裝型氣罩者,應儘量接近發生源。

表 2-2　特定粉塵發生源不得設置之氣罩型式

特定粉塵發生源		不得設置之氣罩型式
於室內以動力（手提式或可搬動式動力工具除外）切斷、雕刻或修飾之處所，從事岩石或礦石切斷。		外裝型氣罩上方吸引式
於室內以研磨材噴射、研磨或岩石、礦物之雕刻之處所。		外裝型氣罩
於室內以動力（手提式動力工具除外）搗碎、粉碎或篩選土石、岩石礦物、碳原料或鋁箔之處所。	土石、岩石、礦物、碳原料或鋁箔之搗碎、粉碎處所	外裝型氣罩下方吸引式
	土石、岩石、礦物、碳原料或鋁箔之修飾處所	外裝型氣罩
於室內將半製品或製品以動力（手提式動力工具除外）修飾之處所，使用壓縮空氣除塵。		外裝型氣罩上方吸引式
於室內利用研磨材以動力（手提式或可搬動式動力工具除外）研磨岩石、礦物或金屬或削除毛邊或切斷金屬之處所之作業。	砂模拆除或除砂之處所	外裝型氣罩上方吸引式
	砂再生之處所	外裝型氣罩

練習範例

職業安全衛生管理技術士技能檢定及高普考考題

（　　）1.　非以濕式作業方法從事鉛、鉛混存物等之研磨、混合或篩選之室內作業場所設置之局部排氣裝置，其氣罩應採用下列何種型式效果最佳？　(1)包圍型　(2)外裝型　(3)吹吸型　(4)崗亭型。

【甲衛 1-49，化測甲 1-126】

（　　）2.　下列何作業設置局部排氣裝置為危害預防控制設施時，不得設置外裝型氣罩？　(1)岩石、礦物、碳原料之篩選修飾處所　(2)坑內岩石或礦石切斷之處所　(3)以動力粉碎、搗碎礦物、碳原料之處所　(4)翻砂工場砂模、拆除或除砂之處所。　【化測甲 1-130】

(　　) 3. 下列有關粉塵作業設置之局部排氣裝置之敘述何者有誤？　(1)排氣口應置於室外　(2)排氣機應置於空氣清淨機後之位置　(3)氣罩應使用外裝型　(4)氣罩宜設於每一粉塵發生源。【化測甲 1-132】

(　　) 4. 下列有關粉塵作業之控制設施之敘述，何者有誤？　(1)整體換氣裝置應置於使排氣或換氣不受阻礙之處，使之有效運轉　(2)設置之濕式衝擊式鑿岩機於實施特定粉塵作業時，應使之有效給水　(3)局部排氣裝置應以外裝型為主　(4)維持濕潤狀態之設備於粉塵作業時，對該粉塵發生處所應保持濕潤狀態。　【化測甲 1-133】

第三節 ❉ 控制風速

　　設置局部排氣裝置之主要目的，便是要在有害物發生源所在之處，利用局部排氣裝置的抽引能力，將有害物抽除，以避免其發散至作業環境空氣中。為了要檢驗局部排氣裝置是否具備足夠之抽引能力，ACGIH 使用一重要名詞—捕捉風速(capture velocity)，其定義為由局部排氣裝置產生，足以捕捉有害物，並傳送至氣罩內之最小風速。ACGIH 並針對各種有害物散布特性，提出捕捉風速適用範圍之建議值，如表 2-3 所示，其範圍由 0.381~10 m/s 不等。

❈ 表 2-3　各種有害物散布特性之捕捉風速建議適用範圍(ACGIH, 2010)

有害物逸散時具備之能量	實例	捕捉風速建議範圍
低	自儲槽蒸發蒸氣；脫脂	0.381~0.5 m/s (75~100 fpm)
一般	間歇式容器填充；低速輸送帶傳送；焊接；電鍍；酸洗	0.5~1.0 m/s (100~200 fpm)
高	裝桶；輸送帶傾卸；破碎	1.0~2.5 m/s (200~500 fpm)

✖ 表 2-3　各種有害物散布特性之捕捉風速建議適用範圍(ACGIH, 2010)（續）

有害物逸散時具備之能量	實例	捕捉風速建議範圍
很高	研磨；噴砂打光；轉磨	2.5~10 m/s (500~2,000 fpm)

建議範圍內影響捕捉風速選定之因素：
- 由空調進氣、人員走動等引起側風之強度
- 捕集效能之需求：
  有害物毒性
  同時暴露其他有害物
  有害物產生速率、揮發性
  有害物產生時間
- 另可參考 ANSI Z9.2-1979

　　在我國過去的有關法規中，相對於捕捉風速之名詞為控制風速，根據法規定義，控制風速依氣罩型式而定，一般外裝型氣罩指氣罩吸引有害物之發散範圍內，距該氣罩開口面最遠距離之作業位置之風速，至於包圍型氣罩者係指氣罩開口任一點之最低風速。而另一重要說明是，此控制風速係指開放全部局部排氣裝置之氣罩時之控制風速。「粉塵危害預防標準」原第 9 條則另行定義磨床、鼓式砂磨機等回轉機械之控制風速為此類回轉體於停止狀態下，其氣罩開口面之最低風速。

　　我國已於民國 90~92 年間刪除所有控制風速之規定，主要理由是原先有關規定之局部排氣裝置控制風速能力，依勞委會（現為勞動部）勞工安全衛生研究所（現為勞動及職業安全衛生研究所）研究結果指出，控制風速與勞工暴露濃度間無顯著相關性，且不能反映局部排氣系統之性能。國外法規亦未規定控制風速。另依「職業安全衛生法」第 12 條規定，雇主要訂定作業環境監測計畫，並實施監測（法條請參見本書第 1.5 節），以評估勞工暴露狀況並採取適當措施。所以原來的條文以控制風速及氣罩外側之抑制濃度來評估通風設備，並無法確保勞工之鉛暴露合於法令規定，且無法評估勞工實際暴露情形。原先各法規之控制風速在 0.4~5.0 m/s 之間，端

視有害物本身特性及其散布特性而定，有關法規條文包括「有機溶劑中毒預防規則」第 12 條、「粉塵危害預防標準」第 7~9 條、「鉛中毒預防規則」第 30 條、「特定化學物質危害預防標準」第 17 條。

依「有機溶劑中毒預防規則」原先第 14 條規定之控制風速，是根據氣罩型式不同而有所差異，其中包圍型氣罩為 0.4 m/s，側邊或下方吸引式外裝型氣罩為 0.5 m/s，上方吸引式外裝型氣罩所規定之控制風速最高，為 0.8 m/s，吹吸型換氣裝置則另有規定，目前已於民國 92 年 12 月 31 日刪除有關規定，目前條文內容如表 2-4 所示。雇主設置之局部排氣裝置及吹吸型換氣裝置，應於作業時間內有效運轉，降低空氣中有機溶劑蒸氣濃度至勞工作業場所容許暴露標準以下。

✕ 表 2-4　有關法規刪除控制風速後之現有條文

法規	條號	有關條文
有機溶劑中毒預防規則	14	雇主設置之局部排氣裝置及吹吸型換氣裝置，應於作業時間內有效運轉，降低空氣中有機溶劑蒸氣濃度至勞工作業場所容許暴露標準以下。
鉛中毒預防規則	30	雇主設置之局部排氣裝置，應於鉛作業時間內有效運轉，並降低空氣中鉛塵濃度至勞工作業場所容許暴露標準以下。
特定化學物質危害預防標準	17.5	於製造或處置特定化學物質之作業時間內有效運轉，降低空氣中有害物濃度。
粉塵危害預防標準	7~9	無有關文字。

依「粉塵危害預防標準」原先第 7~9 條規定，控制風速同時因粉塵發生源及氣罩型式之不同而有差異，相較於氣狀之有機溶劑，粒狀之粉塵需要較大之控制風速，例如原先第 8 條規定之包圍型氣罩就由有機溶劑之 0.4 m/s，增加為 0.7 m/s，側邊或下方吸引式外裝型氣罩增加為 1.0 m/s，上方吸引式外裝型氣罩則增加為 1.2 m/s，最高之控制風速則是針對未被完全包

圍之回轉機械，高達 5.0 m/s，上述規定已於民國 92 年 12 月 31 日刪除。「鉛中毒預防規則」第 30 條原來是規定控制風速要在 0.5 m/s 以上，在民國 91 年 8 月 30 日第 1 次修正中，將上述條文修正為「應於鉛作業時間內有效運轉，並降低空氣中鉛塵濃度至勞工作業環境空氣中有害物容許濃度標準以下」。

「特定化學物質危害預防標準」第 17 條也有類似的情況，原來規定之控制風速是依有害物狀態不同而有差異：氣體、蒸氣等氣狀污染物為 0.5 m/s，粉塵、纖維、燻煙、霧滴等粒狀污染物則提高為 1.0 m/s，並有氣罩外側測點之特定化學物質抑制濃度之規定。由於有害物作業勞工暴露之評估標準，已見於勞工作業場所容許暴露標準，上述條文以控制風速及氣罩外側之抑制濃度來評估通風設備，無法掌握勞工實際暴露情形，因此於 90 年 12 月 31 日修正時，將上述條文刪除，並增列「有效運轉，降低空氣中有害物濃度」，強調事業單位對於特定化學物質暴露評估仍應依有關規定辦理。

在本節的最後，我們還是要再提醒一下，當我們在要求控制風速的同時，有一重要觀念要注意：因控制風速之功能是要使局部排氣裝置能具備足夠之吸引能力，使有害物濃度能低於某一定值，如勞工作業場所容許暴露標準。因此在原先的特定化學物質危害預防標準及鉛中毒預防規則中，都有規定只要氣罩外側測點之特定化學物質抑制濃度符合規定，或是鉛抑制濃度在 0.1 mg/m³ 以下時，控制風速便可低於上述之規定值。至於有機溶劑中毒預防規則及粉塵危害預防標準中，則尚未有此相關規定。畢竟上述法規之訂定，其最終目的就是在控制作業環境空氣中有害物之濃度，以此來保護勞工健康。而換氣量及控制風速之規定，是否能真正達成此目的，或是濃度已經遠低於法規或人體健康要求，而耗損過多能源與金錢，最後之評量標準大概就是容許濃度標準。

練習範例
職業安全衛生管理技術士技能檢定及高普考考題

(　)1. 包圍型氣罩捕捉風速係指下列何者？ (1)氣罩開口面之平均風速 (2)氣罩開口面之最大風速　(3)氣罩開口面之最低風速　(4)氣罩與導管連接處之平均風速。　　　　　　　　　【甲衛 3-254】

2. 解釋下列名詞：控制風速。　　　　　　　　【2012 礦衛生技師－環控 1.3】

第四節 ❖ 排氣量

一、外裝式氣罩

在根據法規及實際需要決定控制風速或捕捉風速後，即可配合氣罩型狀及位置決定排氣量。對於一般外裝式氣罩而言，其排氣量可由下式推估：

$$Q=v(10X^2+A) \quad\text{..} \text{(2-1)}$$

其中，Q 為排氣量(m^3/s)，

　　　v 為捕捉風速(m/s)，

　　　X 為捕捉點與氣罩開口面之垂直距離(m)，

　　　A 為氣罩開口面積(m^2)。

此式適用於當 X 小於氣罩開口特性長度（如圓形氣罩直徑或方形氣罩邊長）之 1.5 倍時，且矩形氣罩開口展弦比(H/W)大於 0.2 時。

如果此氣罩置於工作臺或地板上，則所需排氣量減少為

$$Q=v(5X^2+A) \quad\text{..} \text{(2-2)}$$

當展弦比小於 0.2 時，此時之開口稱為狹縫(slot)，其流場特性將不同於一般氣罩，此時排氣量做下列經驗式推估：

$$Q=3.7vWX \quad\text{...} (2\text{-}3)$$

其中，W 為狹縫長度(m)。

為提高有害物之捕捉效率，減低所需排氣量，氣罩開口四周可加裝凸緣（flange，俗稱法蘭），其寬度一般是氣罩開口或狹縫面積之平方根值。凸緣可阻隔來自氣罩開口後方之氣流，因此可減少所需排氣量，通常可減少約 25%，因此加裝凸緣之氣罩排氣量約為原來的 75%，即具凸緣之一般氣罩，其排氣量由(2-1)式減少為

$$Q=0.75v(10X^2+A) \quad\text{..} (2\text{-}4)$$

至於狹縫式氣罩之排氣量則由(2-3)式減少為

$$Q=2.8vWX \quad\text{...} (2\text{-}5)$$

其中 2.8=3.7×0.75。

二、包圍式

包圍式氣罩排氣量之推估值則為氣罩開口面積與氣罩開口面平均風速之乘積，以崗亭式氣罩為例，其排氣量為：

$$Q=vA=vWH \quad\text{...} (2\text{-}6)$$

其中，v 為氣罩開口面平均風速(m/s)，

A 為氣罩開口面積(m^2)，

W 為氣罩開口寬度(m)，

H 為氣罩開口高度(m)。

　　如果下方吸引式氣罩直接與工作臺面相連，即氣罩所吸引之空氣完全經由工作臺面時，其排氣量可根據(2-6)式推估。

　　如果氣罩未與工作臺面直接相連，即氣罩所吸引之空氣一部分經由工作臺面，一部分經由工作臺面旁側，則其排氣量推估，比照(2-1)式。

三、懸吊式

　　一般常溫情況下，即有害物發生源不是熱源時，懸吊式氣罩之排氣量由下式推估：

$$Q=1.4vPY \dotfill (2\text{-}7)$$

其中，v 為捕捉風速，一般應在 0.25~2.5 m/s 之間，

　　　P 為作業面周長(m)，

　　　Y 為作業面與氣罩開口面之垂直高度差(m)。

　　為加強捕集效果，常會在氣罩下加裝塑膠布幕或圍板，如果圍兩面，則懸吊式氣罩變成包圍式，其排氣量數為：

$$Q=v(W+H)Y \dotfill (2\text{-}8)$$

其中，W 及 H 為開口面之邊長，(W+H)Y 則是氣罩與作業面間之面積。

　　如果圍了三面，僅留一面進行操作，則形成崗亭式，則排氣量推估值比照 2-6 式，變成：

$$Q=vWY \text{ 或 } vHY \dotfill (2\text{-}9)$$

　　各種氣罩排氣量之推估值如表 2-5 所示。

※ 表2-5 各種氣罩排氣量之推估值(ACGIH, 2010)

氣罩型式	規格說明	排氣量, Q, m³/s
單一狹縫式	展弦比(H/W)小於 0.2	3.7vWX
有凸緣之單一狹縫式	凸緣寬度≥ $\sqrt{WL}$	2.8vWX
外裝型及多狹縫式	展弦比大於 0.2 或圓形	$v(10X^2+A)$
外裝型及多狹縫式	設於工作台上或地板上	$v(5X^2+A)$
有凸緣之外裝型及多狹縫式	凸緣寬度≥ $\sqrt{A}$	$0.75v(10X^2+A)$
崗亭式	規格配合作業需要	vA=vWH
懸吊式	氣罩斜角≥45 度， 氣罩凸出作業面距離=0.4D	1.4vPY

參數說明：

H=氣罩或狹縫開口短邊長度，m	A=氣罩開口面積，m²
W=氣罩或狹縫開口長邊長度，m	H=崗亭式高度，m
v=在 X 點之捕捉風速，m/s	P=作業面周長，m
X=捕捉點距離，m	Y=氣罩與作業面高度差，m

四、高溫操作氣罩

在高溫操作，如操作熔爐時，因為熱效應使熱空氣具有 2 m/s 之上升速度，在熱空氣上升的過程中，會和周圍冷空氣混合，使此空氣柱直徑及流率增加，且變稀薄。其排氣量之推估比一般常溫或低溫操作不同，且依氣罩形狀及安裝位置有所差異，茲說明如下：

（一）高吊式圓形氣罩

熱源依產生之煙流狀況如圖 2-11 所示。其中 Z 值可以下式推估：

$$Z=2.59D_s^{1.138} \dots\dots\dots\dots\dots\dots\dots\dots\dots\dots\dots\dots\dots\dots\dots (2\text{-}10)$$

其中，Z 為虛擬點源至熱源表面之距離(m)，

　　D_s 為熱源表面直徑(m)。

　　煙柱直徑由下式推估：

$$D_C=0.434(X_C)^{0.88}$$ .... (2-11)

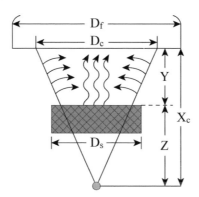

圖 2-11　熱源高吊式氣罩設計規格

其中，D_C 氣罩開口面之煙柱直徑(m)，

　　X_C 為虛擬點源至氣罩開口面之距離(m)，

　　Y 為熱源表面至氣罩開口面之距離(m)。

　　上升煙流之流速可由下式推估：

$$V_f=0.085(A_S)^{0.33}\frac{(\Delta T)^{0.42}}{X_C^{0.25}}$$ .... (2-12)

其中，V_f 為煙柱上升速率(m/s)，

　　A_S 為熱源表面積(m^2)，即 $\frac{\pi}{4}D_S^{2}$

　　ΔT 為熱源與周界溫差($^{\circ}$C, K)。

為有效捕集此上升煙柱，氣罩直徑應大於煙柱之直徑，其設計為值為：

$$D_f = D_C + 0.8Y \quad \text{.. (2-13)}$$

其中，D_f 為氣罩開口直徑(m)。氣罩總排氣量可以下式推估：

$$Q_t = V_f A_C + V_r (A_f - A_C) \quad \text{.. (2-14)}$$

其中，Q_t 為總排氣量(m^3/s)，

　　　V_f 為煙柱上升速率(m/s)，

　　　A_C 為氣罩開口面之煙柱截面積(m^2)，即 $\frac{\pi}{4}D_S{}^2$，

　　　V_r 為氣罩開口面除 A_C 外之所需風速，通常為 0.5 m/s，

　　　A_f 為氣罩開口總面積(m^2)。

 範 例

　　已知條件：熔爐直徑 1.2 m，熔爐溫度 525°C，周界溫度 25°C，氣罩與熔爐高度差 3 m。求 Q_t？

➥ 解

$Z = 2.59 D_S{}^{1.138} = 2.59 \times 1.2^{1.138} = 3.19$ m

$X_C = Y + Z = 3 + 3.19 = 6.19$ m

$D_C = 0.434 X_C{}^{0.88} = 0.434 \times 6.19^{0.88} = 2.16$ m

$A_S = \frac{\pi}{4} D_S{}^2 = \frac{\pi}{4} \cdot 1.2^2 = 1.13$ m^2

$V_f = 0.085(A_S)^{0.33} \dfrac{(\Delta T)^{0.42}}{X_C{}^{0.25}} = 0.085 \times (1.13)^{0.33} \times \dfrac{(525-25)^{0.42}}{6.65^{0.25}}$

$\quad = 0.763$ m/s

$$A_C = \frac{\pi}{4}D_C^2 = \frac{\pi}{4}(2.16)^2 = 3.65 \text{ m}^2$$

$$D_f = D_C + 0.8Y = 2.16 + 0.8 \times 3 = 4.56 \text{ m}$$

$$A_f = \pi/4D_f^2 = \pi/4(4.56)^2 = 16.31 \text{ m}^2$$

$$Q_t = V_f A_C + V_r(A_f - A_C) = 0.763 \times 3.65 + 0.5 \times (16.31 - 3.65) = 9.11 \text{ m}^3/\text{s}$$

（二）高吊式矩形氣罩

　　熱源如為矩形，則氣罩也應選擇矩形，此時上升煙流亦假設以此矩型式往上擴散，因此需分別計算矩形兩邊長所衍生之虛擬點源位置，即計算 X_C 值。由於總排氣量與煙柱流速有關，而根據(2-12)式，此流速與和 X_C 成反比，因此應選擇由兩邊長計算所得之 X_C 值中之較小值，以得到較高之流速值及排氣量，如此較能擔保氣罩之捕集效率。

　範　例

　　已知矩形熔爐長 1.2 m，寬 0.75 m，熔爐溫度 370℃，周界溫度 20℃，氣罩與熔爐距離 2.5 m。求 Q_t ？

➡ 解

$$X_{C0.75} = Y + Z_{0.75} = Y + 2.59D_{S0.75}^{1.138} = 2.5 + 2.59 \times (0.75)^{1.138} = 4.37 \text{ m}$$

$$X_{C1.2} = 2.5 + 2.59 \times (1.2)^{1.138} = 5.69 \text{ m}$$

$$D_{C0.75} = 0.434X_{C0.75}^{0.88} = 0.434 \times (4.37)^{0.88} = 1.59 \text{ m}$$

$$D_{C1.2} = 0.434X_{C1.2}^{0.88} = 0.434 \times (5.69)^{0.88} = 2.00 \text{ m}$$

$$V_f = 0.085(A_S)^{0.33}\frac{(\Delta T)^{0.42}}{X_C^{0.25}} = 0.085 \times (0.75 \times 1.2)^{0.33} \times \frac{(370-20)^{0.42}}{4.37^{0.25}}$$

$$= 0.652 \text{ m/s}$$

氣罩長度，$L=D_{C1.2}+0.8Y=2.00+0.8\times2.5=4.00$ m

氣罩寬度，$W=D_{C0.75}+0.8Y=1.59+0.8\times2.5=3.59$ m

$A_C=D_{C1.2}\times D_{C0.75}=2.00\times1.59=3.18$ m^2

$A_f=L\times W=4.00\times3.59=14.36$ m^2

$Q_t=V_f\cdot A_C+V_r(A_f-A_C)=0.52\times3.18+0.5\times(14.36-3.18)$
$=7.66$ m^3/s

（三）低吊式氣罩

如果氣罩開口面與熱源距離未超過熱源直徑或 0.9 公尺，則此氣罩歸類為低吊式，此時上升之熱氣流在進入氣罩時，尚未明顯擴散，因此氣罩直徑或邊長只要超出熱源規格 0.3 公尺即可，圓形低吊式氣罩之排氣量為：

$$Q_t=0.045(D_f)^{2.33}\Delta T^{0.42} \quad\text{... (2-15)}$$

其中，Q_t 為總排氣量(m^3/s)，

$\quad\quad$ D_f 為氣罩直徑(m)，

$\quad\quad$ ΔT 為熱源與周界溫差(^{o}C, K)。

$\quad\quad$ 矩形低吊式氣罩之排氣量為：

$$Q_t=0.06(Lb)^{1.33}(\Delta T)^{0.42} \quad\text{... (2-16)}$$

其中，Q_t 為總排氣量(m^3/s)，

$\quad\quad$ L 為氣罩長度(m)，

$\quad\quad$ b 為氣罩寬度(m)，

$\quad\quad$ ΔT 為熱源與周界溫差(^{o}C, K)。

（四）小規模熱源之通風控制

最近美國 NIOSH 研究人員 McKernan 等人，重新研究小規模熱源之煙柱規模與煙流特性，其研究所得之公式主要發表於 2007 年的期刊，也被納入 2010 年第 27 版的工業通風一書中。其中 Z 值、煙柱直徑 D_C 及上升煙流之流速 V_f 等三項皆與前述高吊式氣罩有所出入。上述(2-10)式、(2-11)式、及(2-12)式分別改寫為(2-17)式、(2-18)式、及(2-19)式：

$$Z=1.36D_S^{1.16} \quad\text{.. (2-17)}$$

$$D_C=0.762X_C^{0.86} \quad\text{.. (2-18)}$$

$$V_f = \frac{0.37}{X_C^{0.29}}(\frac{A_SH}{T_\infty})^{0.33} \quad\text{.. (2-19)}$$

其中 Z 為熱源與虛擬點源之距離(m)，

　　　D_S 為熱源表面直徑(m)，

　　　D_C 為氣罩開口面之煙柱直徑(m)，

　　　X_C 為虛擬點源至氣罩開口面之距離(m)，

　　　V_f 為煙柱上升速率(m/s)，

　　　A_S 為熱源表面積(m^2)，

　　　H 為單位面積熱源之功率，或總熱通量(W/m^2)，

　　　T_∞ 為周界溫度(K)。

在(2-19)式中，H 之計算公式為：

$$H=6.623\times10^{-8}(T_S^4 - T_\infty^4)+1.517(\Delta T)^{1.33} \quad\text{.................................. (2-20)}$$

其中 T_S 為熱源溫度(K)，

　　　T_∞ 為周界溫度(K)，

　　　ΔT 為熱源與周界溫差(K)。

氣罩開口面之煙柱截面積，$A_C(m^2)$，之計算式如下所示：

$$A_C = \pi D_C^2/4 = \pi(0.762X_C^{0.86})^2/4 = 0.456X_C^{1.72} \dots\dots\dots\dots\dots (2-21)$$

氣罩開口面之煙柱流率，$Q(m^3/s)$，為煙柱上升速率與截面積之乘積，計算式如下所示：

$$Q = V_f A_C = 0.169X_C^{1.43}(\frac{A_S H}{T_\infty})^{0.33} \dots\dots\dots\dots\dots\dots (2-22)$$

 範 例

已知條件：熔爐直徑 1.22 m，熔爐溫度 538°C，周界溫度 38°C，氣罩與熔爐高度差 3 m。求 Q_t？

➡️ **解**

基本運算：

熔爐溫度，$T_S = 538°C = (538+273.15)K = 811.15$ K，

周界溫度，$T_\infty = 38°C = (38+273.15)K = 311.15$ K，

$\Delta T = T_S - T_\infty = 811.15 - 311.15 = 500$ K

熔爐面積，$A_S = \pi D_S^2/4 = \pi \times (1.22)^2/4 = 1.17$ m²

Y=氣罩與熔爐高度差=3 m

煙柱規格之運算：

依(2-17)式，$Z = 1.36D_S^{1.16} = 1.36 \times (1.22)^{1.16} = 1.71$ m

依圖 2-11，$X_C = Y+Z = 3+1.71 = 4.71$ m

依(2-18)式，$D_C = 0.762X_C^{0.86} = 0.762 \times (4.71)^{0.86} = 0.762X_C^{0.86} = 2.89$ m

依(2-21)式，$A_C = 0.456X_C^{1.72} = 0.456 \times (4.71)^{1.72} = 6.55$ m²

依(2-20)式，H=$6.623\times10^{-8}(T_s^4-T_\infty^4)+1.517(\Delta T)^{1.33}$

$\qquad\qquad$ =$6.623\times10^{-8}\times(811.15^4-311.15^4)+1.517\times(500)^{1.33}$

$\qquad\qquad$ =33,948 W/m^2

依(2-19)式，$V_f=V_f=\dfrac{0.37}{X_C^{0.29}}(\dfrac{A_SH}{T_\infty})^{0.33}=\dfrac{0.37}{4.71^{0.29}}(\dfrac{1.17\times33,948}{311.15})^{0.33}=1.17\,m/s$

依(2-22)式，Q=$0.169X_C^{1.43}(\dfrac{A_SH}{T_\infty})^{0.33}=0.169\times4.71^{1.43}(\dfrac{1.17\times33,948}{311.15})^{0.33}=7.68\,m^3/s$

氣罩規格之運算：

依(2-13)式，$D_f=D_C+0.8Y=2.89+0.8\times3=5.29\,m$

氣罩開口面積，$A_f=\pi D_f^2/4=\pi(5.29)^2/4=21.99\,m^2$

依(2-14)式，$Q_t=V_fA_C+V_r(A_f-A_C)=1.17\times6.55+0.5\times(21.99-6.55)$

$\qquad\qquad$ =15.38 m^3

其中 V_r 為氣罩開口面除 A_C 外之所需風速，

依(2-14)式，通常為 0.5 m/s。

練習範例
職業安全衛生管理技術士技能檢定及高普考考題

( )1. 對於方形抽氣口，離其開口中心 1 倍邊長處之風速，約會降為該抽氣口表面風速的幾分之一？ (1)2 (2)4 (3)10 (4)20。
【乙 3-406】

( )2. 氣罩開口設置凸緣(flange)，最多可增加多少％之抽氣效率？ (1)25 (2)50 (3)60 (4)75。 【甲衛 3-252】

( )3. 下列哪些措施可以提昇通風換氣效能？ (1)吹吸式氣罩改為外裝式氣罩 (2)包圍式氣罩改裝為捕捉式氣罩 (3)縮短抽氣口與有害物發生源之距離 (4)氣罩加裝凸緣(flange)。 【乙 3-471】

( )4. 關於氣罩之敘述，下列哪一項不正確？ (1)包圍污染物發生源設

置之圍壁，使其產生吸氣氣流引導污染物流入其內部之局部排氣裝置之入口部份　(2)外裝式氣罩可以裝設凸緣(flange)以增加抽氣風速，但狹縫型氣罩無法加裝凸緣　(3)某些氣罩設計具有長而狹窄的狹縫　(4)即使是平面的管道開口也可稱為氣罩。

【甲衛 3-255】

(　) 5. 有一酸洗槽上有懸吊式氣罩，酸洗槽作業面周長 18 公尺，其與氣罩間垂直高度差為 3 公尺，若氣罩寬 3.75 公尺，長 6 公尺，捕捉風速平均為 7.5 m/s，其理論排氣量為 X。若其為加強捕集效果，在氣罩下多加 3 片塑膠板，圍住 3 面，僅餘一長面操作，則理論排氣量為 Y。請問下列哪一項正確？　(1)X<Y　(2)X=Y　(3)Y=135 m³/s　(4)X=844 m³/s。　　　　　【甲衛 3-264】

6. 在一般工作場所中，下列數值增加後，工作者安全衛生條件或該安全衛生設施之效能會變好或變差？(四)外裝式氣罩與有害物發生源之距離。

【2018-1#9】

7. 有一外裝式無凸緣(flange)氣罩，開口面積為 1 平方公尺，請計算距離該氣罩開口中心線外 1 公尺處之捕捉風速(capture velocity)，是氣罩開口處中心線風速之幾分之一？（參考公式；$Q = v(10X^2 + A)$，應列出計算過程）Ans：11　　　　　【2009-1#10】

8. 某一外裝型氣罩之開口面積(A)為 1 平方公尺，控制點與開口距離(X)為 1 公尺。今將氣罩開口與控制點之距離縮短為 0.5 公尺，則風量(Q)可減為原來之幾倍時，仍可維持控制點原有之吸引風速(v)？（參考公式 $Q = v(10X^2 + A)$，請列出計算過程）Ans：3.5/11　　　【2011-2#10】

9. 某汽車車體工廠使用第 2 種有機溶劑混存物，從事烤漆、調漆、噴漆、加熱、乾燥及硬化作業，若噴漆作業場所設置側邊吸引式外裝氣罩式局部排氣裝置為控制設備，該氣罩的長為 40 公分、寬為 20 公分，距離噴漆點的距離為 20 公分、風速為 0.5 m/s，請問該氣罩應吸引之風量為多少 m³/min？（請列出計算式，提示：$Q=60V_c(5r^2+LW)$）Ans：8.4

【2013-3 甲衛 5】

10. 某有機溶劑作業場所桌面上設有一側邊吸引式外裝型氣罩，長及寬各為 40 公分及 20 公分。作業點距氣罩 20 公分，該處之風速為 0.5 m/s，試計算該氣罩對作業點之有效吸引風量為何？公式提示：1. $Q = V_c(5X^2 + L \cdot W)$ Ans：8.4 m³/min 　　　　　　　　　　　　【2017-3 甲衛 5】

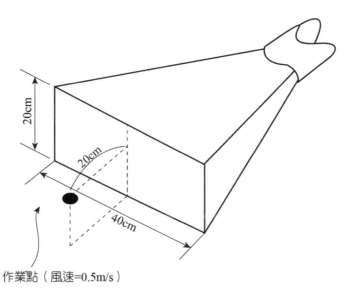

作業點（風速=0.5m/s）

11. 請列出以下氣罩型式排氣量之估計公式。（單選，請以(一) A、(二) B⋯方式作答）

(一)單一狹縫式　　　　　　　A. $0.75v(10X^2 + A)$

(二)外裝型　　　　　　　　　B. $1.4PvX$

(三)有凸緣之外裝型　　　　　C. $2.6 LvX$

(四)崗亭式　　　　　　　　　D. $3.7 LvX$

(五)懸吊式　　　　　　　　　E. $v(5X^2 + A)$

　　　　　　　　　　　　　　F. $v(10X^2 + A)$

　　　　　　　　　　　　　　G. vA

各公式的代號：v 為捕捉點風速，X 為氣罩開口與捕捉點距離，A 為氣罩開口面積，P 為作業面周長，L 為氣罩開口長邊邊長。 【2018-3 #9】

12. 某鋼鐵廠內有 A、B、C 三座鄰近之相同尺寸長方形熔爐,長及寬分別皆為 2 m 及 1.5 m,熔爐溫度分別為 800、650、580℃,環境周界平均溫度為 30℃,在各熔爐上方均有設置懸吊型矩形氣罩,分別與熔爐高度差 0.8、0.65、0.5 m,若三座懸吊型矩形氣罩共管連接至同一排氣系統,且互不干擾個別抽氣效率及不考慮共管抽氣壓力損失,請挑選下列適合且正確之公式計算各子題。

公式一:$Q = (W+L)HV$

公式二:$Q = 0.06(LW)^{1.33}(\Delta T)^{0.42}$

公式三:$Q = 0.045(D)^{2.33}(\Delta T)^{0.42}$

公式四:$Q = 1.4PHV$

公式五:$Pwr = \dfrac{Q \times FTP}{6120 \times \eta}$

其中 Q:排氣流率;H:作業面與氣罩開口面之垂直高度差;V:捕捉風速;P:作業面周長;W:氣罩寬度;L:氣罩長度;D:氣罩直徑;ΔT:溫度差;Pwr:排氣扇動力;FTP:排氣扇總壓;η:排氣扇機械效率。

(1) 請問 A、B、C 三座長方形熔爐之理論排氣流率各為多少 m³/min?請列出計算式。Ans:388、355、337

(2) 若排氣系統之排氣扇機械效率為 0.65,連接排氣扇進口之總壓為 -80 mmH₂O,連接排氣扇出口之總壓為 45 mmH₂O,請問排氣機所需理論動力為多少 kW?請列出計算式。Ans:33.9

【2018 工礦衛生技師－環控 1】

導　管

局部排氣導管包括自氣罩、空氣清淨裝置至排氣機之運輸管路（吸氣導管），及自排氣機至排氣口之搬運管路（排氣導管）兩部分。而空氣中有害物自氣罩收集後，藉由排氣機之抽引，即經由導管流向空氣清淨裝置及排氣口。在整體換氣過程中，導管亦扮演一種運送空氣及有害物的角色。設置導管時應同時考慮排氣量及污染物流經導管時所產生之壓力損失，故導管截面積及長度之決定為影響導管設置之重要因子。截面積較大時雖其壓損較低，但流速會因而減低，易導致大粒徑之粉塵沉降於導管內。對各種通風裝置而言，導管部分最需注意的是其在廠區之配置方式，以及其所導致的壓力損失大小，以及導管中的流速是否能有效運送有害物，避免粉塵堆積於管道中。

※ 表 3-1　導管搬運風速建議範圍(ACGIH, 2010)

運送物質	實例	搬運風速，m/s
蒸氣、氣體、煙	所有蒸氣、氣體及煙	任何風速皆可（以 5~10 較為經濟）
金屬燻煙	焊接	10~12.5
輕微粉塵	棉絮、木粉、石粉	12.5~15
乾粉塵與細粉	細橡皮塵、電木塵、麻絮、棉塵、刮粉、肥皂粉、皮屑	15~17.5
一般工業粉塵	研磨塵、咖啡豆粉、花崗岩塵、矽粉、一般物料處理粉塵、切磚屑、黏土塵、一般鑄造屑、石灰石粉、紡織工業包裝與稱量石綿塵	17.5~20
重粉塵	濕重鋸木屑、鑄造轉磨裝桶及搖出粉塵、噴砂塵、木片、豬糞、鑄鐵鑽屑、鉛塵	20~22.5
重或濕粉塵	含小碎片的鉛塵、濕水泥塵、黏磨光絨、生石灰粉塵	大於 22.5 以上

當導管中堆積粉塵時，會減少導管有效排氣面積、增加摩擦損失係數、加重清理維護工作負擔、甚至阻塞導管或有火災爆炸之虞。但導管風速也不宜過高，因動壓變大後，各式壓力損失都會變大，所引起的能源損

耗及排氣機電力負擔也會增加。而針對不同之運送物質，適當之導管搬運風速建議範圍列於表 3-1。有機溶劑蒸氣不是粉塵，因此用任何搬運風速皆可，但考量作業場所可能不是只有氣狀有害物，因此在表 3-1 中有建議最低值在 5~10 m/s 之間。但如果該作業場所之廢氣中，除了有機溶劑蒸氣外，還有表 3-1 中的其他粉塵，則應依各粉塵所需之最高搬運風速操作。

為瞭解導管中氣流流動特性，首先應先瞭解基本之流體力學原理，本章即由此基本原理開始，依序介紹導管中之各類型壓力損失，以及設計配置時應注意事項。

第一節 ❀ 基本流體力學

物質有 3 種型態：固體、液體和氣體。它們主要的區別在於分子間的作用力大小。固體分子間的作用力最大，分子被固定在位置上，因此固體會維持一定的形狀。液體分子間作用力使液體彼此靠近，但分子間仍可自由運動，因此液體放入容器中會隨著容器改變形狀，但體積不會改變。氣體分子間的距離最遠，彼此間作用力微弱，將氣體裝在封閉容器中會自動充滿容器。流體包括液體和氣體，其中液體只能稍微壓縮，氣體則具可壓縮性。

在裝滿水的容器鑽一個洞，水就會流出來，可知流體對容器壁面有施力，稱之為壓力 P，為物體單位面積所承受垂直力的大小，其定義如下式，

$$P = \frac{F}{A} \quad\text{...} (3\text{-}1)$$

壓力的公制單位為 N/m^2，又稱作帕斯卡(pascal, Pa)。一大氣壓力(atm)等於 1.013×10^5 Pa，另外一個常用的壓力單位為巴(bar)，1 巴=10^5 Pa。帕斯卡(Blaise Pascal)對壓力提出兩項原理：(1)靜止流體中任一點所受之壓

力，各方向大小都相等；(2)流體作用在其固體邊界之壓力方向為垂直。上述原理又叫作帕斯卡原理(Pascal's Law)。

　　流體運動時會產生剪應力（垂直於一面積之力稱為正向力，如壓力與張力；平行於一面積之力稱為剪力），剪應力的意義為單位面積上之剪力，其大小與流體的黏性有關，而流體流動時因黏性、剪應力產生摩擦力，為了克服摩擦力又會造成流體能量之損失。考慮兩平行表面之流體如圖 3-1，下表面固定不動，上表面施以剪應力 τ 使上表面以速度 v 水平移動，與下表面接觸的流體速度為零，而與上表面接觸的流體速度為 v，如果兩個表面之間的距離很小，則速度的變化與位置 y 成線性關係，此關係用 $\Delta v/\Delta y$ 來表示，稱為速度梯度(velocity gradient)或剪應變率(shear strain rate)，若剪應力與速度梯度成正比時，其比例常數即為流體的動力黏度(dynamic viscosity)，關係式如下：

$$\tau = \mu \frac{\Delta v}{\Delta y}$$ .... (3-2)

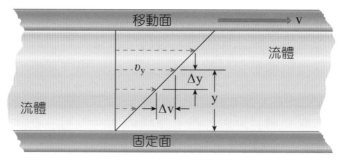

圖 3-1　剪應力與速度梯度之關係圖

　　由此式可看出動力黏度的物理意義，當使用一根筷子來攪動一杯水與一杯蜂蜜時，明顯地攪動黏性較高的蜂蜜比水費力得多，因為攪動會形成固體邊界與流體間的速度梯度，攪動速度相同時，黏性較高的蜂蜜會造成較大之剪應力，因此較費力。符合本關係式的流體稱為牛頓流體(Newtonian fluid)，一般常見的空氣、水、油等流體都屬於牛頓流體。

　　決定流體內的壓力時，一般有兩種選取參考壓力的方法。以大氣壓力為參考壓力所測得的壓力稱為錶壓力(gage pressure)，以絕對真空為零點所量測的壓力稱為絕對壓力(absolute pressure)。兩種壓力的關係為

$$P_{abs}=P_{gage}+P_{atm} \dotfill (3\text{-}3)$$

其中 P_{abs}=絕對壓力，P_{gage}=錶壓力，P_{atm}=大氣壓力。

　　在靜止液體表面下某點之壓力應如何計算呢？假設作用在靜止液體表面深度 h 處之壓力為 P，液體密度為 ρ，考慮一長度為 h 之很小的流體圓柱體，上底面為液體表面，下底面為該點所在位置，圓柱體底面面積為 A。因該圓柱體位於靜止液體中，所以該圓柱體處於平衡狀態，所以作用在該圓柱體上之所有力之合力為零。首先考慮水平方向的力，因為所有作用在圓柱體側表面的壓力彼此對稱，所以是完全平衡的。垂直方向的力有兩項，圓柱體的重量為 ρhAg 朝下，而作用在圓柱體下底面的壓力所形成的力為 PA 朝上，因為圓柱體處於靜平衡狀態，所以兩力應大小相等方向相反，即 ρhAg=PA，所以作用在靜止液體表面深度 h 處之壓力 P 為：

$$P=\rho gh \dotfill (3\text{-}4)$$

　　若想得知液面下，某兩點間的壓力差，即因深度改變所造成的壓力變化，可用下式：

$$P_2 - P_1 = \Delta P = \rho gh_2 - \rho gh_1 = \rho g(h_2 - h_1) = \rho g \Delta h \dotfill (3\text{-}5)$$

其中 ΔP=壓力的改變，Δh=深度的改變。使用以上二式應注意幾項限制條件：(1)公式只適用於靜止的均質液體；(2)壓力僅與深度有關，同水平面上的各點壓力相同；(3)位置向上，壓力減少；(4)位置向下，壓力增加；(5)公式不適用於氣體，因氣體之密度隨壓力而變化，非均質流體。

　　最簡單的壓力計為 U 型管壓力計，一端接在欲量測壓力的地方，另一端暴露於大氣，管中存有不會與待側流體混合之規液(gage fluid)，例如水

銀、水、油類等，待管內流體靜止時，規液會移動至適當位置，由方程式 $\Delta P=\rho g\Delta h$ 可知待側壓力之數值。因測量 U 型管兩端的液柱高度差，即可得知壓力差，因此實用上常以液柱高度視為壓力。例如一大氣壓 = 760 mmHg = 10,130 mmH$_2$O，1 mmHg = 132.8 Pa，1 mmH$_2$O = 9.81 Pa。

通風工程所關注的流體為空氣，而導管中氣流的流動可由流體力學兩個基本定律來描述，即質量守恆與能量守恆。在應用這兩個定律之前，通常可以先用下列四個假設來簡化氣流溫度、濕度、密度及流率之變化：

1. 假設導管管壁無熱傳現象：因為在一般情況下，管壁內外溫差不大，當管壁內外溫差很大時，將產生熱傳現象，使導管中氣流之溫度改變，如此氣流密度與流率都會改變。

2. 假設導管中氣流為不可壓縮氣流：因為一般導管中壓差不大，當壓差達 50 cm H$_2$O 時，氣流密度將有 5%變化，如此氣流流率會改變。

3. 假設氣流為不含水蒸氣的乾燥氣流：因為水蒸氣會降低氣流密度，當氣流含水蒸氣時，應以濕度表(psychometric chart)校正氣流密度。

4. 假設氣流中之有害物體積與質量可忽略：此假設適用於一般作業環境中，但當有害物的濃度高到可影響氣流密度時，則需進行校正。

當導管中氣流的溫度及壓力偏離前兩個假設較大時，應依理想氣體方程式修正氣流密度：

$$PV=nRT=\frac{W}{M}RT \rightarrow PM=\frac{W}{V}RT=dRT \rightarrow d=\frac{PM}{RT}$$

其中 P 為壓力(atm)，V 為體積(L)，n 為莫耳數(mol)，R 為氣體常數(0.082 atm · L/mol · K)，T 為溫度(K)，W 為質量(g)，M 為分子量(g/mol)，d 為密度(g/L)。

範　例

試計算氧氣在標準狀態(STP)下的密度。

➡ 解

標準狀態為 1 atm 及 0 °C (273K)，氧氣分子量為 32 g/mol 所以

$$d = \frac{PM}{RT} = \frac{1 \times 32}{0.082 \times 273} = 1.429 \text{ g/L} = 1.429 \text{ kg/m}^3$$

在流體力學中，質量守恆定律與能量守恆定律分別以連續方程式(continuity equation)與伯努利方程式(Bernoulli's equation)表示。以下即針對這兩個方程式進行簡要的說明：

一、連續方程式

質量守恆定律在流體力學中，主要以質量流率(mass flow rate)的形式表示，也就是說，進入一流體系統的質量流率等於離開此流體系統的質量流率。

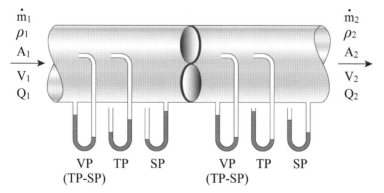
圖 3-2　導管質量流率及風扇前後壓力變化情形

以圖 3-2 所示的導管為例,單位時間內通過一導管截面積的流體質量,也就是質量流率可表示為:

$$\dot{M} = \rho A v \quad\text{...} (3\text{-}6)$$

其中,$\dot{m}$ 為質量流率,ρ 為流體密度,A 為導管的截面積,v 為流體平均速度(對空氣而言即為平均風速)。根據質量守恆定律,圖 3-2 中:

$$\dot{m}_1 = \dot{m}_2 \quad\text{..} (3\text{-}7)$$

其中,下標 1 與 2 分別代表導管的上游與下游點。合併(3-6)與(3-7)式可得:

$$\dot{m}_1 = \dot{m}_2 = \rho_1 A_1 v_1 = \rho_2 A_2 v_2 \quad\text{...................................} (3\text{-}8)$$

這就是連續方程式的基本形式。根據上述不可壓縮的假設,也就是空氣密度在導管的上、下游不變時,$\rho_1 = \rho_2$,連續方程式可進一步簡化為:

$$Q = A_1 v_1 = A_2 v_2 \quad\text{..} (3\text{-}9)$$

其中,Q 為體積流率(volumetric flow rate)或流率(flow rate);而在不同場合中,則代表通風量、換氣量(整體換氣)、抽氣量、排氣量(局部排氣)等。根據(3-9)式,對已知的流體流率而言,在一導管中各截面的平均風速即可由截面積計算求得。在流率不變的情況下,當截面積縮小時,平均風速將會增加;反之,當截面積增大時,平均風速則會降低。將澆花的水管捏扁可使得噴出來的水速度加快,因此噴得更遠;或者水龍頭流出的水柱,隨著流下的距離增加,會變得越來越細,都可用連續方程式解釋。

🏠 二、伯努利方程式、靜壓、動壓與全壓

在不可壓縮流體(incompressible fluid)系統中,若忽略能量的損耗,單位體積流體的能量守恆方程式可表示為:

$$P + \rho \frac{v^2}{2} + \rho g h = \text{定值} \quad\text{...} (3\text{-}10)$$

其中，P 為壓力，g 為重力加速度，h 為相對於某參考點的高度，(3-10)式即為伯努利方程式之基本形式。伯努利方程式也可以解釋許多流體現象，當流體中兩點高度變化不大時，流速增加會造成壓力變小，反之亦然，可用來說明飛機為何能飛及如何可投出變化球，另外還可解釋一些似乎與直覺相反的現象，例如湯匙移進向下沖的水流，湯匙沒被推開，反而被水流吸入。

由於(3-10)式中各項均使用壓力單位，於是可定義靜壓(static pressure, SP)為：

$$SP=P \qquad\qquad\qquad\text{(3-11)}$$

及動壓(velocity pressure, VP)為：

$$VP=\rho\,\frac{v^2}{2} \qquad\qquad\qquad\text{(3-12)}$$

因此，在管道內，動壓是指由空氣移動所造成，僅受氣流方向影響且一定為正值；靜壓，其方向是四面八方均勻分布，若是正壓則會有管道膨脹的趨勢，若是負壓則會有凹陷的趨勢；另外，全壓(total pressure, TP)：是動壓 VP 與靜壓 SP 之總和(algebraic sum)，其值可能為正亦可能為負。

在一般通風裝置中，通常以毫米水柱(mmH_2O)為壓力單位，且在一般溫濕度及大氣壓力（即 20°C，70%相對濕度，一大氣壓力）下，空氣密度為 1.2 kg/m^3，因此根據(3-12)式可得動壓與風速（單位為 m/s）的關係為：

$$V\ (m/s) = 4.04\sqrt{VP(mmH_2O)} \qquad\qquad\text{(3-13)}$$

或

$$VP\ (mmH_2O) = \left[\frac{v(m/s)}{4.04}\right]^2 \qquad\qquad\text{(3-14)}$$

有關此公式的由來及其單位換算，請參閱附錄 A。

在定義靜壓與動壓之後，我們即可接著計算全壓(total pressure, TP)為：

$$TP = SP + VP \quad\text{.. (3-15)}$$

根據(3-15)式可知，全壓就是靜壓與動壓之和，圖 3-2 所示即為以液體管柱（水柱管、酒精管或水銀管等）量測靜壓、動壓與全壓的方式。為便利使用，在此所謂的壓力都是指相對於大氣的壓力，正值代表導管內壓力值大於導管外空氣壓力，即此時導管內成正壓狀態；負值代表導管內的壓力值小於導管外空氣壓力，此時導管成負壓狀態。如圖 3-3 之 U 型管所示，P_1 若代表為大氣壓力，P_2 為所量測之管道內壓力，則Δh 值表示為 P_1 和 P_2 之壓力差，為負值，代表導管內的壓力值小於導管外空氣壓力，此時導管成負壓狀態。

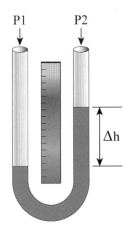

圖 3-3　以 U 型管量測壓差示意圖

在一般局部排氣導管中，因空氣密度甚低，造成 ρgh 值不大，因此高度效應可予以忽略。於是在單一導管中，若無能量損耗與加入，根據(3-10)式可得：

$$TP_1 = TP_2 = SP_1 + VP_1 = SP_2 + VP_2 \text{...} (3\text{-}16)$$

　　在實際流體狀態下，空氣流經導管皆會造成摩擦等能量損失，而且也有排氣機等作功而將能量的因素加入，於是(3-16)式可再修改寫成：

$$TP_1 + w = TP_2 + h_L \text{...} (3\text{-}17)$$

或者是：

$$SP_1 + VP_1 + w = SP_2 + VP_2 + h_L \text{...} (3\text{-}18)$$

　　其中，w 為自流體系統外以作功形態所加入的能量，如排氣機對氣流所作的功，而 h_L 為在點 1 與 2 之間所損失的能量。下一節即針對各種能量損失作進一步介紹。

 範　例

　　某通風導管其直徑為 1 m，經於 A 處實施量測後發現其靜壓(static pressure, P_s)為 5 mmH$_2$O，全壓(total pressure, P_t)為 21 mmH$_2$O，試問其動壓(velocity pressure, P_v)及流率(flow rate, Q)各為何？假設此導管空氣由 A 處流至 B 處時，僅存在摩擦損失(P_f)，其損失值為 3 mmH$_2$O，又假設導管管徑不變，試問在 B 處之 P_s、P_t 及 P_v 各為何？依您判斷，此導管應在局部排氣系統之吸氣側或排氣側？

【91 工業安全技師・工業衛生概論 4】

解

(1) $Q = vA = 4.04\sqrt{P_v}A = 4.04\sqrt{16}\frac{\pi 1^2}{4} = 12.7 \ m^3/s$

(2)

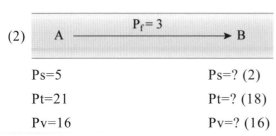

Ps=5	Ps=? (2)
Pt=21	Pt=? (18)
Pv=16	Pv=? (16)

(3) 排氣側（因為 Ps>0）

練習範例

職業安全衛生管理技術士技能檢定及高普考考題

( ) 1. 下列何者可據以計算風速？ (1)靜壓 (2)動壓 (3)全壓 (4)大氣壓。 【乙 3-407】

( ) 2. 通風系統內某點之靜壓為 -30 mmH$_2$O，動壓為 18 mmH$_2$O，則全壓為多少 mmH$_2$O？ (1)-48 (2)-12 (3)12 (4)48。【乙 3-408】

( ) 3. 下列哪些項目對於管道內壓力之敘述有誤？ (1)動壓：由於空氣移動所造成，僅受氣流方向影響且一定為正值 (2)靜壓：方向四面八方均勻分佈，若是正壓則管道會有凹陷的趨勢，若是負壓則會有管道膨脹的趨勢 (3)靜壓和動壓之總和為定值（大氣密度過小而忽略），是根據伯努利定律所推導而得 (4)全壓有可能為正值，也有可能為負值。 【甲衛 3-251】

( ) 4. 通風測定之常用測定儀器有發煙管、熱偶式風速計、皮托管(Pitot tube)及液體壓力計等，其中皮托管為可測定下列何者？ (1)空氣濕度 (2)空氣成分 (3)空氣速度 (4)含氧濃度。 【甲安 3-30】

( ) 5. 皮托管的主要用途為伸進通風導管內，並提供下列何種功能？ (1)直接測得風速 (2)直接測得壓力 (3)外部連接風速計 (4)外部連接壓力計。 【乙 3-390】

（　　）6. 採用壓力計量測通風導管內之風速時，下列何種偵測用連結管之裝設方式最佳？　(1)壓力計一頭接在導管內壁，另一頭空著　(2)壓力計一頭伸進導管內部中央，另一頭空著　(3)壓力計一頭伸進導管內部中央，另一頭一頭接在導管內壁　(4)壓力計僅能測得壓力，並無法量測通風導管內之風速。　【乙 3-391】

（　　）7. 負壓隔離病房的壓差計會連結一條偵測用管線到病房內的牆壁或天花板，以此偵測病房內外的何種壓差？　(1)靜壓　(2)動壓　(3)全壓　(4)氣壓。　【乙 3-392】

（　　）8. 一般市售風罩式風量計是先量測下列何者後換算為風量？　(1)動壓　(2)風速　(3)體積流率　(4)質量流率。　【乙 3-393】

9. 下表為某單一固定管徑之導管內 4 個測點所測得空氣壓力(air pressure)值，試求表中 a、b、c、d、e 等 5 項之相關壓力值（請列出計算過程）。　【2012-2#10】

測點	空氣壓力(mmH$_2$O)		
	全壓(TP)	靜壓(SP)	動壓(VP)
1	(a)	+3	+2
2	−6	(b)	+2
3	+7	(c)	+2
4	(d)	−4	(e)

10. 某廠房有一正常運作之吸氣導管，請回答下列問題：

(1) 此導管之全壓為正值或負值？

(2) 請指出以下圖示可分別測得全壓、動壓或靜壓。（本題各項均為單選，答題方式如：A=全壓、B=動壓、C=靜壓）　【2016-3#8】

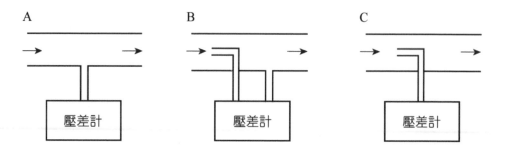

11. 一矩形風管大小如下圖所示,實施定期自動檢查時於測定孔位置測得之動壓分別為:

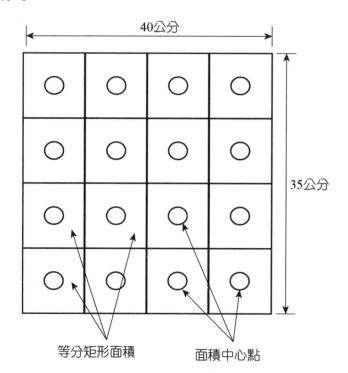

16.24 mmH$_2$O，16.32 mmH$_2$O，16.32 mmH$_2$O，16.12 mmH$_2$O，

16.00 mmH$_2$O，16.08 mmH$_2$O，16.40 mmH$_2$O，16.81 mmH$_2$O，

16.24 mmH$_2$O，16.32 mmH$_2$O，16.32 mmH$_2$O，16.12 mmH$_2$O，

16.00 mmH$_2$O，16.08 mmH$_2$O，16.40 mmH$_2$O，16.81 mmH$_2$O，

試計算其輸送之風量為多少(m^3/min)？Ans：136.92

公式提示：2. V_i(m/s) = 4.04 (PV_i(mmH$_2$O))$^{0.5}$

　　　　　3. $V_a = \sum V_i/n$

　　　　　4. $Q = V_a \cdot L \cdot W$　　　　　　　　【2017-3 甲衛#5】

12. 管線裡的流量在風險估算是必要物理量之一。以皮託管(pitot tube)測量流體速度之方程式如下：$v = (2\Delta p/\rho)^{0.5}$；其中 v 是速度；$\Delta p$ 是壓降；ρ 是密度。請問：有一個 4 吋管線，測量到的壓降是 15 mmHg，此流體是液體，比重是 0.8，其質量組成是 0.3 的二甲苯與 0.7 的醋酸。(1)流體的速度是多少 m/s？(2)體積流量是多少 m^3/min？(3)質量流量是多少 kg/min？(4)摩爾流量是多少 gmol/min？　【2019 普考-工安-安工概要 4】

13. 根據下圖所示導管內風扇上下游不同位置測得之空氣壓力（不考慮摩擦損失），請依題意作答各小題：（提示：$V_a = 4.03 (P_v)^{0.5}$；$P_t = P_s + P_v$）

（一） 已知在①位置（圓管直徑為 30 公分）測得之動壓(P_{v1})與靜壓(P_{s1})均為 4 mmH$_2$O：

　　1. 在①位置的全壓(P_{t1})是多少 mmH$_2$O？

　　2. 風速是每秒多少公尺(m/sec)？

　　3. 風量(Q_1)是每分鐘多少立方公尺(m^3/min)？

（二） 已知在②位置（圓管直徑為 20 公分）：

　　1. 動壓(P_{v2})是多少 mmH$_2$O？

　　2. 風速是每秒多少公尺(m/sec)？

　　3. 風量(Q_2)是每分鐘多少立方公尺(m^3/min)？

（三） 哪一側（①或②位置）是屬於排氣側？

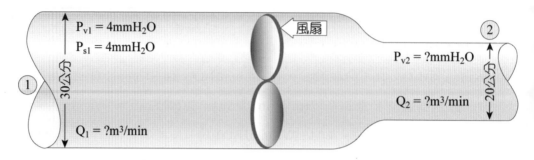

（導管內風扇上下游不同位置測得之空氣壓力示意圖）

【2020-3 甲衛#5】

14. 下圖為局部排氣導管（截面積=1m^2）內之壓力量測示意圖。已知導管中 U 型管液位壓力計 A 處之液位高差為 27.9mm、B 處之液位高差為 14.2mm、F 處之液位高差為 19.3mm。U 型管液位壓力計係以純水為填充液。試問圖中之甲側或乙側何者為吸氣側？原因為何？吸氣側及排氣側之靜壓、動壓及全壓又各為何？導管內之空氣流率又為何？

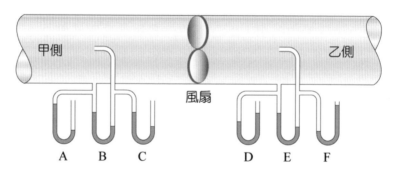

第二節 ❖ 壓力損失

　　導管中空氣氣流所具有的能量（靜壓或全壓），會因為與導管內壁摩擦、方向改變、導管直徑縮小或擴大等因素而有所損失。摩擦損失係來自於流體速度梯度以及導管內壁粗糙度，這是導管主要之壓力損失型式。當氣流方向改變、導管縮小與擴大時，則會產生紊流與速度增減，進而造成壓力損失。為減少導管之壓力損失，目前職安法規之有關規定，如表 3-2 所示。以下說明有關學理。

表 3-2　導管之設置應減少壓損失之有關規定

法規	條項	條文
特定化學物質危害預防標準	17.2	應儘量縮短導管長度、減少彎曲數目
有機溶劑中毒預防規則	12.4	應儘量縮短導管長度、減少彎曲數目
粉塵危害預防標準	15.2	導管長度宜儘量縮短，肘管數應儘量減少

　　導管內壓力損失(head loss, h_L)與風速的平方成正比，也就是與動壓成正比，因此壓力損失的計算通式可為：

$$h_L = C \cdot VP \quad\text{(3-19)}$$

　　其中，C 為壓力損失係數，各種壓力損失係數分別介紹於後。

一、摩擦損失

　　摩擦損失可由 Darcy-Weisbach 之關係式計算而得：

$$h_L = f_L \cdot \frac{L}{D} \cdot VP \quad\text{(3-20)}$$

　　其中，f_L 為摩擦損失係數，L 為導管長度(m)，D 為導管直徑(m)。對矩形斷面導管而言，則可將下式：

$$D = 1.3 \frac{(a \times b)^{0.625}}{(a+b)^{0.25}} \quad\text{...} (3-21)$$

代入(3-20)式計算，其中 a，b 為矩形的兩邊長。(3-21)式中的 D 即為等效管徑。

(3-20)式中的摩擦損失係數 f_L 是雷諾數(R_e)與相對粗糙度(relative roughness)ε/d 的函數，其中雷諾數：

$$R_e = \frac{\rho VD}{\mu} \quad\text{...} (3-22)$$

其中 μ 為流體黏滯係數。雷諾數若小於 2,100，代表流場為層流(laminar flow)狀態（圖 3-4）；若介於 2,100~4,000，則屬過渡區域(transition)；若大於 4,000，則為紊流(turbulence flow)狀態（圖 3-5）。

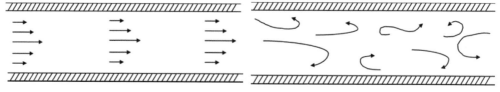

圖 3-4　管道內層流狀態示意圖　　**圖 3-5　管道內紊流狀態示意圖**

而 ε 為管壁粗糙度(roughness)，摩擦損失係數值一般可在 Moody 圖 (Moody chart)上查到。由(3-20)式可知，導管之摩擦損失與導管長度成正比，與導管內徑成反比，即導管內徑越大，其壓力損失越小。除上述查圖方式外，亦可用下列經驗式計算摩擦損失。

$$h_L = H_f \cdot L \cdot VP \quad\text{..} (3-23)$$

其中，$H_f = a \dfrac{V^b}{Q^c}$ .... (3-24)

上式如以公制表示時，即風速 v 以 m/s 為單位，空氣流率 Q 以 m^3/s 為單位，導管長度 L 以 m 為單位，VP 以 mmH_2O 為單位時，a、b、c 等參數

值如表 3-3 所示。(3-24)式中之 v 及 Q 如為英制單位，則 a、b、c 等參數值換算方式，如附錄 A 單位換算所示。

✖ 表 3-3　直導管摩擦係數參數值(ACGIH, 2010)

導管材質	a	b	c
金屬或塑膠硬管	1.86×10^{-4}	0.533	0.612
可撓性管	2.23×10^{-4}	0.604	0.639

🏠 二、肘管

肘管為導管中氣流方向改變之處，當氣流改變方向時，即會產生壓力損失，且肘管數目越多，壓力損失就越大。肘管的壓力損失為：

$$\Delta SP = h_{L, \text{elbow}} = C_{\text{elbow}} \left(\frac{\theta}{90} \right) VP \quad\text{...} (3-25)$$

其中，C_{elbow} 為 90 度轉彎肘管的壓力損失係數，θ 為肘管彎曲角度。圓形斷面肘管之壓力損失係數與肘管的轉彎程度 R/D 有關，其中 R 為肘管中軸的轉彎曲率半徑。至於矩形斷面肘管的壓力損失係數除了與轉彎程度 R/D 相關外，也與導管截面展弦比 W/D 相關，其中 W 與 D 為矩形斷面的兩邊長，而 D 為沿肘管轉彎半徑方向的邊長。表 3-4 與表 3-5 所示即分別為矩形與圓形斷面肘管的壓力損失係數，由表中可知，肘管曲率半徑與管徑比(R/D)越小，即肘管轉彎程度越陡時，壓力損失越大。

表 3-4　圓形肘管之壓力損失係數，C_{elbow} (ACGIH, 2010)

	R/D					
	0.50	0.75	1.00	1.50	2.00	2.50
平滑式(Stamped)	0.71	0.33	0.22	0.15	0.13	0.12
五段式(5-piece)	-	0.46	0.33	0.24	0.19	0.17
四段式(4-piece)	-	0.50	0.37	0.27	0.24	0.23
三段式(3-piece)	0.90	0.54	0.42	0.34	0.33	0.33
二段式（直角，R/D=0） 無導流板(vane)	1.2					
有導流板	0.6					

表 3-5　矩形肘管之壓力損失係數，C_{elbow} (ACGIH, 2010)

		R/D					
		0（直角）	0.5	1.0	1.5	2.0	3.0
展弦比，W/D	0.25	1.50	1.36	0.45	0.28	0.24	0.24
	0.5	1.32	1.21	0.28	0.18	0.15	0.15
	1.0（方形）	1.15	1.05	0.21	0.13	0.11	0.11
	2.0	1.04	0.95	0.21	0.13	0.11	0.11
	3.0	0.92	0.84	0.20	0.12	0.10	0.10
	4.0	0.86	0.79	0.19	0.12	0.10	0.10

　　肘管壓力損失也可使用等效長度(equivalent length)計算，也就是將肘管視為相當長度（即等效長度）的直導管，並以直管摩擦損失計算肘管壓力損失。肘管的等效長度換算法目前已自 ACGIH 1998 年版的《工業通風》一書中刪除，本書亦不再詳述，有興趣之讀者可自行參閱舊版工業通風或其他書籍。

三、合流

　　合流是兩條導管會合之處，通常其中一條導管合流後方向不改變。但管徑增加，是為主管；另一條導管以合流角 θ 匯入主管，是為支管。合流因管徑有變化，其動壓會隨之產生變化，而管徑變化處也會因氣流流場改變而產生壓力損失，因此合流管越多，壓力損失就越大。合流所造成的靜壓損失一般假設發生於支管，其計算公式為：

$$SP_2 - SP_3 = C_{merge} \cdot VP_2 \quad\text{... (3-26)}$$

　　其中，下標 2 與 3 分別代表匯入支管末端與合流點，合流壓力損失係：C_{merge} 為合流角 θ 的函數，兩者間的關係如表 3-6 所示。由此表可知，合流管流入角度越大，即支管匯入主管之角度越大，其壓力損失越大。合流壓力損失也可比照肘管，使用等效長度法計算，其換算法也自 ACGIH 1998 年版的《工業通風》一書中刪除，本書並未再詳述。

表 3-6　不同合流角角度(θ)之合流壓力損失係數(C_{merge}) (ACGIH, 2010)

示意圖	θ	C_{merge}	θ	C_{merge}
	10	0.06	40	0.25
	15	0.09	45	0.28
	20	0.12	50	0.32
	25	0.15	60	0.44
	30	0.18	90	1.00
	35	0.21		

四、縮管

　　漸縮管(tapered contraction)為導管截面積逐漸縮小之處，漸縮管壓力損失為：

$$SP_1 - SP_2 = (1 + C_{tapered}) \cdot (VP_2 - VP_1) \quad\text{... (3-27)}$$

其中下標 1 與 2 分別代表漸縮管上游與下游點,漸縮管壓力損失係數 $C_{tapered}$ 為縮角 θ 的函數(如表 3-7)。由此表可知,圓形縮小管縮角度越大即管徑變化越大,則壓力損失越大。

驟縮管(abrupt contraction)則是兩段不同截面積導管直接連接處,且下游截面積小於上游截面積,驟縮管壓力損失為:

$$SP_1 - SP_2 = (VP_2 - VP_1) + C_{abrupt}VP_2 \quad\text{.. (3-28)}$$

其中,VP_2 為驟縮管下游點的動壓,而驟縮管壓力損失係數 C_{abrupt} 為上下游導管截面積比值的函數,如表 3-8 所示。

※ 表 3-7　不同縮角角度(θ)漸縮管之壓力損失係數($C_{tapered}$) (ACGIH, 2010)

示意圖	θ	$C_{tapered}$	θ	$C_{tapered}$
	5	0.05	25	0.11
	10	0.06	30	0.13
	15	0.08	45	0.20
	20	0.10	60	0.30
			>60	視同驟縮管

※ 表 3-8　不同截面積比值(A_2/A_1)驟縮管之壓力損失係數(C_{abrupt}) (ACGIH, 2010)

示意圖	A_2/A_1	C_{abrupt}	A_2/A_1	C_{abrupt}
	0.1	0.48	0.5	0.32
	0.2	0.46	0.6	0.26
	0.3	0.42	0.7	0.20
	0.4	0.37		

五、擴張管

　　擴張管(expansions)為導管截面積增加之處。當導管截面積增加時，根據(3-9)式，導管內的流速降低，而動壓也隨之降低。若無能量損失，擴張管前後動壓的降低量應恰好等於靜壓的增加量。但是在實際狀況下，靜壓的增加量會小於動壓的降低量，使得氣流流經擴張管後，造成全壓下降，全壓下降量就是擴張管的壓力損失。對連接兩不同截面積導管的擴張管而言，擴張管的靜壓變化可描述為：

$$SP_2 - SP_1 = C_{expansion}(VP_1 - VP_2) \quad\text{..} \text{(3-29)}$$

　　其中，下標 1 與 2 分別代表擴張管上游與下游點，$C_{expansion}$ 則為擴張管壓力回復係數。通過擴張管的全壓損失即為：

$$TP_1 - TP_2 = (1 - C_{expansion})(VP_1 - VP_2) \quad\text{...........................} \text{(3-30)}$$

　　當 $C_{expansion} = 1$ 時，通過擴張管的動壓減少量完全回復成靜壓，無任何能量損失。$C_{expansion}$ 是擴張角度以及上下游導管管徑比值的函數，其值如表 3-9 所示。

　　對於導管末端的擴張口，$VP_2 = 0$，根據(3-24)式，其壓力變化情形可為：

$$SP_2 - SP_1 = C_{expansion}VP_1 \quad\text{..} \text{(3-31)}$$

　　此時 $C_{expansion}$ 則如表 3-10 所示，為擴張口長徑比(L/d_1)與前後端管徑比(d_2/d_1)的函數，下標 1 與 2 分別代表擴張口上游端與下游端。由此表可知，圓形擴大管擴大角度越大，亦即管徑變化越大時，壓力損失越大。

✖ 表 3-9　擴張管壓力回復係數，$C_{expansion}$ (ACGIH, 2010)

擴張角度	上下游導管管徑比值，d_2/d_1				
	1.25	1.5	1.75	2	2.5
3.5	0.92	0.88	0.84	0.81	0.75
5	0.88	0.84	0.80	0.76	0.68
10	0.85	0.76	0.70	0.63	0.53
15	0.83	0.70	0.62	0.55	0.43
20	0.81	0.67	0.57	0.48	0.43
25	0.80	0.65	0.53	0.44	0.28
30	0.79	0.63	0.51	0.41	0.25
90	0.77	0.62	0.50	0.40	0.25

✖ 表 3-10　擴張口壓力回復係數，$C_{expansion}$ (ACGIH, 2010)

擴張口長度與管徑比值，L/d_1	擴張口直徑與管徑比值，d_2/d_1					
	1.2	1.3	1.4	1.5	1.6	1.7
1.0	0.37	0.39	0.38	0.35	0.31	0.27
1.5	0.39	0.46	0.47	0.46	0.44	0.41
2.0	0.42	0.49	0.52	0.52	0.51	0.49
3.0	0.44	0.52	0.57	0.59	0.60	0.59
4.0	0.45	0.55	0.60	0.63	0.63	0.64
5.0	0.47	0.56	0.62	0.65	0.66	0.68
7.5	0.48	0.58	0.64	0.68	0.70	0.72

六、氣罩壓力損失

　　圖 3-6 為氣罩（點 1－點 2）、導管（點 2-fan）及排氣機(fan)之系統示意圖。一般認定大氣中的靜壓、動壓與全壓均為零。當空氣流進氣罩時（點 1），風速在氣罩中增加至導管風速，動壓也隨之相對增加，當無能量損失時，靜壓則以等量下降至負值，而氣罩前後的全壓也維持於零。

圖 3-6　氣罩壓力損失示意圖

　　當考慮能量損失時，氣罩進入損失（hood entry loss, 或 $h_{L,hood}$）可由下式計算：

$$h_e = h_{L,hood} = \Delta TP = F_h VP_2 = F_h(v/4.04)^2 \text{.............................. (3-32)}$$

　　其中 F_h 為導管對氣罩之進入損失係數（hood entry loss coefficient，亦可用 C_{hood} 表示），而 VP_2 為與氣罩相接導管的動壓。令大氣中 $SP_1=VP_1=TP_1=0$，對全壓而言：

$$TP_2 = VP_2 + SP_2 = VP_2 - VP_2 - h_e = - h_e \text{.................................. (3-33)}$$

　　於是與氣罩相連導管靜壓(hood static pressure, $SP_h= - SP_2$)：

$$SP_2 = - VP_2 - F_h VP_2 = - (1+F_h)VP_2 \text{... (3-34)}$$

　　其中 $-VP_2$ 即為轉變為動壓的靜壓，稱為氣罩加速靜壓損失 (acceleration loss)。

　　氣罩對壓力損失的影響也可用進入係數(hood flow coefficient, C_e)表示。進入係數的定義為：在一定靜壓下，氣罩入口實際體積流率對理想體積流率（即所有靜壓轉換為動壓時的流率）的比值。於是進入係數：

$$C_e = \frac{Q_{real}}{Q_{ideal}} = \frac{\sqrt{VP}}{\sqrt{VP + h_{L, hood}}} = \frac{\sqrt{VP}}{\sqrt{SP_h}} = \sqrt{\frac{1}{1 + C_{hood}}} \text{............. (3-35)}$$

或者是

$$F_h = C_{hood} = \frac{1 - C_e^2}{C_e^2} \quad\text{...}\text{(3-36)}$$

各型氣罩之壓力損失係數與進入係數如表 3-11 所示。將(3-36)式代入(3-34)式中可發現：

$$SP_2 = -SP_h = -(1 + \frac{1 - C_e^2}{C_e^2})VP_2 = -VP_2/C_e^2 \quad\text{................................}\text{(3-37)}$$

表 3-11　各型氣罩之壓力損失係數與進入係數(ACGIH, 2010)

氣罩型式	壓力損失係數, $F_h(C_{hood})$	進入係數，C_e
鐘形開口 [a]	0.04	0.98
有凸緣之導管開口	0.49	0.82
導管開口	0.93	0.72
銳孔開口 [b]	1.78	0.60
磨輪機以漸縮管連接導管	0.40	0.85
磨輪機直接連接導管	0.65	0.78
沉降室	1.5	0.63

漸縮或圓錐形氣罩[c]組合式氣罩[d]

說明：a.鐘形開口指弧線半徑大於 0.2 倍導管直徑。

b.銳孔開口之 VP 為銳孔之 VP。

c.漸縮或圓錐形氣罩之壓力損失係數(F_h, C_{hood})與漸縮角度有關，如下表所示：

✖ 表 3-11　各型氣罩之壓力損失係數與進入係數(ACGIH, 2010)（續）

漸縮角度	漸縮矩形		圓錐形	
	$F_h(C_{hood})$	進入係數 C_e	$F_h(C_{hood})$	進入係數 C_e
15	0.25	0.89	0.15	0.93
30	0.16	0.93	0.08	0.96
45	0.15	0.93	0.06	0.97
60	0.17	0.92	0.08	0.96
90	0.25	0.89	0.15	0.93
120	0.35	0.86	0.26	0.89
150	0.48	0.82	0.40	0.85
180	0.50	0.82	0.50	0.82

d.組合式氣罩，如狹縫式開口連接漸縮形氣罩，其氣罩壓力損失為兩者之和，
即：$h_e = C_{slot} VP_{slot} + C_{tapered} VP_{duct}$
其中狹縫開口損失係數(C_{slot})視其開口大小而定，一般範圍為 1.00~1.78。

 範　例

　　有一攜帶式局部排氣裝置(portable local exhaust ventilation device)，
具有一 15° 鐘型氣罩，依序連接一 1.5 公尺圓形吸氣導管，一空氣清淨
裝置，一 0.5 公尺圓形排氣導管，一離心式排氣扇，及排氣扇出口。若
鐘型氣罩之氣罩進入損失係數 F_h 為 0.2，吸氣導管之動壓 P_v 為
25mmH$_2$O，所有導管之單位長度壓力損失皆為 P_{duct} =2.5mmH$_2$O/m，空
氣清淨裝置壓力損失 $P_{cleaner}$=50mmH$_2$O，排氣導管之動壓 P_v 為
15mmH$_2$O，排氣扇出口處總壓 P_{TOut}=25mmH$_2$O，導管平均直徑為 15 公
分，導管內平均風速為 V = 12 m/s，而排氣扇之機械效率為 0.56，動力
單位轉換係數為 6120，試計算：

(1) 該攜帶式局部排氣裝置之氣罩靜壓為多少 mmH$_2$O？

(2) 導管平均排氣量為多少 m^3/min？　　【2015 年工礦衛生技師考題】

◆ 解

(1) $C_e = \sqrt{\dfrac{1}{1+0.2}} = \sqrt{\dfrac{25}{P_{sh}}}, \therefore P_{sh} = 30 \ (mmH_2O)$

(2) $12 * 60 * \dfrac{\pi \times 0.15^2}{4} \cong 12.72 \ (m^3/min)$

七、局部排氣裝置壓力變化情形

　　以圖 3-7 所示之單一氣罩局部排氣裝置示意圖為例，空氣流進氣罩後，動壓漸增，靜壓及全壓下降。假設導管管徑固定，即截面積及風速保持固定時，根據(3-9)式，導管內的動壓也維持不變。但由於受到導管摩擦損失的影響，靜壓會沿導管內氣流流動方向逐漸減少，由於全壓是動壓與靜壓之和，所以全壓也是沿導管內氣流流動方向逐漸減少，而且在排氣機上游，靜壓及全壓維持負壓，且越接近排氣機時，壓力越小，或是說該負壓之絕對值越大。當經過排氣機時，由於排氣機對氣流作功，提供能量，使靜壓與全壓驟增為正值，一直到排氣口皆維持正壓。假設排氣機下游導管管徑小於上游導管管徑，則下游動壓將高於上游動壓，而下游導管部份之靜壓與全壓也會因摩擦損失而隨氣流方向減少。至於排氣口風速及動壓數值，則由排氣量及排氣口截面積決定。

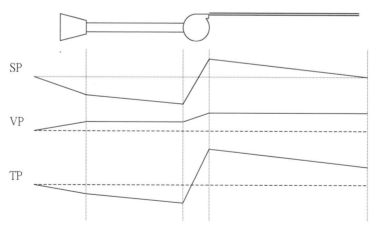

圖 3-7　單一氣罩局部排氣裝置壓力變化情形

八、局部排氣系統風量與壓力損失之關係

風速與導管截面積相乘，即為導管中之風量，公式如下所示：

$$Q(m^3/s)=v(m/s)\times A(m^2) \text{...................... (3-38)}$$

即風速(v)等於風量除以截面積，公式如下所示：

$$v(m/s)=Q(m^3/s)/A(m^2) \text{...................... (3-39)}$$

將(3-39)與(3-14)式代入(3-19)式，可得風量與壓力損失之關係為：

$$h_L = C \times VP = C(\frac{v}{4.04})^2 = C(\frac{Q/A}{4.04})^2 = C(\frac{1}{4.04A})^2 Q^2 \text{.................. (3-40)}$$

　　由此可知，在導管系統中，壓力損失與風量平方成正比。因此，為減少壓力損失以節省電力，流量應儘量控制在可接受的範圍內。

範　例

　　今有一研磨機的集塵氣罩如下圖所示。根據此氣罩特徵得知：$C_e=0.78$，$SP_h=2.5$吋水柱，圓形風管直徑$=6$吋，其中 $SP_h=$氣罩靜壓力（吋水柱），$C_e=$進口係數。試求(1)風量。(2)風管中風速。(3)氣罩進口損失係數 F_h。

➡️ 解

$Q = vA$ (3-9)

$\quad A = \pi D^2/4$

$\quad\quad D = 6\ 吋 \times 0.0254\ m／吋 = 0.152\ m$

$\quad\quad = 3.14 \times (0.152)^2/4 = 0.0181\ m^2$

$\quad v = 4.04\sqrt{VP}$ (3-13)

$\quad\quad VP = C_e^2 SP_h$ (3-37)

$\quad\quad\quad C_e = 0.78$

$\quad\quad\quad SP_h = 2.5\ 吋水柱 \times 25.4\ mm／吋 = 63.5\ mmH_2O$

$\quad\quad\quad = 0.78^2 \times 63.5 = 38.6\ mmH_2O$

$\quad\quad = 4.04\sqrt{38.6} = \underline{25.1\ m/s}\cdots\cdots\cdots\cdots\cdots\cdots(2)$

$\quad\quad = 25.1 \times 0.0181 = \underline{0.454\ m^3/s}\cdots\cdots\cdots\cdots\cdots(1)$

$F_h = (1 - C_e^2)/C_e^2$ (3-36)

$\quad = (1 - 0.78^2)/0.78^2 = \underline{0.64}\cdots\cdots\cdots\cdots\cdots\cdots\cdots(3)$

 範 例

　　某通風管線，在 A 截面時之靜壓(P_s)為 50 mmH$_2$O，全壓(P_t)為 100 mmH$_2$O，設 A→B 之摩擦損失為 10 mmH$_2$O，在 B 處之突擴擾動損失為 5 mmH$_2$O，AB 之直徑為 BC 段之 1/2，B→C 之摩擦損失為 5 mmH$_2$O，(1)試繪求 C 截面之全壓(P_t)、靜壓(P_s)及動壓(P_v)。　(2)試繪出本通風管線自 A 至 C 之 P_t、P_s 及 P_v。　【90 工礦衛生技師—作業環境控制工程】

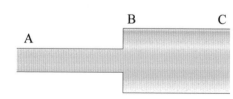

◆ 解

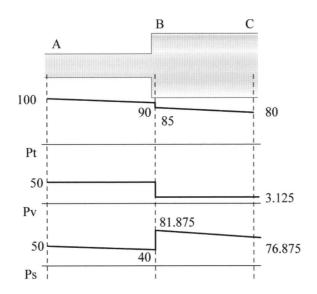

	AB	BC
直徑	1	2
面積	1	4
風速	4	1
動壓	16	1	=> Pv,BC=1/16 Pv,AB=50/16=3.125

練習範例
職業安全衛生管理技術士技能檢定及高普考考題

(　　)1. 在一管徑 20 cm 的通風管內，量測到風速為 30 cm/s，在 20°C 時，標準大氣情況下，經計算 Re 約為 3960，請問下列有關雷諾數(Raynold number, Re)或流場之敘述何者為正確？　(1)為過渡區流場　(2)為紊流流場　(3)為層流流場　(4)流場與雷諾數無關。

【甲衛 3-253】

（　）2. 有關局部排氣裝置風壓，下列敘述何者有誤？　(1)全壓為動壓與靜壓之和　(2)排氣機上游管段之全壓為負值　(3)排氣機下游管段之全壓為正值　(4)導管內廢氣流動速度愈小，動壓愈大。

【乙 3-412】

（　）3. 單一導管之通風系統，若管徑相同時，則下列何者於導管內均相同？　(1)靜壓　(2)動壓　(3)全壓　(4)靜壓和動壓。　【乙 413】

（　）4. 通風系統中流經同一直管管段之風量如增加為原來之 3 倍時，則其壓力損失約增加為原來之幾倍？　(1)3　(2)6　(3)9　(4)12。

【乙 410】

（　）5. 通風系統中，下列何種情況其壓力損失愈小？　(1)肘管曲率半徑與管徑比愈小　(2)合流管流入角度愈小　(3)圓形擴大管擴大角度愈大　(4)圓形縮小管縮小角度愈大。　【乙 409】

（　）6. 下列哪些參數數值增加時，可以減少局部排氣裝置之壓力損失？　(1)氣罩壓力損失係數　(2)氣罩進入係數　(3)肘管曲率半徑　(4)合流管合流角度。　【乙 472】

（　）7. 依特定化學物質危害預防標準規定，下列何者為非？　(1)多氯聯苯屬於甲類物質　(2)甲基汞化合物屬於乙類物質　(3)雇主應於作業場所指定現場主管擔任特定化學物質監督作業　(4)局部排氣裝置，應儘量縮短導管長度。　【乙 1-293】

（　）8. 雇主依特定化學物質危害預防標準規定設置之局部排氣裝置，下列規定何者錯誤？　(1)氣罩應置於每一氣體、蒸氣或粉塵發生源　(2)設置有除塵或廢氣處理裝置者，其排氣機應置於各該裝置之後　(3)盡儘量延長導管長度，減少彎曲數目　(4)排氣孔應置於室外。

【乙 1-292】

（　）9. 局部排氣裝置之導管裝設，下列何者有誤？　(1)應儘量縮短導管長度　(2)減少彎曲數目　(3)支管需 90 度與主管相接　(4)應於適當位置設置清潔口與測定孔。　【乙 411】

(　　) 10. 關於導管之敘述，下列哪一項不正確？　(1)包括污染空氣自氣罩、空氣清淨裝置至排氣機之運輸管路（吸氣管路）　(2)可包括自排氣機至排氣口之搬運導管（排氣導管）　(3)設置導管時應同時考慮排氣量及污染物流經導管時所產生之壓力損失　(4)截面積較小時雖其壓損失較低，但流速會因而減低，易導致大粒徑之粉塵沉降於導管內。　　　　　　　　　　　　　　　【甲衛 3-256】

(　　) 11. 採用局部排氣裝置移除熱量，所使用之導管形狀以　(1)正方形　(2)矩形　(3)菱形　(4)圓形　之壓力損失較少。　【物測甲 2-144】

12. 在一般工作場所中，下列數值增加後，工作者安全衛生條件或該安全衛生設施之效能會變好或變差？　(5)通風導管之曲率半徑　(6)通風導管2 條導管合流處之角度　(7)氣罩進入損失係數　(8)氣罩進入係數。

【2018-1#9】

13. 請詳述下列名詞之意涵：驟縮管(abrupt contraction)。

【2013 工礦衛生技師－環控 4】

14. 試回答下列問題：（2）氣罩進入係數(coefficient of entry, Ce）量測。

【2017 工礦衛生技師－作業環境測定 2】

15. 某局部排氣系統吸氣側之某段突擴管如下圖所示：

(1) 試描繪出其全壓(pt)、靜壓(ps)及動壓(pv)之分布圖。

(2) 請說明繪製前述分布圖之基本概念。　【2014 工礦衛生技師－環控 3】

16. 局部排氣裝置有一段長度為5 m之直線導管，其直徑為20 cm，在連接氣罩之位置量得管內之動壓$PV_1 = 23$ mmH$_2$O、靜壓$PS_1 = -32$ mmH$_2$O；直線管另一端之靜壓$PS_2 = -38$ mmH$_2$O，則：

   (1) 該吸氣導管之風量為多少 m^3/min？Ans：36.5

   (2) 連接該導管之氣罩，其氣罩進入損失係數(entry loss coefficient for hood)與進入係數(coefficient of hood entry)分別為多少？
   Ans：0.391、0.848

   (3) 在相同風量下，該吸氣導管改採 18 cm 直徑導管時，其壓力損失為多少 mmH$_2$O？Ans：48.67　　　　【2009 工礦衛生技師－環控】

17. 可壓縮的空氣在圓管內穩定流動（如圖所示），若位置①的錶壓力 $P_1 = 60$ kPa(gage)，位置②的錶壓力 $P_2 = 20$ kPa(gage)，且位置①的截面直徑 D 為位置②的截面直徑 d 的 3 倍，大氣壓力 $P_{atm} = 100$ kPa，空氣溫度固定在 40℃，若位置②的平均速度 $V_2 = 30$ m/s，試求位置①的平均速度 V_1是多少？Ans：3.3 m/s　　【2016 地方特考四等環工－流力概要 4】

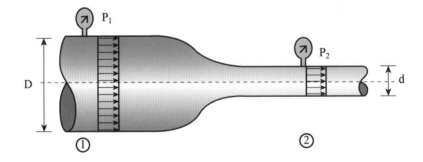

18. 流體通過管徑束縮的圓管時壓力會變小，由下圖中給定的條件，推導出點(2)的速度(V_2)與 D_1、D_2、ρ、ρ_m 及 h 的關係，假設流體為無黏性且不可壓縮。　　　　　　　　　【2016 高考三級環境工程－流體力學 2】

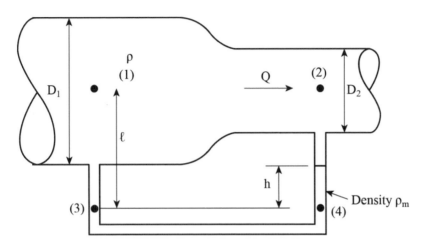

19. 某事業單位計畫興建 4 層高廠房，試依下列廠房用途及相關法規規定，規劃通風換氣設施。廠房 4 樓計畫使用局部排氣裝置降低污染物濃度，廠房部門建議先評估管線系統之壓力損失。試以下列管線（示意圖）為例，計算其壓力損失為多少 mmH_2O？（PS_1、PS_2 分別為斷面 1、2 之靜壓，其值分別為 -30 mmH_2O、-26 mmH_2O，PV_1、PV_2 分別為斷面 1、2 之動壓，其值分別為 20 mmH_2O、15 mmH_2O）【2019-2 甲衛 4.4】
Ans：1

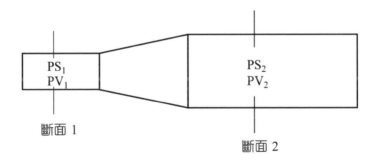

斷面 1　　　　　　　斷面 2

第三節 ❖ 搬運風速及壓力平衡

　　導管主要功能是運送廢氣及有害物,使其能經由空氣清淨裝置處理,且能由排氣口排至大氣中。針對導管中的有害物,尤其是粒狀有害物,導管中需要具備足夠之搬運風速,以避免粒狀有害物沉積於導管中。當導管中堆積粉塵時,會減少導管有效排氣面積、增加摩擦損失係數、加重清理維護工作負擔、甚至阻塞導管或有火災爆炸之虞。但導管風速也不宜過高,因動壓變大後,各式壓力損失都會變大,所引起的能源損耗及排氣機電力負擔也會增加。針對不同之運送物質,適當之導管搬運風速建議範圍列於表 3-1。

　　對單一導管系統而言,只要根據氣罩排氣量、導管搬運風速,以及所有組件的壓力損失,大致上即可決定整個系統的規格。至於較複雜的多支管系統,由於也是由各個單一導管合流而成,因此基本上也可根據單一導管之設計原理,將各段的動壓及靜壓逐一組合後,決定排氣機所需之動力及規格。

　　空氣在流動時,會自然地沿著阻力最小的通道前進,因此對於導管合流處而言,主管與支管之靜壓(負壓)應力求一致,使壓力達到平衡。否則氣流將流經壓力損失較小的導管,即靜壓絕對值較小處,使該導管排氣量及風速變大,至於靜壓絕對值較大之導管,則可能因排氣量及風速減少而遠低於設計值或法規要求。

　　當合流處靜壓不一致時,需調整其中至少一組導管之壓力損失,使兩者壓損一致。由於壓損正比於動壓,即正比於風速平方,在控制風速及搬運風速有下限的限制時,只能調高、很難降低的情況下,一般都選擇壓損低者進行調整,使其壓損增加到與另一導管達到平衡。壓力平衡的方法有兩種:設計平衡法及風門(blast gate)調節平衡法。儘管方法不同,兩者目的是一樣的,就是要使每個合流處壓力平衡,且每個氣罩及導管都具備足夠的排氣量及風速。

一、設計平衡法

　　顧名思義這是在局部排氣系統設計階段，透過理論與經驗數據，使各合流處靜壓平衡，故又稱為「靜壓平衡法」。在每個導管都高於最低搬運風速的前提下，增加其壓損，如減少管徑使風速增加，動壓增加時，各種壓損都會增加；肘管轉彎半徑縮小亦可增加壓損；另一個可調整的組件是氣罩。ACGIH 的建議是當合流處兩導管的靜壓比值超過 1.2 時，即應作上述之調整。當比值小於 1.2 時，可根據下式增加壓損較小導管之排氣量，並重新計算此導管之搬運風速及壓力損失。

$$Q_{corrected}=Q_{design}\sqrt{\frac{SP_{gov}}{SP_{duct}}} \quad\dotfill (3\text{-}41)$$

　　其中，$Q_{corrected}$ 為修正後之排氣量，

　　　　Q_{design} 為原排氣量，

　　　　SP_{gov} 為調整後之靜壓值，即另一導管之靜壓值。

　　　　SP_{duct} 為該導管原本之靜壓值。

　　如果合流處兩導管之靜壓值相差不超過 5%，則連排氣量都不用修正，在設計時直接用壓損較高之靜壓值計算即可。以上三種情形之設計平衡原則如表 3-12 所示。

表 3-12　合流管壓力平衡準則(ACGIH, 2010)

主管與支管靜壓絕對值比值，r	平衡方法
r<1.2	以(3-41)式增加靜壓絕對值較低者之排氣量 $\sqrt{r}$
1.2<r	變更靜壓絕對值較低者管徑、導管套件、或氣罩，增加該管壓力損失

二、風門調節平衡法

此法主要是在局部排氣裝置經初步設計，並設置完成後，藉由各導管內部加裝風門，調節該導管之排氣量及壓損，藉此使合流處之壓力平衡。此法特別應用在系統操作條件與原始設計不同時，例如原本設計之各個氣罩不見得會同時開啟，當其中有氣罩停止運轉時，其他運轉中的氣罩便需藉風門重新調整排氣量。另一情形是系統加入新的氣罩，此時亦可用風門調節新氣罩與原系統間之壓力平衡。風門調節法有兩個缺點，一是在調節風門時，所有氣罩導管隻靜壓都會隨之改變，而使整個系統變的更複雜，二是調節後會使壓力損失變大，通常增加排氣機所需動力，耗損更多之能源。設計平衡法及風門調節法之優缺點如表 3-13 所示。

✖ 表 3-13　設計平衡法與風門調節平衡法之對照表(ACGIH, 2010)

設計平衡法	風門調節平衡法
設置後排氣量不易再修改調整	設置後排氣量較易修改調整
對未來設備改變或增加較無適應彈性	對未來設備改變或增加有較大的適應彈性
對新作業的排氣量計算可能不正確	排氣量計算不正確時，仍有修正的彈性
不會發生不尋常的腐蝕與蓄積粉塵等問題	半關的風門會導致腐蝕，同時改變氣流阻力，易蓄積棉絲狀物料
若正確選擇風速，將不會阻塞導管	如果風門不當調整位置，可能會阻塞導管
實際排氣量可能大於設計排氣量	以設計排氣量即可達到平衡要求，但能量需求較高
必須先對系統布置全盤暸解，且須完全按照設計施工安裝	系統布置可有限度修改
為平衡靜壓而改選較小管徑之導管後，可能會因導管風速變高而增加磨損	操作者可能會去調節風門致使系統壓力不平衡

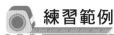

練習範例

職業安全衛生管理技術士技能檢定及高普考考題

1. 依據「有機溶劑中毒預防規則」之規定，雇主設置之局部排氣裝置之氣罩及導管，應依哪些規定辦理？又雇主應要求有機溶劑作業主管實施哪些監督工作？　　　　　【2013 特考三等工業安全－工業安全衛生法規 5】

2. 解釋名詞：靜壓平衡法。　　　　　【2012 工礦衛生技師－環控 1】

3. 10 英吋圓形直管，欲抽除研磨產生之木屑粉塵。設計抽風量 40 m³/min，請問搬運風速若干？該搬運風速是否符合木屑粉塵之設計準則？若不合在抽風量不變情況下應如何改善？　【2010 衛生技師－環控】

4. 針對以下工作程序以文字（或輔以繪圖）說明您如何規劃有效之局部排氣設施，並請選出合理之排氣管內搬運風速：(a) 10 m/s、(b) 20 m/s 或 (c) >25 m/s。

    (1) 噴漆技術員在某造船廠全開放式船塢為 20 米高船身內部與外部進行油油漆噴塗，產生大量揮發性有機氣體逸散。

    (2) 長、寬、高分別為 8 米、2 米、3 米之膠帶印刷機使用含甲苯之油墨進行彩印，造成大量有機溶劑蒸氣逸散。印刷過程中技術人員必須不定時監看。　　　　　【2012 工礦衛生技師－環控 3】

5. 針對以下二種工作程序，試以文字（或輔以繪圖）說明如何規劃各工作程序之有效局部排氣設施，並從(a)、(b)、(c)選項中建議最適當的排氣管內之搬運風速：(a)10 m/s、(b)20 m/s、(c)>25 m/s，請說明理由。

    (1) 腳踏車噴漆工作人員對車架進行噴漆，噴漆時需不時以目視監看噴漆完整與否，再用人工調整車架角度。該生產線有 15 公尺長，過程產生大量揮發性有機氣體逸散。

    (2) 某鋼廠進行鋼管防鏽程序，必須在鋼管架上方淋洗凡立水（主成分甲苯、二甲苯），鋼管長度均大於 2 公尺，故現有鋼管淋洗凡立水及晾乾架均完全暴露於廠房。　　　　　【2016 工礦衛生技師－環控 2】

6. 在多氣罩多導管之局部排氣系統中，常有歧管需匯流入主導管的情形，如下圖中所示。然而，此合流現象也是局部排氣系統部分壓損的來源。試以下表中所提供之數據，並考慮主、歧管合流後之加減所造成之能量損失，推算合流處主導管（即管路 3）之靜壓值為多少 Pa？（注意：圖示管徑並未依實際尺寸描繪）　　　　　【2011 衛生技師－環控 5】

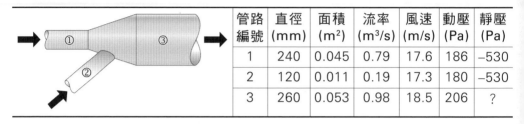

管路編號	直徑(mm)	面積(m²)	流率(m³/s)	風速(m/s)	動壓(Pa)	靜壓(Pa)
1	240	0.045	0.79	17.6	186	−530
2	120	0.011	0.19	17.3	180	−530
3	260	0.053	0.98	18.5	206	?

7. 工廠有 3 座生產設備排放廢氣，分別以集氣罩收集，經由管線輸送至吸附槽處理後，再排放至大氣，系統流程如下圖：

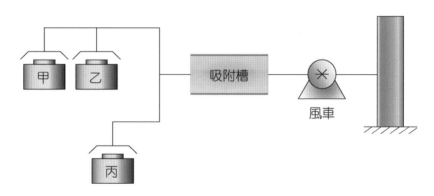

請以靜壓平衡法設計此工廠廢氣收集系統：

(1) 請說明靜壓平衡法設計原理。

(2) 請說明此廢氣收集系統設計流程。

(3) 請分別指出設計氣罩、風管之關鍵參數。

【2013 環境工程技師－空氣污染與噪音工程 3】

Chapter

04

空氣清淨裝置

第一節 ✿ 緒 論

　　局部排氣裝置中，有害物自氣罩捕集，經由導管輸送，最後由排氣口排至室外大氣中。當此有害物濃度或排放量過高，以致不符合環保相關法規或足以影響人體健康時，在排放前應先經過空氣清淨裝置，待有效處理後再行排放。因此空氣清淨裝置之設置目的主要包括避免污染周界空氣、符合環境保護相關法規，尤其是固定污染源空氣污染物排放標準、回收有用之製程原料或成品等。依「職業安全衛生規則」第 293 條規定，雇主為防止含有有害物之廢氣、廢液、殘渣等廢棄物危害勞工，應採取必要防護措施，排出廢棄之。此廢棄物之排放標準，應依環境保護有關法令規定辦理。

　　針對不同的有害物，應選用適當的空氣清淨裝置。根據空氣中有害物或空氣污染物之型態，一般分成粒狀及氣狀，粒狀指粉塵、燻煙等，氣狀則如有毒氣體及揮發性有機蒸氣。粒狀有害物應裝設適當之除塵裝置，氣狀有害物則應設置合適之廢氣處理裝置，以達到有效清淨廢氣之目的。除塵裝置如重力沉降室（慣性集塵機）、旋風集塵器（cyclone，離心分離機）、濕式洗滌器(scrubber)、靜電集塵機(electrostatic precipitator)及袋式集塵器(bag house)等粒狀污染物控制設備。氣狀污染物的廢氣處理裝置則如吸 附 (adsorption) 、 燃 燒 (combustion) 、 吸 收 (absorption) 、 冷 凝 (condensation)、生物濾床(biofilter)等設備，以及排煙脫硫、排煙脫硝等措施。

　　氣狀及粒狀污染物之各類空氣清淨裝置的特性與適用範圍，分別如表 4-1 及表 4-2 所示。由於空氣清淨裝置是屬於環境污染防治設備之一，目前已有許多參考文獻及書籍對此空氣污染防治設備之設計理論及實務等，有詳細之論述，本文僅對此設備作初步之介紹，欲求進一步瞭解之讀者可參考其他相關之書籍資料。

✖ 表 4-1　各類氣狀空氣污染物清淨裝置特性與適用範圍(Burgess et al., 1989)

型式	適用對象	適用濃度	去除效率 %	壓損 毫米水柱	購置 成本	操作 成本	耐用 性
填充塔	無機氣體	ppm~%	90~99	100~300	中	中	差
吸附塔	有機蒸氣，臭味	ppb~%	95~99+	50~150	高	中	普通
焚化	有機蒸氣，臭味	ppb~%	90~99	5	低	極高	佳
觸媒轉化	有機蒸氣，臭味	ppb~%	90~99	50~150	中	高	差

✖ 表 4-2　各類粒狀空氣污染物清淨裝置特性與適用範圍(Burgess et al., 1989)

型式	適用對象	適用濃度 g/m³	適用粒徑 微米	壓損 毫米水柱	購置 成本	操作 成本	耐用性
重力沉降室、慣性分離器、旋風器	破碎、粉碎粉塵	0.1~100	>10	50~150	低	中	佳（耐磨損）
濾布	所有乾粉塵	0.1~20	>0.1	75~150	中	中	視材質而定
HEPA	經初步除塵之常壓廢氣	<0.001	全部	25~150	中	高	普通或差
靜電除塵裝置，單段	飛灰	0.1~2	>0.1	13~25	高	低	普通
靜電除塵裝置，雙段	焊接燻煙、二手煙	<1	>0.1	13~25	中	低	佳
文氏管洗滌器	化學及冶金燻煙	0.1~100	>0.25	500~2,000	低	高	佳（耐腐蝕）
其他洗滌器	破碎、粉碎粉塵	0.1~100	>2	50~150	中	中	佳（耐腐蝕）

第二節 ❀ 除塵裝置

除塵裝置之選擇與除塵效率與粉塵特性關係密切，此特性包括成分、濃度及粒徑分布。依我國勞工作業場所容許暴露標準附表 2 之分類，空氣中粉塵共分有 4 種，如表 4-3 所示。

✖ 表 4-3　我國法規規定粉塵種類及其特性

種類	粉塵	容許濃度，mg/m³		符號	化學文摘社號碼 (CAS No.)
		可呼吸性粉塵	總粉塵		
第一種粉塵	結晶型游離二氧化矽≧10%之礦物性粉塵	$\dfrac{10}{\%SiO_2+2}$	$\dfrac{30}{\%SiO_2+2}$		14808-60-7；15468-32-3；14464-46-1；1317-95-9
第二種粉塵	結晶型游離二氧化矽<10%之礦物性粉塵	1	4		
第三種粉塵	石綿纖維	0.15 f/cc		瘤	
第四種粉塵	厭惡性粉塵	5	10		

說明：
1. 本表內所規定之容許濃度均為 8 小時日時量平均容許濃度。
2. 可呼吸性粉塵係指可透過離心式等分粒裝置所測得之粒徑者。
3. 總粉塵係指未使用分粒裝置所測得之粒徑者。
4. 結晶型游離二氧化矽係指石英、方矽石、鱗矽石及矽藻土。
5. 石綿粉塵係指纖維長度≧5 微米，長寬比≧3 之粉塵。

除塵裝置依捕集粉塵之操作原理可分為下列 6 種：

1. 重力沉降室
2. 慣性分離器
3. 旋風器
4. 過濾式除塵裝置
5. 靜電除塵裝置
6. 洗滌器

　　一般而言，重力沉降室與旋風器因捕集效率較低且處理負荷較高，通常做為空氣清淨裝置的前處理設備，而過濾式除塵裝置、靜電除塵裝置與洗滌器因集塵效率較高，常被做為空氣清淨裝置中的主要除塵設備。

一、重力沉降室(gravitational settling chamber)

　　重力沉降室的基本結構是一個大空槽，氣流進入沉降室後流速減慢，較大的粉塵因重力沉降速率較大，而在其未隨氣流流出沉降室之前，即沉降於沉降室的底部而與氣流分離，以此達到除塵的功能。當粉塵之沉降速率隨粉塵粒徑增大而增大時，除塵效率越高，因此對一般重力沉降室而言，粉塵粒徑必須大於 50 微米時，才稍具顯著的除塵效果。

　　為了增加重力沉降室之除塵效率，可增加長度、減少風速或降低沉降室高度，其中增加長度與減少風速都需要增加沉降室體積，較不實用，而降低沉降室高度則是較可行的方式，例如利用數個水平隔板降低粉塵的沉降高度，即可提高除塵效率。儘管如此，重力沉降室仍很難有效去除細小微粒，因此目前較少應用在局部排氣裝置中。

二、慣性分離器(inertial separator)

　　粉塵在隨氣流流動時，會具備慣性，此慣性運動會使粉塵朝氣流流動方向運動。當氣流改變流動方向時，粉塵因具備慣性力，會維持原本之運動方向，如此而造成與氣流分離之作用。慣性分離器即利用此原理，在原本是個空槽的沉降室中加裝垂直檔板，除利用粉塵之重力沉降外，同時借助粉塵的慣性運動，在氣流方向因擋板的阻礙而改變時，粉塵會因慣性而與擋板碰撞達到去除的目的。其粉塵去除原理與重力沉降類似，粉塵之氣動粒徑越大，慣性力就越大，去除效率也越大。同樣地，慣性分離器也很難有效去除細小微粒，因此目前也較少應用在局部排氣裝置中。

三、旋風器(cyclone)

旋風器或稱為旋風分離器或旋風集塵器，是利用離心力使粉塵與氣流分離，離心力也是慣性力的一種，當氣流作螺旋狀流動時，粉塵會因離心力沿切線方向作慣性運動。在一般旋風器中，含粉塵的氣流由進氣口沿圓柱切線進入後，環繞圓柱旋轉，粉塵受離心力作用而朝柱壁運動，經碰撞柱壁後滑落下方圓錐體中。而氣動粒徑較小的粉塵則因所受離心力較小，會隨氣流回流至排氣出口。進氣口位置通常設在圓柱體側邊，排氣出口則是在頂部上方。

由於旋風器無活動式機件、建造價格便宜、維修容易、且可回收製程物料，因此應用極為廣泛。但是使用此種裝置去除粒徑較小的粉塵時，需耗費大量能源，以提供足夠的風速及離心力，因此旋風器在除塵裝置中常規劃為前處理設備，用以去除氣流中粒徑較大的粉塵，而粒徑較小的粉塵則以串聯其他效率較高之除塵設備加以去除，如此設計可保護較精密的除塵裝置，降低維修保養負擔。

在實際應用時，可將數個旋風器並聯使用，如此可降低壓力損失。若為求提高除塵效率，可將旋風器串聯使用，但壓力損失也增加，而且氣動粒徑較大之粉塵大多已被第一個旋風器去除，第二個以後的旋風器對總除塵效率之貢獻有限。若要提高小粒徑粉塵的除塵效率，通常是在旋風器後串聯其他除塵效率更高的空氣清淨裝置。

四、靜電集塵裝置(electrostatic precipitator)

靜電集塵裝置中安裝有放電電極(discharge electrode)與集塵電極(collecting electrode)，前者截面積極小，通常為鋼絲、扁條或電極棒，後者表面積極大，通常為板狀或管狀。含粉塵之氣流通過靜電集塵裝置時，在放電電極附近，氣體分子在臨界電壓下被離子化成正離子或負離子，氣流中的粉塵會因吸附這些離子而帶電，並朝相反電性方向移動，而與集塵

130

電極碰撞成中性粉塵，並附著在該電極上，最後以振動、沖刷或攪動方式使被收集的粉塵脫離集塵電極。

　　放電電極可產生正電荷或負電荷。負電荷的電壓電流特性較穩定，因此較常使用於工業界；正電荷放電時臭氧產生量較少，因此，雖然效率較差，但仍被應用於室內空氣清淨機，目前市售空氣清淨機之簡介，請參閱本書實務章節所述。當粉塵帶電後，受集塵電極電壓影響下，粉塵具有靜電飄移速率(electrostatic drift velocity)，此速率比重力沉降速率高很多，使其可有效去除氣動粒徑較小之粉塵。粉塵電阻是影響靜電集塵裝置除塵效率之重要參數，若電阻太低，粉塵沉積於集塵電極後，粉塵所帶電荷會很快傳給集塵電極，使被收集的微粒因未帶電而再度揚起，進而降低除塵效率；反之，如果粉塵電阻太高，放電時粉塵不易帶電，使粉塵靜電飄移速率減少，而在集塵電極上，電荷也不易傳至電極板上，粉塵將會緊黏在電極上而很難清除。

五、過濾式除塵裝置(fabric filter)

　　最典型之過濾式除塵裝置為袋濾室(bag house)，室內設有濾材所製成的濾袋以過濾空氣中所含的粉塵。濾材使用初期除塵效率較低，但使用一段時間後，經由慣性碰撞、布朗運動、攔截、重力沉降與靜電吸引等除塵機制的作用，被濾材所收集的粉塵會在濾材上形成塵餅(dust cake)，除塵效率也因空隙被填滿而升高，此時濾材成了塵餅的支撐物，因此對袋濾室而言，濾材支撐能力較緊緻度更為重要。濾材之形狀可大略分成圓筒狀與封套狀兩種，其材質主要為綿、尼龍、聚乙烯（特多龍）、聚丙烯、耐熱尼龍等，依耐藥性、耐熱性與抗磨性等不同特性，而區分其用途。當塵餅因粉塵不斷累積而加厚時，壓力損失也隨之提高，當壓損高達一定程度時，即需要清除塵餅以維持正常操作。

　　袋濾室有多種分類方式，根據過濾方式或氣流方向之不同，可分為內部過濾與外部過濾。內部過濾式係將粉塵收集於濾袋內，乾淨空氣從濾袋

外部逸出；外部過濾式則是將粉塵收集在濾袋外部，乾淨空氣由濾袋開口端逸出，此種濾袋內須使用鐵籠或數個鐵環支撐以避免氣流損壞濾袋。另一常用的分類方式是根據塵餅拂落方式區分，塵餅拂落方式主要為 3 種：

1. 機械震盪法(mechanical shaker)

2. 空氣逆洗法(reverse flow)

3. 脈衝清除法(pulse jet)

機械震盪法可以利用水平或垂直振動，或借助音波振動。震盪可使濾袋產生駐波使塵餅碎裂，震盪強度受濾袋可承受張力、振幅、頻率、與震盪延時的影響。由於震盪時須停止供給氣流以避免再揚起，因此常運用多室或多段排列，以分室或分段方式輪流震盪以達到持續操作的目的。

空氣逆洗法主要是在停止操作時，於過濾的反方向引入常壓乾淨空氣，使濾袋產生皺摺與凹陷，附著於濾材上的塵餅便自然破裂，落入漏斗中而達到清洗之目的。空氣逆洗法較機械震盪法緩和，較不易損傷濾材，因此可以使用抗磨性較差的濾材。操作時與機械振盪法類似，通常使用多個分隔室組成濾袋室，當一個濾室進行清洗時，其他濾室仍可正常運作。

脈衝清除法則是以外部過濾法使粉塵收集於濾袋外部表面，再由濾袋上方的文氏管往下噴出乾淨壓縮空氣，形成壓力波往下移動，濾袋受壓力波衝擊而膨脹，此時濾布外層的塵餅即破裂而落入漏斗中。

至於整體換氣裝置所使用的空氣過濾除塵裝置，則是以高性能過濾網（high efficiency particulate air filter，簡稱 HEPA）為主，於潔淨室(clean room) 中，則會使用除塵效率更佳之極高性能過濾網（ultra low penetration/particulate air filter，簡稱 ULPA）。各種空氣過濾器依其除塵效率等特性，如表 4-4 所示。

⚒ 表 4-4　各型空氣濾網之特性

類別	適用微粒直徑(μm)	適用微粒濃度(mg/m³)	壓力損失(mmHg)	除塵效率(%)	過濾網材質	用途
初級過濾網	≧5	0.1~7	3~20	70~85（重量法）	合成纖維玻璃纖維	外氣處理，空調箱前端處理
中級過濾網	≧1	0.1~0.6	8~25	60~95（比色法）		HEPA 前端或循環空氣前端
準 HEPA	≧0.3	≦0.3	15~35	≧80（0.3 μm DOP）	玻璃紙	Class 100~10,000 潔淨室最終過濾網
HEPA	≧0.3	≦0.3	25~50	99.97（0.3 μm DOP）		
ULPA	0.1~0.3	≦0.1	25~50	99.995（0.1 μm DOP）	特殊玻璃紙	潔淨度 1~100 級用
超 ULPA	0.1~0.05	≦0.1	25~50	99.99995（0.05 μm DOP）		潔淨度 1 級用

六、洗滌器(scrubber)

　　洗滌器為濕式除塵裝置，一般可同時處理廢氣中的粒狀與氣態有害物，是利用水等液體直接與粉塵接觸，利用碰撞、攔截等機制使粉塵由廢氣進入洗滌液中，以達到除塵的目的。根據氣液相接觸機制，洗滌器主要有 4 種型式：噴洗塔(spray tower)、旋風噴洗塔(cyclone spray chamber)、孔口式(orifice)與文氏管(venturi)。噴洗塔的操作方式是使含粉塵廢氣進入塔

內與由噴嘴噴出的水滴接觸，集塵效率可由水滴大小及數量控制。水滴噴出的方向通常是與氣流方向垂直或反向，塔內可安裝擋板以提高氣液相接觸效果。如果洗滌液重覆循環使用時，必須先過濾或經其他除塵設備除塵以避免洗滌液所含的微粒阻塞噴嘴。

旋風噴洗塔是類似旋風器的濕式除塵裝置，含粉塵廢氣以切線方向進入噴洗塔，氣流產生的離心力可提高液滴分散效果，如此便可利用較小較多的液滴來提高除塵效率。含微粒的液滴也較容易由塔壁除去，濕潤的塔壁亦可減少微粒再揚起的問題。

在孔口式洗滌器中，高速廢氣流經孔口衝擊洗滌液液面而產生液滴，此空氣與液滴的混合物通過一連串擋板，較大的粉塵直接衝入液體中，較小的粉塵則與液滴接觸而合為一體，此液滴藉由重力或撞擊擋板而回到洗滌液中。孔口式洗滌器因水分損失較少而具有低液氣比，操作時需注意孔口的規格以提供高速衝擊速率。

由於洗滌器除塵效率隨氣、液相的相對速率增加而增加，因此可使用能產生高速相對速率的文氏管，以得到高除塵效率。含粉塵廢氣通過文氏管喉部時風速可達 50~150 m/s，液滴則可由喉部高速噴出而達到更高的相對速率。含粉塵的液滴隨後在除霧裝置中與廢氣分離而達到除塵目的。

七、除霧裝置

任何劇烈氣液相接觸的程序，如洗滌器等，均會產生含液滴的廢氣，此廢氣在排放前必須去除其中的霧滴，以減少白煙的產生。洗滌器上方通常裝設有除霧裝置(mist eliminator)，因為大部分液滴粒徑較大（在 150~300 微米之間），只要在低風速(5~15 m/s)，低壓力損失(5~15 mmH$_2$O)時，即可達到除霧的目的。文氏管洗滌器所產生的含液滴空氣通常是以旋風器與篩網除霧，當旋風器入口流速在 25~40 m/s 之間時，可以有效去除粒徑75~150 微米的霧滴。

第三節 ❖ 廢氣處理裝置

　　廢氣處理一般來說比除塵單純，主要是先確認廢氣組成，並根據廢氣組成選擇適當之處理裝置，在妥善操作處理的情形下，應可符合職業安全衛生及環保法規之要求。廢氣處理裝置一般可分成吸收塔、吸附塔及化學反應器 3 類。

一、吸收塔

　　在吸收塔中，吸收液藉吸收作用吸收廢氣中的氣狀有害物。在吸收作用的過程中，氣體分子因濃度梯度的關係，趨使其擴散至濃度較低的吸收液表面，接著再繼續擴散至吸收液內部而溶於吸收液中，如此氣狀有害物即可由廢氣中去除。能產生吸收作用之有害物，一般是屬於水溶性的，尤其是酸性物質，如鹽酸、氫氟酸、二氧化硫、氯氣等，此時可添加鹼液（如氫氧化鈉）於吸收液中，以增加吸收效率並中和酸鹼值。吸收液飽和後，需進行廢液處理，最好能有效回收吸收液，以減少總用水量。

　　為提高吸收效率，吸收塔之設計需儘量增加氣液接觸面積與時間。氣液接觸之方式可分成兩種，一種是讓廢氣通過吸收液，另一方式是讓吸收液霧化成液滴噴灑至廢氣氣流中與有害物接觸。前者包括填充塔(packed tower)及平板塔(plate tower)，後者包括除塵裝置中洗滌器，如噴霧塔、文氏管等。填充塔中之填充料有許多不同的型式及材質，以符合各種不同之吸收效率要求。比較常見之填充料形狀包括拉西環(Raschig ring)、波爾環(Pall ring)、貝爾鞍(Berl saddle)、印達洛鞍(Intalox saddle)、泰勒緞帶結(Tellerette)等，這些填充料需具備的條件包括有效接觸面積大、質輕、耐用、化學安定性高等。

二、吸附塔

吸附也是利用氣體分子擴散作用,不同的是吸附劑(adsorbent)為具有多孔及高比表面積之固體物質。在吸附過程中,吸附質(adsorbate)因濃度梯度的關係,趨使其擴散至濃度較低的吸附劑表面,接著再繼續擴散至吸附劑孔洞內部,最後吸附在孔洞內部表面。

附劑之選擇同作業環境測定時之固體吸附管,主要是根據其極性。最常用之非極性吸附劑為活性碳,主要用來吸附非極性物質,如鹵化碳氫化合物、酒精及大部分的揮發性有機溶劑蒸氣。活性碳是一種多孔性物質,具有極大之表面積,通常每公克活性碳的表面積高達 $600 \sim 1{,}600$ m^2,可吸附大部分有機溶劑蒸氣。極性吸附劑包括矽膠、活性鋁等金屬氧化物,主要吸附極性物質,如水蒸汽、氨、甲醛、二硫化碳及丙酮等。

吸附劑在飽和前,可吸附廢氣中的有害物濃度,當接近飽和時,有害物蒸氣開始會穿透吸附劑,並隨著廢氣排出,此狀態即為貫穿或破出(break-through),此時吸附操作應即停止,因為廢氣中有害物蒸氣濃度可能已超過環保署規定的煙道排放標準。如為連續操作,就需將廢氣切換到備份吸附塔,繼續操作空氣污染防制作業。飽和之吸附劑需進行脫附再生,以重覆使用,無法再生或再生後之廢氣不易處理時,此吸附劑成為有害事業廢棄物,需予以固化或其他適當之處理處置措施,以避免二次污染。

三、化學反應器

氣狀有害物可藉由化學反應,生成無害或毒性較低之物質,最常見的化學反應是氧化,包括焚化及觸媒氧化,如果燃燒熱值夠高,還可以回收熱能。不過此類可燃物之濃度一般來說較低,此時只要確定其是否能完全被氧化成二氧化碳及水等物質即可。焚化通常需要較多之購置成本及操作成本,在操作時也要特別注意火災爆炸等工安事故。

第四節 ✿ 空氣清淨裝置及排氣口之設置規定

有害物如果先由空氣清淨裝置有效去除後，排氣機將比較可以不受有害物腐蝕或阻塞。因此 4 種化學性有害物之法規，都有這方面的規定，如表 4-5 所示。

本章第 1 節陳述之排氣口，為避免使廢氣迴流至室內作業場所，4 種化學性有害物之法規，都有這方面的規定，如表 4-6 所示。

✖ 表 4-5　局部排氣裝置排氣機應置於空氣清淨裝置後之規定

法規	條號	有關條文
鉛中毒預防規則	28	雇主設置局部排氣裝置之排氣機，應置於空氣清淨裝置後之位置。但無累積鉛塵之虞者，不在此限。
特定化學物質危害預防標準	17.3	雇主依本標準規定設置之局部排氣裝置，依下列規定：三、設置有除塵裝置或廢氣處理裝置者，其排氣機應置於各該裝置之後。但所吸引之氣體、蒸氣或粉塵無爆炸之虞且不致腐蝕該排氣機者，不在此限。
有機溶劑中毒預防規則	13.1	雇主設置有空氣清淨裝置之局部排氣裝置，其排氣機應置於空氣清淨裝置後之位置。但不會因所吸引之有機溶劑蒸氣引起爆炸且排氣機無腐蝕之虞時，不在此限。
粉塵危害預防標準	15.3	雇主設置之局部排氣裝置，應依下列之規定：三、局部排氣裝置之排氣機，應置於空氣清淨裝置後之位置。

✖ 表 4-6　局部排氣裝置排氣口之設置規定

法規	條號	有關條文
鉛中毒預防規則	23.2	雇主使用粉狀之鉛、鉛混存物、燒結礦混存物等之過濾式集塵裝置，依下列規定：固定式排氣口應設於室外，應避免迴流至室內作業場所。
	29	雇主設置局部排氣裝置或整體換氣裝置之排氣口，應設置於室外。但設有移動式集塵裝置者，不在此限。

⚒ 表 4-6　局部排氣裝置排氣口之設置規定（續）

法規	條號	有關條文
特定化學物質危害預防標準	17.4	雇主依本標準規定設置之局部排氣裝置，依下列規定：排氣口應置於室外。
有機溶劑中毒預防規則	13.3	雇主設置之局部排氣裝置、吹吸型換氣裝置、整體換氣裝置或第 11 條第 3 款第 1 目之排氣煙囪等之排氣口，應直接向大氣開放。對未設空氣清淨裝置之局部排氣裝置（限設於室內作業場所者）或第 11 條第 3 款第 1 目之排氣煙囪等設備，應使排出物不致回流至作業場所。 第 11 條第 3 款第 1 目：從事紅外線乾燥爐或具有溫熱設備等之有機溶劑作業，如設置有利用溫熱上升氣流之排氣煙囪等設備，將有機溶劑蒸氣排出作業場所之外，不致使有機溶劑蒸氣擴散於作業場所內者。
粉塵危害預防標準	15.4	雇主設置之局部排氣裝置，應依下列之規定：排氣口應設於室外。但移動式局部排氣裝置或設置於附表一乙欄(七)所列之特定粉塵發生源之局部排氣裝置設置過濾除塵方式或靜電除塵方式者，不在此限。 附表一乙欄(七)：於室內利用研磨材以動力（手提式或可搬動式動力工具除外）研磨岩石、礦物或金屬或削除毛邊或切斷金屬之處所之作業。

鉛中毒預防規則之集塵裝置設置規定如下所示：

條號	有關條文
23	雇主使用粉狀之鉛、鉛混存物、燒結礦混存物等之過濾式集塵裝置，依下列規定： 一、濾布應設有護圍。 二、固定式排氣口應設於室外，應避免迴流至室內作業場所。 三、應易於將附著於濾材上之鉛塵移除。 四、集塵裝置應與勞工經常作業場所適當隔離。

條號	有關條文
27	雇主使勞工從事下列鉛作業而設置下列之設備時，應設置有效污染防制過濾式集塵設備或同等性能以上之集塵設備： 一、第 2 條第 2 項第 1 款規定之鉛作業，而具下列設備之一者： (一) 直接連接於焙燒爐、燒結爐、熔解爐或烘燒爐，將各該爐之鉛塵排出之密閉設備。 (二) 第 5 條第 1 款至第 3 款之局部排氣裝置。 二、第 2 條第 2 項第 2 款規定之鉛作業，而具下列設備之一者： (一) 直接連接於焙燒爐、燒結爐、熔解爐或烘燒爐，將各該爐之鉛塵排出之密閉設備。 (二) 第 6 條第 1 款至第 3 款之局部排氣裝置。 三、第 2 條第 2 項第 3 款規定之鉛作業，而具下列設備之一者： (一) 設置於第 7 條第 1 款之製造過程中，鉛、鉛混存物之熔融或鑄造之局部排氣裝置。 (二) 第 7 條第 2 款及第 3 款之局部排氣裝置。 四、第 2 條第 2 項第 4 款規定之鉛作業，於第 9 條第 1 款製造過程中，其鉛或鉛合金之熔融或鑄造作業設置之局部排氣裝置者。 五、第 2 條第 2 項第 7 款規定之鉛作業，而具下列設備之一者： (一) 直接連接於煅燒爐或烘燒爐，將各該爐之鉛塵排出之密閉設備。 (二) 依第 10 條規定設置之局部排氣裝置。 六、第 2 條第 2 項第 8 款規定之鉛作業於第 11 條第 1 款製造過程中，具鉛襯墊物之表面上光作業場所設置之局部排氣裝置者。 七、第 2 條第 2 項第 9 款規定之鉛作業，而具下列設備之一者： (一) 直接連接於製造混有氧化鉛之玻璃熔解爐，將該爐之鉛塵排出之密閉設備。 (二) 第 12 條第 1 款混有氧化鉛之玻璃製造過程中，熔融鉛、混存物之熔融場所設置之局部排氣裝置。 (三) 依第 12 條第 3 款規定設置之局部排氣裝置者。 八、第 2 條第 2 項第 13 款規定之鉛作業，依第 16 條規定設置之局部排氣裝置者。雇主使勞工從事鉛或鉛合金之熔融或鑄造作業，而該熔爐或坩堝等之總容量未滿 50 公升者，得免設集塵裝置。

特定化學物質危害預防標準有關集塵或除塵裝置之規定如下所示：

條號	有關條文
10	雇主使勞工從事乙類物質中之鈹及其化合物或含鈹及其化合物占其重量超過 1%（鈹合金時，以鈹占其重量超過 3%者為限）之混合物（以下簡稱鈹等）以外之乙類物質之製造時，其核定基準第 7 款規定：從事鈹等以外之乙類物質之計量、投入容器、自該容器取出或裝袋作業，於採取前款規定之設備顯有困難時，應採用不致使作業勞工之身體與其直接接觸之方法，且該作業場所應設置包圍型氣罩之局部排氣裝置；局部排氣裝置應置除塵裝置。
11	雇主使勞工從事鈹等之製造時，其核定基準第 13 款規定：為預防鈹等之粉塵、燻煙、霧滴之飛散致勞工遭受污染，應就下列事項訂定必要之操作程序，並依該程序實施作業。第 4 項規定：過濾集塵方式之集塵裝置（含過濾除塵方式之除塵裝置）之濾材之更換。
45	雇主使勞工從事煉焦作業必須使勞工於煉焦爐上方或接近該爐作業時，應依下列規定： 三、依前款規定設置之局部排氣裝置或供焦煤驟冷之消熱設備，應設濕式或過濾除塵裝置或具有同等性能以上之除塵裝置。

第五節 ❖ 定期自動檢查

目前空氣清淨裝置之定期自動檢查對象，是以除塵裝置為主。除塵裝置在正常運轉時，必定隨時都在收集粉塵或污垢，經分離處理，排放乾淨空氣。因此在檢點除塵裝置時，應可隨時發現此等粉塵或污垢之堆積或附著。而此堆積或附著現象過於異常時，將會阻礙空氣之流動，因此有必要實施適當之檢查。空氣清淨裝置與第 1 章所述之局部排氣裝置一樣，雇主每年需按規定定期實施檢查 1 次，實施方式依職業安全衛生管理辦法第 41 條規定，其檢查項目為：

一、 構造部分之磨損、腐蝕及其他損壞之狀況及程度。

二、 除塵裝置內部塵埃堆積之狀況。

三、 濾布式除塵裝置者，有濾布之破損及安裝部分鬆弛之狀況。

四、 其他保持性能之必要措施。

　　根據此檢查規定，勞動部過去曾編印空氣清淨裝置定期自動檢查基準及其解說，其內容主要是有關除塵裝置部分，包括檢查所需儀器設備（表4-7）、檢查項目、檢查方法及判定基準（表 4-8）。以左欄所列檢查項目，依同表中欄所列檢查方法實施檢查，檢查結果應符合同表右欄所列判定基準。所列檢查方法實施檢查時，應視於右欄所列之判定基準。旋風器、洗滌器、過濾式除塵裝置及電氣除塵裝置，除依表 4-8 之規定外，還有各自特定規定，分別如表 4-9~4-12 所示。

表 4-7　空氣清淨裝置中除塵裝置之定期自動檢查應置備之檢查儀器

應置備	視需要置備
1. 發煙管或發煙器。	1. 試槌。
2. 聽診器或聽音棒。	2. 超音波測厚計。
3. 表面溫度計、玻璃管溫度計等。	3. 水柱壓力表或探針式靜壓熱線風速計。
4. 絕緣電阻計。	4. 木棒或竹棒。
5. 除塵效率測定用器具	5. 電流表

✖ 表 4-8　空氣清淨裝置中除塵裝置之定期自動檢查項目

檢查項目	檢查方法	判定基準
一、裝置本體	1. 本體部分（含連接導管）之磨耗、腐蝕及損傷以及粉塵等之堆積狀態	1. 檢查本體部表面狀態。	1. 應無下列之異常 (1) 造成粉塵等漏出原因之磨耗、腐蝕或損傷。 (2) 造成腐蝕原因之塗飾等之損傷。 (3) 造成降低除塵裝置機能之粉塵等之堆積。 (4) 支架部等之鬆弛等。
		2. 設有檢點孔者應開啟檢點孔，未設檢點孔者應拆卸導管之連結部，檢查內部之狀態。	2. 應無下列之異常 (1) 造成空氣或洗滌液之流入或洩出原因之磨耗、腐蝕或損傷。 (2) 造成腐蝕原因之塗飾等之損傷。 (3) 造成降低除塵裝置機能之粉塵等之堆積。
		3. 無法實施 2.之檢查者，應於其容易堆積粉塵等之處所，利用試槌輕敲其外部，檢查打擊聲。	3. 無因粉塵等之積存造成之異音。
		4. 無法實施 2.或 3.之檢查者，應依下列規定測定本體部之厚度或本體內部之靜壓。	4. 適於下列之規定。
		(1) 利用超音波測厚計等測定本體部分之厚度。	(1) 所有測點之厚度在原設計厚度（係指強度上所必需之厚度加上腐蝕餘度之厚度）以上。

✖ 表 4-8　空氣清淨裝置中除塵裝置之定期自動檢查項目（續 1）

檢查項目	檢查方法	判定基準
一、裝置本體	(2) 利用水柱壓力表或探針式靜壓熱線風速計，於本體部上游及下游所設測定孔測定本體內靜壓。	(2) 本體內靜壓在設計值範圍內。
2. 檢點孔之狀態	檢查檢點孔之開閉狀態。	可順暢開閉，且可確實密閉者。
3. 控制盤之狀況	1. 檢查控制盤之指示燈、指示燈蓋及銘板等有無破損、脫落等。	1. 無破損、脫落等。
	2. 檢查控制盤儀表類之作動有無不良等。	2. 無不良作動等。
	3. 檢查控制盤內有無粉塵之堆積。	3. 無粉塵之堆積。
	4. 檢查控制盤端子有無鬆脫、變色等。	4. 端子無鬆脫，變色等。
4. 氣相配管系統之狀態	1. 依下列規定檢查檔板之狀態。	1. 適於下列之規定。
	(1) 檢查流量調節用擋板之開啟程度及固定狀況。	(1) 擋板應固定在調整至保持除塵裝置機能時之開啟程度。
	(2) 檢查管路切換用擋板及關閉用擋板之作動狀態。	(2) 作動順暢且無異音者。

✖ 表 4-8 空氣清淨裝置中除塵裝置之定期自動檢查項目（續 2）

檢查項目	檢查方法	判定基準
4. 氣相配管系統之狀態	2. 檢查旁通閥及可撓性接頭之狀態。	2. 無下列之異常 (1) 造成空氣洩漏原因之磨耗、腐蝕或損傷。 (2) 造成腐蝕原因之塗飾等之損傷。 (3) 造成降低除塵裝置機能之粉塵等之堆積。
	3. 檢查旁通閥之作動狀態。	3. 順暢作動且無異音者。
5. 液相配管系統之狀態	1. 檢查旁通閥、閥、卻水器及撓性接頭之狀態。	1. 無下列之異常 (1) 造成洗滌液漏出原因之磨耗、腐蝕或破損。 (2) 造成腐蝕原因之塗飾等之損傷。 (3) 造成降低除塵裝置機能之污垢附著者。
	2. 檢查旁通閥及閥之作動狀態。	2. 順暢作動且無異音者。
6. 連接處之狀態	1. 檢查連接處固定螺栓、螺母、墊圈等有無破損、脫落及單邊固定或配管安裝部有無鬆動。	1. 連接處固定螺栓、螺母、墊圈等均無破損、脫落及單邊固定或配管安裝部無鬆動。
	2. 使除塵裝置作動，對氣相配管系統連接處，利用發煙器等檢查連接處有無空氣之流入或漏洩；對液相配管系統連接處可藉由目測檢查連接處有無洗滌之漏洩。	2. 氣相配管系統連接處不得使發煙器等產生之煙由連接處吸入或溢出；液相配管系統連接處，不得使洗滌液由連接處漏出。

（一、裝置本體）

✖ 表 4-8　空氣清淨裝置中除塵裝置之定期自動檢查項目（續 3）

檢查項目	檢查方法	判定基準
二、傳動裝置	1. 傳動皮帶等之狀態	1. 檢查皮帶有無損傷及不對整；傳動輪有無損傷、偏心及安裝位置有無偏差，鍵有無鬆動等。	1. 無下列之異常 (1) 皮帶之損傷。 (2) 皮帶與傳動輪槽溝之型式不符合。 (3) 張掛多數皮帶之型式及張掛方式不對整。 (4) 傳動輪之損傷、偏心或安裝位置不符。 (5) 鍵之鬆動。
		2. 檢查鍊條有否附著粉塵等之其潤滑狀況。	2. 無粉塵等之異常附著或失油。
		3. 用手押下傳動皮帶（細幅者除外），檢查鬆弛量(X)。	3. 應適於下列之規定： $0.02\,l < X < 0.07\,l$ 上式中之 X 及 l 分別為次圖所示之長度。
		4. 啟動馬達，檢查皮帶有無滑動及振動。	4. 皮帶無滑動、振動。
	2. 軸承之狀態	1. 啟動馬達，利用聽診器或聽音棒貼觸於軸承箱，檢查有無異音。	1. 應無異音。

✖ 表 4-8　空氣清淨裝置中除塵裝置之定期自動檢查項目（續 4）

檢查項目	檢查方法	判定基準
2. 軸承之狀態	2. 使電動機運轉一小時後，用手觸摸軸承箱表面，檢查其熱度。	2. 應可用手觸摸之程度。
	3. 經 2.之檢查不符判定基準時，應使電動機作動 1 小時後測定軸承表面溫度及四周溫度。	3. 軸承之表面溫度應在 70°C 以下，又軸承之表面溫度與四周溫度之差在 40°C 以下。
	4. 檢查油壺及潤滑油壺之油量及油質狀態。	4. 油量在規定數量，且無油污或水份、粉塵等之混入。
3. 電動機之狀態	1. 使用絕緣電阻計測定線圈與外殼間及線圈與接地端子間之絕緣電阻。	1. 應符合該電動機所定之絕線電阻。
	2. 使排氣機作動 1 小時以上之後，測定電動機之表面溫度。以表面溫度計或以玻璃管溫度計粘貼在電動機上測定電動機之表面溫度。	2. 電動機周圍之溫度（以下稱「冷媒溫度」）在 30°C 以上時，電動機之表面溫度（以下稱「表面溫度」）應依次表上欄所列電動機之絕緣種類，分別不超過同表中欄所列之值，冷媒溫度未滿 30°C 時，表面溫度與冷媒溫度之差不得超過同表下欄所列之值。

（「二、傳動裝置」標示於左欄）

電動機絕緣種類	A種	E種	B種	F種	H種
表面溫度(°C)	90	105	110	125	145
表面溫度和冷媒溫度(°C)	60	75	80	95	115

電動機絕緣種類依中國國家標準 2147 電氣絕緣材料之分類規定。

✖ 表 4-8　空氣清淨裝置中除塵裝置之定期自動檢查項目（續 5）

檢查項目	檢查方法	判定基準
4. 安全護蓋及其安裝處之狀態	檢查皮帶等之安全護罩及其安裝處之狀態。	無磨耗，腐蝕、損傷、變形等，且安裝處無鬆動等。
三、洩放裝置 1. 洩放漏斗（含中間斗）、排放用擋板、迴轉閥、輸送帶等之狀態。	1. 檢查洩放漏斗、排放用擋板、迴轉閥、輸送帶等之外部狀態。	1. 無次列之異常 (1) 造成粉塵等漏出原因之磨耗、腐蝕或損傷。 (2) 造成腐蝕原因之塗飾等之損傷。 (3) 造成粉塵等堆積原因之變形。
	2. 設有檢點孔時應打開檢點孔，檢查洩放漏斗內部之狀態。	2. 無次列之異常 (1) 造成粉塵等漏出原因之磨耗、腐蝕或損傷。 (2) 造成腐蝕原因之塗飾等之損傷。 (3) 造成降低排放裝置機能之粉塵等之堆積。
	3. 無法實施 2.之檢查時，利用試槌輕敲洩放漏斗之外部，檢查打擊聲。	3. 無因粉塵等之積存造成之異音。
	4. 使排放裝置作動，檢查粉塵等是否能順暢排出。	4. 粉塵等可以順暢排出，且無不良作動、異音、異常振動等。
四、泵 1. 泵之狀態	1. 檢查泵之外部狀態。	1. 無腐蝕、損傷或洗滌液之洩漏。
	2. 使泵作動，檢查有無振動。	2. 無異常振動。
2. 泵之軸承之狀態	依二、之 2 檢查方法檢查泵之軸承之狀態。	應符合二、之 2 之判定基準。

✖ 表 4-8　空氣清淨裝置中除塵裝置之定期自動檢查項目（續 6）

檢查項目		檢查方法	判定基準
四、泵	3. 泵之壓力及流量	依附屬於泵之壓力表及流量計檢查壓力及流量。 但流量得依所測定之壓力，依泵之特性曲線求出。	壓力及流量應在設定值範圍內。
五、空氣壓縮機		1. 檢查空氣壓縮機之儀表有無異常及壓縮空氣壓力。	1. 儀表無異常，壓縮空氣壓力在設計值範圍內。
		2. 檢查空氣槽內有無積水。	2. 無異常積水。
六、除塵性能		使除應裝置作動，依排氣導管濃度測定方法測定設置於本體部上流及下流測定孔內部之有害物質濃度，求出除塵效率。	除塵效率在設計值範圍內。
七、安全裝置		依設計書，檢查壓力釋放口、防火擋板、連鎖裝置、排洩閥等安全裝置之作動是否良好。	應有良好作動。

✖ 表 4-9　旋風器之定期自動檢查特定項目

檢查項目	檢查方法	判定基準
1. 吸引式旋風器之粉塵等排出口空氣流入狀態。	使吸引式旋風器作動，利用發煙器發煙，檢查粉塵等排出口有無煙霧吸入。	無煙霧吸入粉塵等之排出。
2. 頸部之磨耗、腐蝕及損傷及粉塵等之堆積狀態。	1. 利用試槌輕敲頸部外側，檢查打擊聲。 2. 對於容易引起頸部磨耗等有害物質之除塵處，藉利用超音波測厚計測定頸部厚度。	1. 無因粉塵等堆積造成異音。 2. 厚度在設計厚度（強度所需厚度加上腐蝕餘度之厚度）以上。

✖ 表 4-10　洗滌器之定期自動檢查特定項目

檢查項目		檢查方法	判定基準
一、分離部	1. 細腰管文氏管洗滌器細腰管之狀態	1. 使細腰管洗滌作動，利用水柱壓力表等，測定細腰管前後壓力差。	1. 細腰管前後壓力差在設計值範圍內。
		2. 無法實施 1.之檢查者，依次式算出喉部流速。 喉部之流速(m/s)＝$\dfrac{\text{喉部空氣流量(m/s)}}{\text{喉部斷面積(m}^2\text{)}}$	2. 喉部流速在設計值範圍內。
		3. 檢查洗滌液噴霧狀態。	3. 洗滌液噴霧狀態良好。
		4. 無法實施 3.之檢查者，分解噴水部或噴嘴，檢查有無渣垢等造成篩目堵塞、磨耗、腐蝕、損傷、變形等。	4. 無篩目堵塞或造成降低細腰管機能之磨耗、腐蝕、損傷、變形等。

✖ 表 4-11　過濾式除塵裝置之定期自動檢查特定項目

檢查項目		檢查方法	判定基準
一、濾材	1. 濾材狀態	1. 檢查濾材有無篩目堵塞、損傷、劣化、燒傷、受潮等。 2. 使用水柱壓力表等測定濾材前後壓差。	1. 無造成降低濾材機能之篩目堵塞、磨耗、腐蝕、損傷、變形等。 2. 濾材前後壓差在設計值範圍內。
	2. 濾材安裝狀態等	1. 檢查濾材安裝狀態。 2. 檢查濾材安裝部固定螺栓、螺母、固定夾、墊圈等有無損傷、脫落及單邊固定。	1. 濾材無脫落或鬆弛，且吊裝適當。 2. 固定螺栓、螺母、固定夾、墊圈等無損傷、脫落或單邊固定。
二、拂落裝置	1. 拂落裝置狀態	1. 檢查拂落裝置有無磨耗、腐蝕、損傷、變形等。 2. 使拂落裝置作動，檢查有無異常作動及異音。 3. 檢查逆洗方式拂落裝置逆洗排氣機之回轉方向。 4. 檢查逆洗方式拂落裝置逆洗排氣機外殼之狀態。 設有檢點孔者，由檢點孔檢查外殼內部狀態。	1. 無造成降低拂落裝置機能之磨耗、腐蝕、損傷、變形等。 2. 作動順暢，無異常作動或異音。 3. 應符合規定方向。 4. 無次列之異常 (1) 造成降低排氣機機能之磨耗、腐蝕、凹陷及其他損傷或粉塵等之附著。 (2) 造成防止腐蝕塗飾之損傷。
	2. 壓縮空氣噴射器狀態	1. 使排障器及膜片閥作動，確認壓縮空氣噴射音，同時檢查非噴射時空氣洩漏聲音。 2. 將竹棒或木棒捲纏紙張，貼於任一之噴嘴處，檢查壓縮空氣中有無水油等。	1. 噴射音正常，無空氣洩漏聲音。 2. 捲纏紙張之竹棒或木棒無沾潤水油等。

✖ 表 4-12 電氣除塵裝置之定期自動檢查特定項目

檢查項目	檢查方法	判定基準
一、放電極、集塵極及整流板及其安裝狀態等	1. 檢查放電極，集塵極及整流板及其安裝部狀態。 2. 對於單體式電極以外之電極，測定放電極與集塵極之間，及集塵與集塵極之間的尺度。	1. 無造成降低放電極、集塵極及整流板機能之磨耗、腐蝕、損傷、變形、粉塵等異常黏著，且無螺栓或螺母損傷、脫落等或安裝部鬆動。 2. 各極間尺度在設計值範圍內。
二、拂落裝置狀態等	1. 檢查放電極及集塵極拂落裝置及其安裝部狀態。 2. 使拂落裝置作動，檢查有無異常作動及異音。 3. 檢查軸承油壺及潤滑油壺之油量及油質狀態。	1. 無造成降低拂落裝置機能之磨耗、腐蝕、損傷、變形、粉塵等異常黏著，且無螺栓或螺母損傷、脫落等或安裝部鬆動等。另拂落用槌等安裝位置無變動。 2. 動作順暢，無異常作動或異音。 3. 油量在規定數量內，且無油污或水分、粉塵等之混入。
三、潤濕管壁及噴嘴狀態	檢查濕式電氣除塵裝置潤濕管壁及噴嘴狀態。	潤濕管壁上水膜無破裂，且洗滌液均勻流動。 又噴嘴將洗滌液均勻噴霧。
四、礙子及礙子室狀態	1. 檢查礙子及礙子室有無污損、損傷、劣化等。 2. 為檢查有無斷線等異常，將絕緣用加熱器通電，使用電流計測定電流。	1. 無造成降低礙子及礙子室之機能之污損、損傷、劣化等。 2. 電流在設計值範圍內。
五、供電部狀態	1. 檢查絕緣棒及礙子有無污損、損傷、劣化等。 2. 檢查各端子及其安裝部狀態。	1. 無造成降低供電部機能污損、損傷、劣化等。 2. 無造成降低供電部機能之腐蝕、損傷、燒損，安裝部無鬆動等。

練習範例
職業安全衛生管理技術士技能檢定及高普考考題

( )1. 依鉛中毒預防規則規定，從事鉛熔融或鑄造作業而該熔爐或坩鍋等之容量依規定未滿多少公升者得免設集塵裝置？ (1)10 (2)30 (3)50 (4)100。　　　　　　　　　　　　　　　　【甲衛 1-45】

( )2. 下列何種空氣清淨方法適用於氣態有害物之除卻處理？ (1)吸收法 (2)離心分離法 (3)過濾法 (4)靜電吸引法。　　【乙 1-414】

( )3. 關於空氣清淨裝置之敘述，下列哪些正確？ (1)在污染物質排出於室外前，以物理或化學方法自氣流中予以清除之裝置 (2)裝置應考慮運行成本，污染物收集效率，以及可正常維護和清潔 (3)除塵裝置有充填塔（吸收塔）、洗滌塔、焚燒爐等 (4)氣狀有害物處理裝置有重力沉降室、慣性集塵機、離心分離機、濕式集塵機、靜電集塵機及袋式集塵機等。　　　　　　　【甲衛 3-395】

( )4. 依粉塵危害預防標準規定，設置局部排氣之規定，下列哪些正確？ (1)氣罩一設置於每一粉塵發生源 (2)導管長度宜儘量延長，以涵蓋較多範圍 (3)肘管數儘量增多，並於適當位置開啟易於清掃之清潔口 (4)排氣機應置於空氣清淨裝置後之位置。

【乙 1-375】

5. 請列舉 4 種常用來處理廢氣中粒狀污染物的控制設備，並分別說明其控制原理。　　　　　【2017 地方特考三等環保技術－環境污染防治技術 5】

6. 袋式集塵器為常用的粒狀污染物控制設備，請問袋式集塵器的主要使用時機及設計原則為何？

【2017 地方特考四等環保行政／技術－環境污染防治技術概要 5】

7. 請分別説明以下空氣污染控制設備的設計原理及除塵機制，並針對其優點各舉 2 例進行説明。

(1) 濾袋式集塵器。

(2) 靜電式集塵器。

【2017 地方特考四等環境工程－空氣污染與噪音控制技術概要 4】

8. 請説明空氣中粒狀污染物之控制機制及 4 種主要控制設備。

【2019 高考三級－環保技術－環境污染防治技術 1】

9. 口罩主要分為防潑水層、不織布層及皮膚接觸層，若此 3 層對粉塵的過濾效率分別為 30.0%、60.0%、30.0%。此口罩對粉塵的總過濾效率為多少%？Ans：80.8%　　　　　　　　　　　　　　　　　　　　　　【2020-1#10】

10. 某口罩對粉塵的過濾效率為 80.0%，若多加一層活性碳層（對粉塵之過濾效率為 4.0%），此口罩的總過濾效率變為多少%？Ans：80.8%

【2020-3#10】

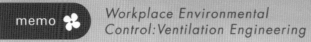

Chapter

05

排氣機

第一節 ✢ 動力性能及排氣機定律

　　排氣機的主要功能是要克服通風系統的壓力損失，提供作業環境所需之換氣量或通風量。排氣機動壓(fan velocity pressure, FVP)之計算與導管部份相似，即運用(3-8)式及(3-9)式，此時之風速為排氣機出風口處之風速。排氣機靜壓(fan static pressure, FSP)通常是運用(3-10)式，即先計算全壓及動壓，再求出靜壓。至於排氣機全壓(fan total pressure, FTP)則為排氣機出口與進口處之全壓差值，即

$$FTP=出口\ TP-進口\ TP \dotfill (5-1)$$

根據(4-10)式，排氣機靜壓為排氣機全壓減去排氣機動壓，即

$$FSP=FTP-FVP$$
$$\downarrow\quad FTP=出口\ TP-進口\ TP$$
$$=出口\ TP-進口\ TP-FVP$$
$$\downarrow\quad TP=SP+VP$$
$$\downarrow\quad FVP=出口\ VP$$
$$=（出口\ SP+出口\ VP）-進口\ TP-出口\ VP$$
$$=出口\ SP-進口\ TP \dotfill (5-2)$$

　　由(5-1)式及(5-2)式，可進一步推衍 FTP 與 FSP 及出口 VP 之關係式：

$$FTP=出口\ TP-進口\ TP$$
$$\downarrow\quad 出口\ TP=出口\ SP+出口\ VP$$
$$=出口\ SP+出口\ VP-進口\ TP$$
$$\downarrow\quad FSP=出口\ SP-進口\ TP$$
$$=FSP+出口\ VP \dotfill (5-3)$$

在考慮排氣機機械效率時，通常可參考廠商提供之效能評量表(multi-rating table)，如果沒有此資料，則可參照下列公式計算排氣量、所需動力及效率之關係式：

$$\eta = \frac{Q \times FTP}{CF \times PWR} = \frac{Q \times (FSP + VP_{outlet})}{CF \times PWR}$$ .... (5-4)

其中 η=排氣機機械效率

　　Q=排氣量(m³/min)

　　FTP=排氣機全壓(mmH₂O)

　　FSP=排氣機靜壓(mmH₂O)

　　VP_{outlet}=排氣機出口動壓(mmH₂O)

　　PWR=排氣機所需動力(kW)

　　CF=轉換係數，6,120

如改用英制，即壓力單位改為 inH₂O，排氣量單位改為 ft³/min，動力單位改為馬力(hp)時，CF 改為 6,362，單位換算之方法可參考附錄 A。

排氣機在實際操作時，通常會固定在一適當之操作點(point of operation)，此操作點之決定，原則上是要根據排氣機性能曲線(fan performance curve)，典型之性能曲線如圖 5-1 所示，在此圖中通常包含兩條曲線，其中一條隨排氣量增加而增加的曲線為系統曲線(system curve)，它表示不同排氣量時，排氣機所需之動力(PWR)，另一條為排氣機曲線(fan curve)，代表排氣機在不同排氣量時壓力之變化，此壓力可為 FSP 或 FTP，視製造商或工程師在繪圖時所運用之數據而定。正確之操作點應是在排氣機曲線與系統曲線之交會點。

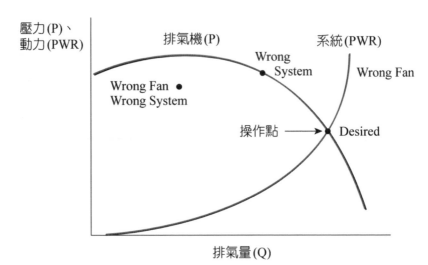

圖 5-1 典型排氣機性能曲線

　　圖 5-1 基本上是根據某一機型排氣機在固定大小（如直徑）及轉速（如 RPM）時所繪得，如果想要適用在其他大小或轉速時，可應用排氣機定律(fan laws)加以推估。排氣機定律主要是應用幾何相似(geometrically similar)原理，比較常用到的參數包括排氣機大小(SIZE)、轉速(RPM)、氣體密度(ρ)、排氣量(Q)、壓力(P)及所需動力(PWR)，其中壓力可為全壓、動壓、靜壓、排氣機全壓或排氣機靜壓。當排氣機大小、轉速或氣體密度改變時，排氣量、壓力及所需動力之改變情況如下所示：

$$Q_2 = Q_1 \left(\frac{SIZE_2}{SIZE_1} \right)^3 \left(\frac{RPM_2}{RPM_1} \right)^1 \quad \text{.................................... (5-5)}$$

$$P_2 = P_1 \left(\frac{SIZE_2}{SIZE_1} \right)^2 \left(\frac{RPM_2}{RPM_1} \right)^2 \left(\frac{\rho_2}{\rho_1} \right) \quad \text{.................................... (5-6)}$$

$$PWR_2 = PWR_1 \left(\frac{SIZE_2}{SIZE_1} \right)^5 \left(\frac{RPM_2}{RPM_1} \right)^3 \left(\frac{\rho_2}{\rho_1} \right) \quad \text{.................................... (5-7)}$$

在上述公式中，排氣量(Q, m³/min)相當於排風機有效體積(m³)與轉速(revolutions per minute, rpm, 1/min)之乘積，而有效體積則是單一維度之立方，即 size 的 3 次方，如果長度增為 2 倍，則體積就增為 8 倍，因此，風量與風扇大小之 3 次方成正比，並與風扇轉速的 1 次方成正比。

而壓差代表的是能量，此時以動能來說明，動能是質量與風速平方的乘積，因此它和風速平方成正比，速率(m/min)相當於長度(m)與轉速(1/min)的乘積，因此壓差與大小的平方成正比，也與轉速的平方成正比。至於質量的部分，當它以單位體積的概念來看時，就成為氣體的密度，因此壓差也與氣體密度之 1 次方成正比。

另外，由於功率(power, PWR)是流量與壓差的乘積，因此就由流量與壓差的關係式相乘即可，意即 3 項變數的次方相加即可。於是功率和排氣機大小的 5 次方成正比，和排氣機轉速的 3 次方成正比，和空氣密度的 1 次方成正比。由此看出，如果整個通風管道的壓差可減少，風量可控制在最低限值，那可能有機使用較小的排氣機，排氣機的轉速可能也可以轉慢，那麼整個功率，意即整個通風系統的所需電力，其減少幅度將非常可觀。反之，如要加大風扇，那麼就要慎思熟慮了，因為增加的電費倍數可能是 5 次方了！

 範 例

一施工中之負壓隔離病房，長 5 公尺，寬 4 公尺，高 3 公尺，病房內有一浴廁長 2 公尺，寬 1.5 公尺，高 3 公尺。病房入口處上方有一供氣口(supply air opening)及病床床頭側有一排氣口(exhaust air opening)，而排氣口沿著空氣柱接連排氣導管，並延伸至屋頂的空氣清淨裝置、排氣機及排氣煙囪，已知排氣機初始排氣量設定為 470 m³/hr，排氣機機械效率為 0.55。

(1) 經試運轉後，發現需調整排氣機轉速至原先設計轉速之 1.2 倍，才有足夠排氣量，請問排氣機經調整後之排氣量為多少 m³/hr？

(2) 承上題，若經排氣機轉速調整後，病房對大氣之壓力差符合標準值 −8 pa，而排氣機靜壓提升至 50 mmH₂O，排氣機出口動壓提升至 60 mmH₂O，請問排氣機所需動力為多少 kW？

【2013 工礦衛生技師考題】

➡ 解

調整後排氣機排氣量：$Q' = 470 \times (1/1)^3 \times (1.2/1) = 564 \text{ m}^3/\text{hr}$

排氣機所需動力：$\text{Power} = (564 \times (50+60))/(6120 \times 0.55) \approx 18.4 \text{ kW}$

練習範例
職業安全衛生管理技術士技能檢定及高普考考題

( ) 1. 局部排氣裝置之動力源，係指下列何者？ (1)氣罩 (2)排氣機 (3)導管 (4)排氣口。 【乙 3-415】

( ) 2. 一般而言，離心式排氣機的進氣與排氣氣流方向為何？ (1)同方向 (2)垂直 (3)反方向 (4)依作業場所特性做調整。

【乙 3-416】

( ) 3. 一般而言，軸流式排氣機的進氣與排氣氣流方向為何？ (1)同方向 (2)垂直 (3)反方向 (4)依作業場所特性做調整。

【乙 3-417】

( ) 4. 有關風管的敘述，下列何者錯誤？ (1)送風風速與風管有效斷面積成反比 (2)送風速度大可節省風管材料 (3)送風速度大會增加出風噪音 (4)送風速度大可減少送風動力。

【2012 建築師－建築環境控制 14】

5. 試說明何謂風扇定律？　　　　【2014 礦業安全技師－礦場通風與排水 5】

6. 假定坑道之通風抵抗（風阻）為一定，請依扇風機之 3 法則說明通風量、風壓、風葉迴轉數與所需動力間之關係。

【2012 礦業安全技師－礦場通風與排水】

7. 兩種幾何相似之空氣壓縮機，在相同的實驗室中操作，一壓縮機為另一個壓縮機之 3 倍大，較小的壓縮機以 3 倍於較大壓縮機的角速度運轉，不計摩擦效應，若兩壓縮機機械操作效率相同，試計算下列諸比：(1) 它們的質量流率比；(2)它們的流動壓力比；(3)它們所需輸入的功率比。　　　　【2013 冷凍空調工程技師－流體力學與流體機械 4】

8. 事業單位為加強排氣效果，增加排氣機轉速，使氣罩表面風速增為原來之 1.2 倍。依排氣機定律(fan laws)，請計算排氣機所需動力，增為原來之幾倍。Ans：1.7　　　　　　　　　　　　　　【2018-1#10】

9. 風車（轉輪直徑為 0.4 公尺）操作條件如下：

●轉速：900 轉／分鐘(900 rpm)

●風量：20 立方公尺／分鐘(20 m^3/min)

●靜壓：7.5 公分水柱

●消耗功率：1.4 馬力(hp)

(1) 若想藉由提高轉速以增加抽氣量為 25 立方公尺／分鐘，請說明調整後之風車轉速(rpm)、靜壓值（公分水柱）、消耗功率（馬力）。
Ans：11.25、11.72、2.73

(2) 若想選用較大尺寸風車增加抽氣量為 25 立方公尺／分鐘，但維持轉速不變。請說明新風車轉輪直徑（公尺）、消耗功率（馬力）。
Ans：0.43、2　　　　【2017 環境工程技師－空氣污染與噪音工程 3】

10. 一般而言，同一風扇，其出風量 Q 與葉片轉速 n 成正比，出風靜壓 △P 與葉片轉速 n_2 成正比，耗電量 E 與葉片轉速 n_3 成正比；葉片旋轉噪音值 L 與轉速關係為 L=K_1+K_2*log(n/n0)，其中 K_1、K_2 為常數，n 為轉

速，n_0 為參考轉速。一般而言，葉片轉速減半時，L 降低 15 dBA。現有一風扇，n=300 rpm 時，Q=1,500 m³/hr、△P=10 mmH$_2$O、E=60 W、L=60 dBA。試估算 n=200 rpm 時，Q、△P、E、L 值。

【2017 地方特考三等環保行政－空氣污染與噪音防制 6】

第二節 ✿ 排氣機種類與選擇

🏠 一、排氣機種類

排氣機之總稱應是空氣驅動裝置(air driving device)，泛指風扇(fan)、鼓風機(blower)、渦輪(turbine)、噴流器(ejector)、排風機(exhauster)，甚至包括壓縮機(compressor)與真空泵(vacuum pump)等，能使空氣持續流動的設備。工業界所謂送風機一般指的是風扇及鼓風機，兩者以壓力作區隔，其中風扇之壓力通常未滿 0.1 kg/cm²，鼓風機之壓力則在 0.1~1 kg/cm² 之間，至於壓縮機之壓力則是大於 1 kg/cm²。工業通風常用的空氣驅動裝置主要是風扇及排風機，局部排氣時有時會運用噴流器，本章節配合勞安法相關法規，先將上述空氣驅動裝置一致以排氣機稱呼之，如有個別特定型式時，再以其專用名詞稱呼之。

排氣機一般分成兩種基本型態：軸流式(axial)及離心式(centrifugal)，而其材質也有多種，包括鋼、不鏽鋼、鋁、玻璃纖維與塑膠等。在選擇排氣機時，需根據各種系統需求，如壓損大小、防腐蝕（酸、鹼、有機溶劑）、抗高溫（熔爐），或防爆等，選擇適當之型態及材質。

軸流式排氣機的基本型式可分為三種：螺旋槳式(propeller)、管狀軸流式(tube-axail)以及導流板軸流式(vane-axial)，其氣流是由排氣機轉動軸方向流入，並沿轉動軸方向流出，即氣流流向和排風機轉動軸同方向，如一般的電風扇，而整體換氣裝置所使用的排氣機，通常也是屬於軸流式，包括設置在廠房屋頂及周邊牆壁之排氣機。

離心式排氣機的基本型式也可分為三種：前曲風葉型(forward curved)、後曲風葉型（backward curved，或 backward inclined）以及輻射風葉型(radial impeller)，離心式排氣機廣泛應用於局部排氣系統及具有迴流導管之整體換氣系統。

二、排氣機選用原則

選擇排氣機時，不僅要考慮排氣量及功率，也要考慮廢氣特性、操作溫度、傳動方式及安裝，其考慮事項條列於下：

1. 應具備足夠的所需排氣量。

2. 排氣機動力及功率應足以克服全系統所必要靜壓或全壓。

3. 廢氣之性質與污染程度：

   (1) 含少量粉塵或燻煙時，可選用後曲風葉離心式或軸流式排氣機；若有輕度粉塵、燻煙或濕氣時，可選用後曲風葉或輻射風葉型排氣機；若粉塵濃度高時則選用輻射風葉型排氣機。

   (2) 含爆炸或可燃性物質時，應使用防止火花產生之結構，如果此廢氣會流經馬達，則應使用防爆型馬達。

   (3) 含腐蝕性物質時，應使用防蝕塗層或特殊結構材料如不鏽鋼、玻璃纖維等。

   (4) 高溫氣流：溫度會影響材料強度，因此需選擇耐高溫之材質。

4. 依所需功能選用適當尺寸的排氣機，並且考慮吸入口尺寸、設置位置、排氣機重量，及是否易於維護保養。

5. 直結傳動式(direct drive)或皮帶傳動式(belt drive)驅動裝置之選擇：直結傳動式具有較緊密的組合，可確保排氣機轉速固定；皮帶傳動式能選擇驅動比率，具有改變排氣機轉速之彈性，在製程、氣罩設計、設備位置或換氣裝置有所變動時，能供動力及壓力條件的改變。

6. 噪音音量的容許程度：排氣機噪音係由排氣機框內擾流而產生，隨排氣機種類、風量、壓力及排氣機效率而異，大部分排氣機所產生的噪音為各種頻率混合的白噪音(white noise)，除了白噪音外，輻射風葉型排氣機也會產生具有風葉經過頻率(blade passage frequency, BPF)的純噪音。

7. 吸入口、排出口、軸(shaft)、驅動位置及清潔孔等裝置之安全性。

8. 排水裝置、清潔孔、接合外框(split housing)及軸封等與維護保養有關之重要附屬裝置。

9. 風量控制，在排氣機入口及出口位置裝設調節風門(damper)。

10. 其他如排氣機回轉數、機械效率、傳動效率及所需之能量等。

練習範例
職業安全衛生管理技術士技能檢定及高普考考題

( ) 1. 關於排氣機之敘述，下列哪一項不正確？ (1)是局部排氣裝置之動力來源 (2)其功能在使導管內外產生不同壓力以帶動氣流 (3)軸心式排氣機之排氣量小、靜壓高、形體較大，可置於導管內，適於高靜壓局部排氣裝置 (4)排氣機出口處緊鄰彎管(elbow)，容易因出口處的紊流而降低排氣性能。 【甲衛 3-257】

第三節 排氣機理論動力演算

局部排氣裝置中，排氣機所需之動力，可由(5-4)式計算而得，如果假設排氣機的機械效率(η)為 100%，則(5-4)式中的 PWR 即為排氣機所需之理論動力。由(5-4)式中可得知，只要計算得到排氣機全壓(FTP)，再乘以流率(Q)，再把轉換係數(CF=6,120)代入(5-4)式中，即可求解。

　　根據(5-1)式，排氣機全壓(FTP)為排氣機之出口全壓與進口全壓之壓力差。一般而言，排氣機之進口全壓，即為整個局部排氣系統中，所有裝置之靜壓及動壓之總合，而所有裝置之靜壓需計算來自氣罩、導管，以及空氣清淨裝置等所有組件的靜壓損失。有鑑於計算之繁複，以及方便讀者學習與閱讀，現以僅設有一組單一氣罩之局部排氣系統為例，說明排氣機所需動力之計算流程。如果局部排氣系統的氣罩或導管數量過多，則可能需要電腦程式來輔助計算。

 範 例

　　有一局部排氣系統，其組成如圖 5-2 之示意圖所示，相關數據如下所示，請計算其所需之理論動力。

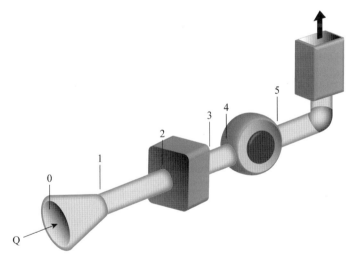

圖 5-2　局部排氣系統示意圖

　其中　0-1　為氣罩，其流入係數，$C_e=0.98$，流率，$Q=6 \text{ m}^3/\text{min}$

　　　　1-2　為直線導管，單位管長之摩擦損失，$P_{R1-2}=2.2$ $\text{mmH}_2\text{O/m}$，總長度，$L_{1-2}=5 \text{ m}$，動壓，$PV_{1-2}=50 \text{ mmH}_2\text{O}$

2-3　為空氣清淨裝置，壓力損失，P_{R2-3}=40 mmH$_2$O

3-4　為直線導管，單位管長之摩擦損失，P_{R3-4}=2.0 mmH$_2$O/m，總長度，L_{3-4}=4 m，其動壓，PV_{3-4}=25 mmH$_2$O

4-5　為排風機，其出口全壓，TP_5=15 mmH$_2$O，求理論 PWR=？

解

1. 首先計算各段之靜壓損失，ΔSP：

   0-1：依(4-32)式，ΔSP_{0-1}=$-VP_{1-2}/C_e^2$=$-50/0.98^2$=-52.06 mmH$_2$O

   1-2：依題意，ΔSP_{1-2}=$-P_{R1-2}\times L_{1-2}$=-2.2×5=-11 mmH$_2$O

   2-3：依題意，ΔSP_{2-3}=$-P_{R2-3}$=-40 mmH$_2$O

   3-4：依題意，ΔSP_{3-4}=$-P_{R3-4}\times L_{3-4}$=-2.0×4=8 mmH$_2$O

2. 計算排氣機進口靜壓、全壓、及排氣機全壓，FTP：

   SP_4=$\Sigma\Delta SP$=$-52.06-11-40-8$=-111.06 mmH$_2$O

   TP_4=VP_4+SP_4=$25-111.06$=-86.06 mmH$_2$O

   FTP=TP_5-TP_4=$15-(-86.06)$=101.06 mmH$_2$O

3. 計算排氣機所需之理論動力，即理論 PWR：

   依(5-4)式，理論 PWR=$Q\times FTP/CF$=$6\times101.06/6,120$=0.1 kW

練習範例

職業安全衛生管理技術士技能檢定及高普考考題

1. 有一攜帶式局部排氣裝置(portable local exhaust ventilation)，具有一 15°
   鐘型氣罩，依序連接一 1.5 公尺圓形吸氣導管，一空氣清靜裝置，一
   0.5 公尺圓形排氣導管，一離心式排氣扇，及排氣扇出口。若鐘型氣罩
   之氣罩進入損失係數 F_h 為 0.2，吸氣導管之動壓 P_V 為 25 mmH_2O，所
   有導管之單位長度壓力損失皆為 Pduct=2.5 mmH_2O，空氣清靜裝置壓力
   損失 $P_{cleaner}$=50 mmH_2O，排氣導管之動壓 P_v 為 15 mmH_2O，排氣扇出口
   處總壓 P_{TOut}=25 mmH_2O，導管平均直徑為 15 公分，導管內平均風速為
   V=12 m/s，而排氣扇之機械效率為 0.56，動力單位轉換係數為 6120，
   試計算：

   (1) 該攜帶式局部排氣裝置之氣罩靜壓為多少 mmH_2O？Ans：30

   (2) 導管平均排氣量為多少 m^3/min？Ans：12.72

   (3) 該攜帶式局部排氣裝置所需之理論動力為多少(kW)？Ans：0.35

   【2015 工礦衛生技師－環控 1】

2. 某公司製造部門有粉塵作業，為避免勞工遭受粉塵之危害，該作業場所
   設有局部排氣裝置，如下圖，某日勞工甲以皮托管(pitot tube)分別測定
   空氣清淨裝置前後及排氣機前後的靜壓發現：

   (1) 空氣清淨裝置前的靜壓(c_1)降低，空氣清淨裝置後的靜壓(c_2)增加。

   (2) 排氣機後的靜壓(f_2)不變，排氣機前後靜壓差(f_2-f_1)減少。

   試評估該通風系統目前之缺失及應採取之措施。　　【2010-3 甲衛 5-2】

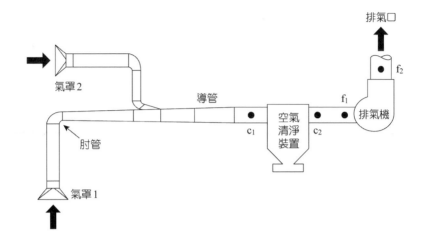

c_1, c_2：空氣清淨裝置前與後靜壓測定點測定結果

f_1, f_2：排氣機前與後靜壓測定點測定結果

3. 下表為某一圓形導管內風扇上、下游共 4 個測點所測得空氣壓力(air pressure)值，請計算或回答下列各項（請列明計算過程；資訊不完全時，請自行合理假設）。

測點代號	空氣壓力(mmH₂O)			連連看	測點位置
	靜壓(SP)	動壓(VP)	全壓(TP)		
1	(a)	+4.0	+7.0		氣罩與導管連接處
2	+2.0	(b)	+6.1		風扇進口
3	−10.6	(c)	−6.6		風扇出口
4	−8.2	+4.0	(d)		距風扇出口 1 公尺處

(1) 試求表中 a、b、c、d 四處之相關壓力值？

(2) 各測點之代號為何？請以連連看方式回答。

(3) 有 1 測點之全壓數值可能有誤，該測點代號為何？正確值應是多少？

(4) 導管內之空氣平均搬運風速(v_d)為多少 m/s？

(5) 導管直徑(d) 20 cm，則空氣流率(Q_1)為多少 m^3/s？（計算至小數點以下 3 位）

(6) 氣罩與風扇間之導管長度(L_1)為多少公尺？

(7) 氣罩進入係數(hood flow coefficient, C_e)為多少？（計算至小數點以下 2 位）

(8) 氣罩進入損失係數(hood entry loss coefficient, C_{hood}, F_h)為多少？（有效位數同上題）

(9) 氣罩為無凸緣(flange)外裝式，開口面積(A)為 $1\ m^2$，請計算距離氣罩開口中心線外 1 m 處(x)之風速(v_1)為多少 m/s？（計算至小數點以下 3 位）

(10) 風扇之總功率為 0.82，則其所需功率為多少 W？（計算至個位數）

(11) 今加一吸氣導管至此系統，於風扇進口前會合，此導管於接合處之靜壓設計值為 9.7 mmH$_2$O，通風量(Q_2)同 Q_1。請問此導管設計值是否需要校正？如要，校正後流量($Q_{2,\ new}$)為多少 m^3/s？（計算至小數點以下 3 位）

(12) 為同時達成此二吸氣導管之效能，風扇之轉速(rpm)需增加為原來之幾倍？（計算至小數點以下 2 位）

(13) 耗電量為原來之幾倍？（計算至小數點以下 1 位）

【中國醫大考古題】

4. 有個局部排氣系統，具有開口圓形氣罩直徑 1m，依序連接(1)圓形導管,(2)空氣清淨裝置,(3)圓形排氣導管,(4)離心式排氣扇，及煙囪；氣罩口風速=10m/sec，氣罩進口總損失為 1PV+0.75PV，風管摩擦係數 Hf=0.1/m；風管長 10m，風管平均風速 15m/sec；總共有 3 個 R/D=2，90 度肘管損失係數 K=0.27；空氣清淨器(air cleaner)壓損為 $P_{cleaner}$=50mmH$_2$O；煙囪 5m，煙囪平均風速 15m/sec；而排氣扇之機械效率為 0.56，動力單位轉換係數為 4500，試計算：

(1) 該局部排氣裝置排氣量為多少 m^3/sec？

(2) 該局部排氣裝置全壓損為多少 mmH_2O？

(3) 該局部排氣裝置排氣機所需之理論動力為多少馬力(hp)？

（提示：$V=(2gP_V/\rho)^{0.5}=(2\times9.8\times P_V/1.2)^{0.5}=4.04P_V^{0.5}(m /sec)$

$BHP=Q(CMM)\times P_t(mmH_2O)/(4500\times\eta)(hp)$【2019 職業衛生技師－環控 2】

第四節 ❖ 簡易煙囪設計原則

煙囪(stack)是局部排氣裝置之最後一個組成，即《空氣污染防制法》所謂固定污染源之排放管道。其設計關鍵主要在排氣口位置、高度、排氣溫度與出口風速等。依「有機溶劑中毒預防規則」第 16 條規定，雇主設置之排氣煙囪等之排氣口，應直接朝向大氣開放。對未設空氣清淨裝置之室內作業場所局部排氣裝置或排氣煙囪等設備，應使排出物不致回流(re-entry)至作業場所。「特定化學物質危害預防標準」第 17 條及「粉塵危害預防標準」第 15 條也都有規定，排氣口應置於室外。而醫院設置標準及負壓隔離病房設置標準則規定排氣孔須高於建築物屋頂 3 公尺以上，垂直排氣速度高於 15 公尺／秒。排氣口與新鮮空氣引入口應有水平距離 15 公尺以上，且不得回流至進氣口。

依據 ACGIH 的建議，設計煙囪時應注意下列事項(ACGIH, 2013)：

1. 出口風速和排氣溫度會影響煙囪有效高度。

2. 排氣口高度之大氣氣流會導致排氣下吹到煙囪尾流(wake)之中，進而降低煙囪有效高度。出口風速應至少為大氣風速的 1.5 倍，以防止排氣下吹效應。

3. 良好的出口風速為 15.24 m/s，因為它可以防止高達 10.16 m/s 的大氣風速的排氣下吹效應。其實，較大的大氣風速會產生較明顯的稀釋效果。增加出口風速還可以增加煙囪有效高度，並允許選擇較小的離心式排氣

機。如果排氣中有任何粉塵或空氣清淨裝置出現故障，它也可以提供足夠的搬運風速。

4. 高出口風速不能完全替代煙囪高度。例如，位於屋頂高度的煙囪需要超過 40.64 m/s 的出口風速才能衝出大氣邊界層。

5. 雨滴的最終沉降速度約為 10.16 m/s。高於 13.20 m/s 的出口風速應可防止雨水進入煙囪。如果排氣機關閉，則雨水會直接進入煙囪。

6. 盡可能將煙囪設在建築物的最高屋頂上。如果不能，則需要更高的煙囪以避開高架棚、閣樓或其他障礙物之尾流。

7. 應避免使用建築屏風。因為屏風會成為障礙物，煙囪必須蓋得更高以避免屏風的尾流效應。

8. 最佳的煙囪形狀是直圓柱體。如果需要排水，則最好使用垂直煙囪頭。此外，排氣機應設有排水孔，而且導管應朝排氣機稍微傾斜，以防積水。

9. 請勿使用防雨罩。因為防雨罩會將氣流引向屋頂，增加了回流的可能性，並使在屋頂工作的維修人員暴露於潛在的危害中。而且，防雨罩無效。直徑為 30 公分的煙囪最多可以避開全部雨水的 16%，而在單一風暴中則可以避開近 45%。

10. 將排氣口與進氣口分開，可以透過增加稀釋來降低回流效應。而進、排氣口距離，依「職業安全衛生設施規則」第 205 條規定，雇主對於乙炔發生器室之構造，應設置突出於屋頂上之排氣管，其截面積應為地板面積之 1/16 以上，且使排氣良好，並與出入口或其他類似開口保持 1.5 公尺以上之距離。

11. 在某些情況下，可以將多個小型排氣系統放在單個套管中以提供內部稀釋，從而減少回流。

12. 整合垂直排放、煙囪高度、遠離進氣口、適當的空氣清淨裝置及內部稀釋，可有效減少回流的後果。

總而言之，高煙囪不足以代替良好的排放控制。正確設計與操作空氣清淨裝置以減少排放量，才會對回流的可能性產生重大效益。猶有甚者，「粉塵危害預防標準」第 15 條之但書規定，移動式局部排氣裝置或設置於特定粉塵發生源之局部排氣裝置，有設置過濾除塵方式或靜電除塵方式者，排氣口就可置於室內。

Workplace Environmental
Control:Ventilation Engineering

Chapter

06

實驗室排氣櫃與生物安全櫃

第一節 ❖ 實驗室排氣櫃

在作業場所或實驗室常會涉及揮發性溶液的調配及實驗操作。一般為避免有害物質危及人體健康,會選擇在排氣櫃(hood)使用下進行。而排氣櫃的主要目的就在於抽引(drawing)污染物遠離人體、減少人員的接觸與吸入,並有效預防污染物的散布。其應用的原理是:藉著排氣櫃內的風扇抽取室內的氣體進入排氣櫃,以稀釋污染物濃度至可接受的低濃度狀態,再經排氣櫃之排氣導管釋出。空氣的流場可經由排氣櫃內的調節板(baffle),及其餘調節單元進行控制。

一般作業場所或實驗室內的排氣櫃可分為三種類型:傳統型(conventional)、旁流型(by-pass)及補充型(auxiliary-air)排氣櫃。另外,以抽氣流率而言還可分為恆量式(constant volume, cv)與變量式(variable air volume, vav)排氣櫃。

在恆量式排氣櫃方面,可兼具傳統型、旁流型、補充型的設計。恆量式之傳統型排氣櫃內部通常有一調節板,及操作台外有一片可上下拉動的窗框(sash)。由於此種排氣櫃的抽氣流率固定,所以其抽氣速度完全取決於窗框的開口大小。若是縮小窗框的開口,將會提高排氣櫃的表面風速(face velocity),但也會因此而使得排氣櫃內的玻璃製品容易傾倒而碎裂,也會損毀其餘操作設備、熄滅本生燈(bunsen burners)、冷卻蒸餾管、吹散樣品或造成排氣櫃內氣流的紊亂。

至於旁流型排氣櫃,雖然它的抽氣流率也固定,但由於此種排氣櫃在側邊另設計有一開口,故其抽氣速度不會因窗框的開口變化而影響過大,可降低因窗框的開口變化所造成表面風速的波動起伏。但其缺點為表面風速容易過低,無法達到實驗室操作有害物質的安全要求。儘管如此,以上兩種排氣櫃仍最為廣泛應用。

另一種補充型排氣櫃,主要為外加一供氣設備導入空氣。當排氣櫃窗框關閉時,則供氣設備即會將空氣直接導入排氣櫃。另外,若是改變窗框

大小時，則可由控制供氣設備，在表面風速與抽氣流率下取得平衡，既可達到實驗室操作有害物質的安全要求，又不影響排氣櫃內的操作環境。此種排氣櫃的供氣設備設計，最符合需要高流率抽氣的實驗室需求。因為在高流率的抽氣下，必會大量抽取實驗室內的空氣，造成室內空氣調節品質的問題。所以需要一外加的供氣設備。但須注意由外導入之空氣應視需要而經過濾處理、濕度調節或溫度控制，以確保不影響排氣櫃內操作環境。

在變量式排氣櫃方面，這種排氣櫃主要被設計成能藉著改變抽氣流率，維持窗框在一定開口範圍下的有效表面風速。其改變抽氣流率的方式有很多種，例如使用阻隔板(damper)，其阻隔流率的程度端視氣流或窗框的開口大小而定。另一種是以調節風扇的轉速以直接控制抽氣量。而以上這兩種控制方法也可併行使用。

變量式排氣櫃的外型設計類似於傳統型排氣櫃。在市面上，其實也有很多種排氣櫃是以變量式的構想，搭配傳統型或旁流型排氣櫃的設計。其目的是要在窗框開啟下，能維持適當的表面風速。另外，在很多中央空調的設計，也常常應用變量式系統，因為只要達到一定的風量或設定值，就可減少風扇的運轉以節省能源。

隨著使用的工作族群不同，排氣櫃也衍生出不同的應用類型。例如防爆型(explosion-proof)、過氯酸專用型(perchloric acid)、放射性同位素(radioisotope)、氣罩式(canopy)、下吸式(downdraft)、生物危害性層流櫃(laminar flow biohazard hoods)或稱為生物安全櫃(biological safety cabinet, BSC)等等。儘管種類迥異，選擇或使用排氣櫃時仍須注意以下幾點：

1. 表面風速與污染物移除的考量。進行排氣櫃的操作時，操作人員呼吸區周圍的污染物濃度，需盡可能控制在極低的狀況下，才能保護其免受危害。針對各種危害物質的容許暴露標準，美國政府工業衛生技師協會(ACGIH)訂定了恕限值(threshold limit values, TLV)另有，美國職業安全衛生協會(OSHA)訂定的容許暴露濃度值(permission exposure limits, PEL)。一般來說，要降低 TLV 值，就得提高表面風速。表面風速也代

表了排氣櫃的效能。但實際上太高的表面風速並無多大效果，反而造成紊流及如前所述之傳統式排氣櫃缺點。只要能適當移除污染物即可。

2. 操作排氣櫃的技能。操作者只要能按照說明書正確使用即可。操作時應盡可能把窗框關至最低位置。對於排氣櫃的效能應特別注意，若有不當狀況發生，需馬上通知相關人員處理。而在排氣櫃內的設備擺放，最少需遠離窗框六英吋以上才是安全距離；較大件的設備會影響流場，應避免擺放，而且不可把排氣櫃當成儲藏櫃使用。

3. 風扇、排氣系統及其組件的保養。例如導管的清洗、空氣過濾裝置的更換、風扇效能的測定。

4. 風扇大小及其效能的選擇。依據抽氣流率、整個系統的總靜壓損值(total static pressure loss)選擇合適的風扇。流率的計算如：假若表面風速標準為每分鐘 100 英呎，而窗框開口面積為 7.5 平方英呎，則所需流率為每分鐘 750 (7.5×100)立方英呎。而靜壓值可向製造商要求提供。

5. 需具備有流速測定器。排氣櫃最好具備有直讀示(direct-reading)流速測定儀，隨時監控抽氣速度。

6. 工作臺及置物櫃的選擇。工作臺的表面需有抗強酸、鹼及絕熱的處理；排氣櫃下之置物櫃不可過高，以免妨礙操作人員的動作。

7. 窗框的防護設計。為維持安全的抽氣速度，窗框不可開口過大。所以最好有警告設計，防止窗框開口過大。

8. 擺放排氣櫃的空間規劃。排氣櫃不可置於人員走動頻繁處，以免影響排氣櫃內的流場，造成污染物釋出。

9. 節省能源。使用變量式排氣櫃或補充型排氣櫃可以節省能源。

10. 噪音控制。選擇平滑邊緣、圓弧角設計的排氣櫃，在空氣快速通過時，可以減少噪音的產生。另外，排氣導管太小也會產生噪音。

第二節 ❖ 生物安全櫃之功能

　　生技產業、研究單位與學校實驗室
從事微生物相關研究工作日益增多，研
究人員暴露於生物危害之情形也大為增
加，為保護出入實驗室人員之身體健康
並避免感染性微生物污染外界環境，實
驗室對所操作的微生物，應使用與其生
物安全等級 (Biological Safety Level,
BSL)對應的安全設備，才足以避免人員
的暴露危害，並降低對於實驗室外的大
環境造成潛在之傳播風險。生物安全櫃
為可達成此項目標之重要實驗室設備，
特別將其應用實務作一介紹，以供從事
生物性實驗人員之參考。

圖 6-1　實驗室常見之生物安全櫃

　　常見之生物安全櫃，如圖 6-1 所
示，基本上其可提供以下之功能：

1. 隔離操作人員與生物性試料，保護實驗室內人員免於生物性試料感染之
　 危險。
2. 過濾進入實驗室或排出至外界環境之空氣，保持實驗環境中良好的空氣
　 品質，並確保周圍環境中不受污染。
3. 保護操作區之試料品質，防止人員或環境對於試料之交叉污染。

生物安全櫃的選用首先應考慮所從事生物性實驗之危害強度，依據不同生物病原之危害強度，美國國家衛生研究院(National Institute of Health, NIH)及美國疾病管制局(Centers of Diseases Control and Prevention, CDC)聯合訂出四個等級的管控標準，稱之為生物安全等級(Biological Safety Level, BSL)一至四級。以下針對生物安全之 4 個等級，分別介紹其特性：

1. **生物安全第一級**
   · 低度風險。例如，酵母菌、枯草桿菌等。
   · 此等級的生物病原不會對健康成人、實驗人員或環境造成危害。
   · 該類實驗室無需特別與建築物中之其他一般區域隔離。
   · 工作時不需使用特殊設計的生物防護儀器與設備。
   · 工作人員仍應接受實驗操作之訓練。

2. **生物安全第二級**
   · 中度風險。例如，登革熱、肉毒桿菌、腸病毒等。
   · 此等級的生物病原會導致人類的疾病，但不嚴重，且目前已能提供有效的預防或處理。
   · 工作人員必須接受使用致病物質的特殊訓練，並應由專家指導。
   · 工作進行中需有門禁管制。
   · 需特別小心可能受污染的尖銳物品。
   · 對可能產生氣霧或噴濺之實驗程序，需使用生物安全櫃或其他物理性防護設備。

3. **生物安全第三級**
   · 高度風險。例如，炭疽桿菌、開放性肺結核菌、漢他病毒、冠狀病毒。
   · 生物病原會對導致人類嚴重的致死疾病，並為氣膠方式傳播，但通常能有效的預防與處理。

- 工作人員必須接受使用致病及致命物質的特別訓練，並在經驗豐富之專家監督下工作。
- 所有處理感染性物質之程序必須在生物安全櫃中進行，並使用其他物理性防護裝置。
- 工作人員應穿著保護性衣著與裝置。
- 實驗室需經特殊感控設計（如緩衝區、前室、密封通道、單向氣流等）。

4. 生物安全第四級

- 極高度風險。例如，伊波拉病毒、剛果出血熱、綠猴病。
- 生物病原會導致人類嚴重的致死疾病，且其傳播方式不明，而通常無法有效的預防與處理。
- 工作人員必須接受處理極高度危險感染性物質的特別訓練，需熟知相關標準、特殊操作設備及實驗室提供的防護功能等，並在經驗豐富之專家監督下工作。
- 所有程序皆應在第三級生物安全櫃或第二級生物安全櫃中進行。
- 工作人員應穿著正壓防護衣。
- 實驗室應有特殊設計以有效防止生物病原散布。

第四節 ✱ 生物安全櫃分類

《生物實驗室生物安全守則》(Biosafety in Microbiological and Biomedical Laboratories)一書中將生物安全櫃依其適用的生物安全等級分為三級，其中第二級的生物安全櫃又依據 NSF/ANSI 49(2002)細分為 A1、A2（原 B3）、B1 及 B2 等 4 種型式。以下即分別介紹各級生物安全櫃構造及功能。

1. 第一級生物安全櫃

第一級生物安全櫃之基本結構如圖 6-2 所示，主要目的在於提供操作人員和環境的保護，但無法防止操作區內試驗品免於操作人員與環境對其造成污染。第一級安全櫃在操作區應至少保持 0.38 m/s 之面速度，以保護操作人員。排氣口需裝設 HEPA 過濾櫃內之污染氣膠進入室內。操作區內為負壓狀態。第一級的安全櫃可利用排氣導管連接至建築物的排氣系統，亦可將櫃體所排出的氣體直接排到實驗室空間中。此類安全櫃可應用於生物安全等級一之三級之實驗，但不宜應用於揮發性之毒化物。由於此類安全櫃無法提供試料之潔淨保護，因此罕為實驗人員採用。

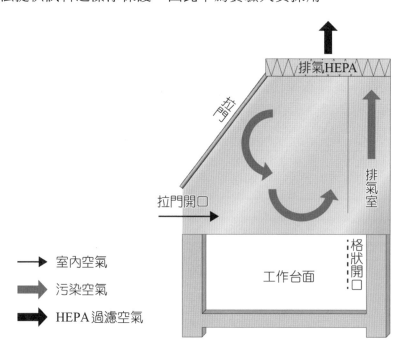

圖 6-2　第一級生物安全櫃

2. 第二級生物安全櫃

第二級生物安全櫃之基本結構如圖 6-3~6-7 所示，不僅可提供操作人員和環境的保護，更可提供操作區內試驗品之潔淨保護。例如操作無菌的動物組織、細胞培養與病毒繁殖等實驗時，均需採用此類安全櫃。第二級安全櫃採用特殊的氣流設計，由前方開口進入之外氣進入操作區後，隨即被導引流入後氣室，不經過試驗材料，提供潔淨環境使無菌操作得以進行。因為此類安全櫃可同時對於環境、人員與試料提供保護，因此為最常被採用的安全櫃。第二級的生物安全櫃根據美國國家衛生基金會(NSF)的分類，又細分為型式 A1、A2（原 B3）、B1 及 B2，以提供不同的實驗需求。本級安全櫃的氣體的排出口需安裝 HEPA，過濾後之空氣可部分再循環使用（A1 及 A2）或全部排出（B1 及 B2）。此類安全櫃均可應用於生物安全等級一至三級之實驗，且可應用於揮發性之毒化物（A1 型除外），但氣體需完全排出，不可循環使用。

A1 及 A2 此兩型安全櫃非常相似，結構如圖 6-3 及圖 6-4 所示。A1 型安全櫃需提供最小面速度為 0.38 m/s，A2 型安全櫃則需提供最小面速度為 0.5 m/s。A1 型之風機位於櫃體下方，造成櫃內氣體通道皆為正壓，因此櫃體稍有破損，即有洩漏之危險。A1 及 A2 型安全櫃之換氣方式一般為 30% 由排氣 HEPA 排出，70%經由供氣 HEPA 循環使用。

B1 及 B2 安全櫃之結構如圖 6-5 及 6-7 所示。B1 及 B2 型安全櫃均需提供最小面速度為 0.5 m/s。B1 型安全櫃之換氣方式為 70%由排氣 HEPA 排出，30%經由供氣 HEPA 循環使用；B2 型安全櫃則須完全由排氣 HEPA 排出，不可循環使用。這 2 種安全櫃都有一種將風機置於上方之 Bench Top 型。

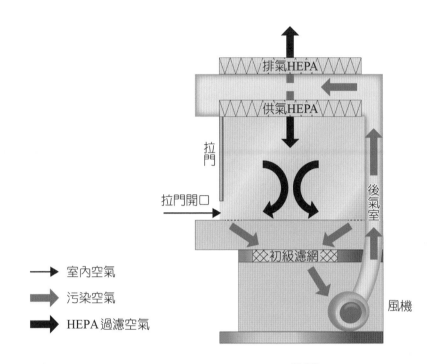

圖 6-3　第二級生物安全櫃(A1)

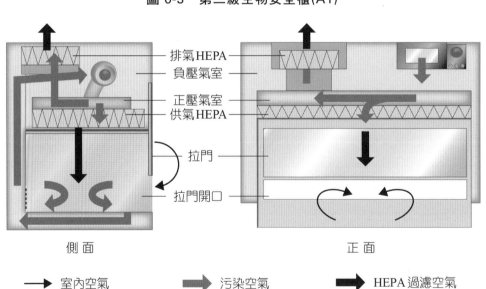

圖 6-4　第二級生物安全櫃(A2)

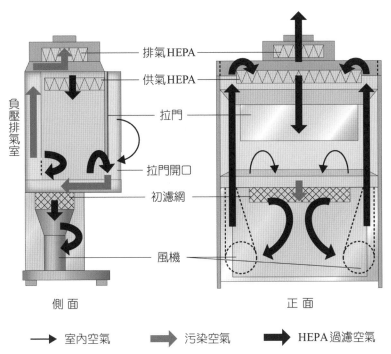

排氣HEPA

供氣HEPA

拉門

負壓排氣室

拉門開口

初濾網

風機

側面　　　　　　正面

→ 室內空氣　　⇒ 污染空氣　　➡ HEPA過濾空氣

圖 6-5　第二級生物安全櫃(B1)，基本型，本型安全櫃的排氣需連接至建築物的排氣系統

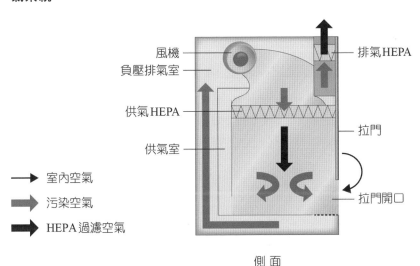

風機
負壓排氣室

排氣HEPA

供氣HEPA

拉門

供氣室

拉門開口

→ 室內空氣

⇒ 污染空氣

➡ HEPA過濾空氣

側面

圖 6-6　第二級生物安全櫃(B1)，Bench Top 型設計，本型安全櫃的排氣需連接至建築物的排氣系統

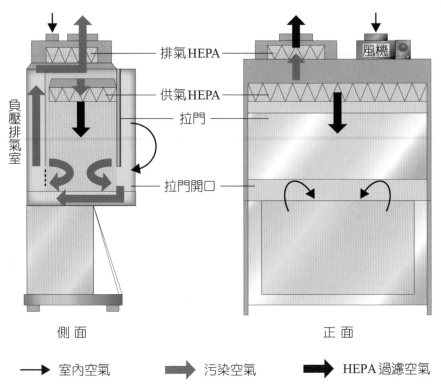

圖 6-7　第二級生物安全櫃(B2)，本型安全櫃的排氣需連接至建築物的排氣系統

3. 第三級生物安全櫃

　　第三級的生物安全櫃之基本結構如圖 6-8 所示，可提供最完善之保護，主要應用於生物安全第四級之微生物試驗，為操作高度危險性微生物時之必備設備。此型式安全櫃的供給與排出氣體均需經過 HEPA，安全櫃的內部則須為一個漏氣率極低（低於 10^{-5} ml/s）的密閉空間，並有封閉的觀察窗。試驗品的進出是採取通過一浸水槽或雙層門的開口箱（如雙門滅菌鍋）等方式。實驗操作則須利用安全櫃上附加之橡膠手套進行。

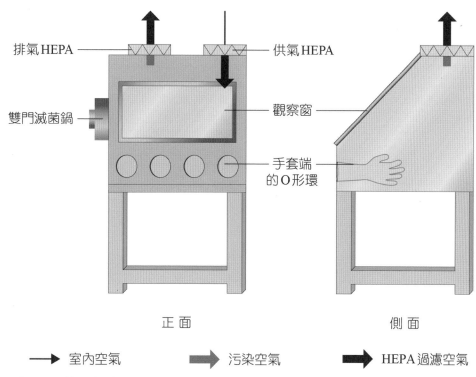

圖 6-8　第三級生物安全櫃，本型安全櫃的排氣需連接至建築物的排氣系統

第五節　❀ 生物安全櫃測試標準

　　為確保生物安全櫃能提供實驗人員必須之安全防護，生物安全櫃出廠前應經過功能測試(performance tests)；首次安裝、年度檢查、HEPA 更換、櫃內修繕保養、操作高危害物質後、使用頻繁或移動位置等，尚須經過現易測試(field tests)。下表為根據美國國家衛生基金會 NSF/ANSI 49 (Class I)，並參考工業技術研究院環境安全與衛生技術發展中心之生物安全櫃年度／場地檢測報告書，有關各項測試說明之簡述。

✖ 表 6-1 生物安全櫃測試標準

測試名稱	功能測試	現場測試		測試內容
壓力遞減測試 (Pressure decay test)	YES	YES	目的	檢查安全櫃所有艙室之外表面焊接、墊片、管路接口、氣封處有無洩漏
			儀器	氣壓計
			方法	· 封死拉門及排氣口 · 對櫃內加壓至 2 in w.g. (500 Pa)
			合格標準	櫃體可保持 2 in w.g. (500 Pa)±10%至少 30 分鐘
SF₆洩漏測試 (Sulfur hexafluoride leak test)	YES	NO	目的	檢查所有艙室處於正壓時有無洩漏
			儀器	SF₆洩漏偵測器（例如，ITI Leakmeter）
			方法	· 封死拉門及排氣口 · 對櫃內加壓至 2 in w.g. (500 Pa)並充入 SF₆氣體 · 開啟安全櫃風機持續 30 秒 · 設定 SF₆洩漏偵測器敏感值(sensitivity)為 5×10^{-7} cc/s · 在櫃體表面移動偵測器探針檢查有無洩漏處
			合格標準	櫃體表面任何一點之洩漏率需低於 5×10^{-7} cc/s
HEPA 洩漏測試(HEPA filter leak test)	YES	YES	目的	檢查 HEPA 及 HEPA 裝設(mounting)是否完善
			儀器	· aerosol photometer · aerosol generator
			方法	· 由櫃口引入 DOP (dioctylphthalate) 或 PAO(polyalpha olefin)氣膠 · 使用 photometer 掃描 HEPA 下游處
			合格標準	HEPA 下游任何地方之濃度不得高於 HEPA 上游之 0.01%

✖ 表 6-1　生物安全櫃測試標準（續 1）

測試名稱	功能測試	現場測試	測試內容		
噪音測試 (Noise level test)	YES	YES	目的	減輕操作人員音噪音所造成疲勞並符合廠房噪音標準。	
			儀器	噪音計	
			方法	在櫃體開口前緣的前方 30 cm 與工作台面的櫃體中心線上方 38 cm 處量測	
			合格標準	在最大背景噪音 57 dB 之下，運轉噪音不得高於 67 dB（功能測試為 70 dB）	
照明測試 (Lighting intensity test)	YES	YES	目的	良好照明可減輕操作人員眼睛之疲勞	
			儀器	光電照度計(photoelectric illumination meter)	
			方法	· 將安全櫃照明關閉，平行於工作區之中心線，由一端（據側邊牆面 15 cm）開始，每 30 cm 量測一點，測量背景照明。背景照明需介於 215~430 Lux · 打開安全櫃照明，同上法再量測一遍	
			合格標準	平均光源強度需介於 860~1,600 Lux	
振動測試 (Vibration test)	YES	YES	目的	降低操作人員的疲勞及避免過大振動影響實驗品質	
			儀器	振動分析器(vibration analyzer)	
			方法	測量櫃體垂直軸之淨振動位移（不含背景值）	
			合格標準	淨振動位移均方根值(root mean square)不得超過 2×10^{-4} m	

✖ 表 6-1　生物安全櫃測試標準（續 2）

測試名稱	功能測試	現場測試	測試內容	
生物性測試 (Biological tests)	YES	NO	測試項目	· 作業安全性試驗：櫃內試料不外洩，保護操作人員安全 · 試料保護試驗：櫃外污染不進入櫃內，保護櫃內試料品質 · 試料間相互污染防止試驗：無試料間交互污染 · 本測試以枯草菌芽胞為材料，並以計算菌落數可知是否合格，細節可參考 NSF/ANSI 49-2002
穩定性測試 (Stability tests)	YES	NO	測試項目與合格標準	· 防翻覆(resistance to overturning)：從櫃體最易翻覆之方向，傾斜櫃體 10°仍不至翻覆 · 防扭曲(resistance to distortion)：當分別於櫃體上方後緣與上方側緣施予 110 kg 之力，櫃體上方前緣與上方相反側緣之前向變形量應小於 1.6 mm · 防工作台面變形(resistance to deflection of work surface under load)：施予 23 kg 之均勻負荷於工作台面中心處 25×25 cm 面積，負荷移除後，工作台面不應有永久性變形 · 防傾倒(resistance to tipping under load)：施予 110 kg 之力於櫃體前緣中線，櫃體後方底部不得舉離地面 1.6 mm
下吹氣流測試 (Downflow velocity)	YES	YES	目的	量測通過安全櫃工作臺面之向下氣流速度
			儀器	熱線風速計
			方法	於橫跨工作空間區的各格點位置量測風速，量測格點大小為 15×15 cm，至少須量測三排七列
			合格標準	· 平均風速應達出廠設定值之 ±0.025 m/s · 各點讀值與平均值之誤差不得超過 25%

✖ 表 6-1　生物安全櫃測試標準（續 3）

測試名稱	功能測試	現場測試	測試內容	
面速度測試 (Face velocity test)	YES	YES	目的	量測氣體經過操作區開口的速度，確認已設定的平均面速度及排氣量
			儀器	熱線風速計
			方法	於拉門開口寬度的上下各 1/4，共兩排位置處，以 10 cm 間距量測流入開口風速
			合格標準	· A1 型面速度須達 75 ft/min (0.4 m/s) · A2、B1、B2 型面速度須達 100 ft/min (0.5 m/s)
煙流形態測試 (Airflow smoke patterns test)	YES	YES	目的	觀察氣流沿著整個開口及拉門位置的流動路徑，藉以確認氣流在流經操作區、循環室與管路之間無停滯或逆流之情形
			儀器	震盪水霧產生器或發煙管
			方法	· 觀察下吹氣流 · 觀察拉門內之氣流保持度 · 觀察開口邊緣之氣流保持度 · 觀察開口處之氣流保持度
			合格標準	· 煙霧應平順流下，無停滯或渦流 · 櫃內煙霧不應逸散至櫃外 · 沿開口邊緣之煙霧應完全被吸入櫃內 · 開口處煙霧不應有翻滾或向外逸散之情形
排水容量測試 (Drain spillage trough leakage test)	YES	NO	合格標準	以至少 3.5 公升之水充填溢出水槽，能保持一小時無洩漏

✖ 表 6-1　生物安全櫃測試標準（續 4）

測試名稱	功能測試	現場測試		測試內容
場地安裝評估測試(Site installation assessment tests)	NO	YES	測試項目	·　空氣氣流警報器(airflow alarms) ·　拉門警報器(sash alarms) ·　安全互鎖(interlock)：排氣系統與安全櫃之風機 ·　排氣系統效能(exhaust system performance)
電氣安全測試(Electrical leakage and ground circuit resistance and polarity tests)	NO	YES	目的	防止感電意外
			儀器	GFI 電路測試計
			方法	·　漏電測試：以漏電測試器連接安全櫃接地線，量測接地線電流 ·　極性測試
			合格標準	·　接地線不應有超過 3.5 mÅ的電流通過 ·　中性線與火線位置與供應電源正確連結
風機性能測試(motor /blower performance)	YES	NO	合格標準	正壓接頭放置於 HEPA 下游，負壓接頭放置於風機入口，限制通過 HEPA 之氣流使得正壓接頭之讀值增加 50％，此時測得之體積流率不得小於平常設定值的 10％

第六節 ✿ 生物安全櫃使用注意事項

　　為能充分發揮生物安全櫃的功能，使用生物安全櫃之時應需注意下列事項：

1. 實驗前

·　以 70~75%之酒精擦拭消毒工作台面。

·　事先準備好一份物料需求清單，並將所需之物料預先擺放，如此可減少手進出安全櫃的次數，避免因手之移動影響櫃內氣流，消弱安全櫃之防護功能。

- 開啟安全櫃之抽氣機 3~5 分鐘，以淨化櫃內殘留物質，並使櫃內氣流達到穩定之氣流狀態。
- 試料擺放順序應依氣流 clean→dirty 之原則擺放。（氣流由低污染區流向高污染區）
- 操作人員應穿著實驗衣，穿戴橡膠手套，且手套必須超過實驗衣袖口。

2. 實驗中

- 手應伸入櫃內靜待一分鐘後才進行動作，以去除手部表面之可能污染物。
- 所有操作應於安全櫃開口後方至少 10 公分處進行。
- 有污染可能之物質不可隨意移出櫃外，應先加以密封或消毒處理後才可移出。

3. 實驗後

- 受污染的物料應以預置於櫃內之專用收集容器密封後再移出。
- 工作檯面、櫃體內等應以 70~75%之酒精擦拭消毒。
- 實驗中若污染安全櫃前後的方格狀開口區(grille)，則需對整個櫃體進行燻蒸消毒(fumigate)。

練習範例
職業安全衛生管理技術士技能檢定及高普考考題

( )1. 下列那些是生物性危害考量的議題？ (1)感染 (2)過敏 (3)中毒 (4)心理恐慌。 【乙 3-448】

( )2. 下列病原微生物之危險性分類那些有誤？ (1)水痘病原體屬第一級 (2)炭疽熱病原體屬第三級 (3)黃熱病病原體屬第二級 (4)漢他病毒屬第四級。 【乙 3-447】

( ) 3. 有關生物安全櫃，下列敘述何者正確？ (1)操作台面前緣窗框在運作時要儘量拉低開口以避免污染 (2)機台上方開口要常保持關閉以避免粉塵堆積 (3)紫外線燈開啟時要用布簾等不透光材料遮住玻璃窗以避免紫外線危害 (4)病原體不得於正壓式無菌操作台內操作以避免暴露。 【乙 3-322】

( ) 4. 下列對於生物安全櫃(biological safety cabinet, BSC)之相關敘述，那一項有誤？ (1)利用乾淨之正壓層流空氣來隔絕其內部空氣外洩 (2)Class III 之 BSC 適用於操作生物安全等級第四級 (3)不在操作台面上使用明火為原則 (4)開 UV 燈時要拉下玻璃窗，此玻璃窗可屏蔽 UV，避免 UV 暴露。 【甲衛 3-278】

5. 請說明生物危害管理中有關生物分級之內容，並列舉至少 5 項主要的管理手段（感染預防措施）。 【2012-1 甲衛 2】

6. 解釋名詞：生物危害物質。 【2012-2 甲衛 4.1.3】

7. 請詳述下列名詞之意涵：生物性危害 (biohazard) 與生物安全 (biosafety)。 【2013 工礦衛生技師—環控 4.2】

Chapter

07

局部排氣裝置測量實務

第一節 ✿ 測量基本原理

與周圍大氣壓力比較，通風系統中通常以靜壓、動壓、全壓三種空氣壓力來描述，其單位為 inch H_2O（英制）或 mmH_2O（公制）：根據(3-8)、(3-9)公式所述，風速可由動壓換算而得，然而在實務應用上需注意單位之換算，及考慮大氣壓力變化、空氣密度之影響，如下所述：

1. **英制：**

$$v = 4,005\sqrt{\frac{VP}{d}}$$

$v : \dfrac{ft}{min}$ ，

VP: inch H_2O ，

d：density factor

$$d = \frac{530}{460 + T°F} \times \frac{B(\text{inch Hg})}{29.92}$$

B：大氣壓力(inch Hg)

T：空氣溫度、($°F$)

2. **公制：**

$$v = 4.03\sqrt{\frac{VP}{d}}$$

$v : \dfrac{m}{sec}$ ，

VP: mmH_2O

$$d = \frac{293}{273 + t°C} \times \frac{P(\text{mmHg})}{760}$$

P：大氣壓力(mmHg)

T：空氣溫度($°C$)

第二節 ❖ 量測點數與位置之決定原則

　　由於空氣在管道中流動並不均勻，所以量測動水頭風速時，必須將整個截面積分成數個等面積的截面，然後在各截面的中心點取樣，再取平均值。同時為了避免紊流的干擾，所以在各處彎管、氣罩入口、支管進入等下游需取至少 7.5 個管徑以上地點來取樣，以避免量測的偏差。

　　測定點數由導管大小決定，圓形型管其管徑為 3~6 英吋者測定 6 點，管徑 5~48 英吋測定 10 點，管徑 44 英吋以上者，按照 CNS2726 規定自導管中量取 20 點，求其平均風速值。

　　方形管及矩形管可將導管截面積分為 16~24 等面積方格，每方格不得大於 6 英吋，量各方格中心之風速，再求其平均風速。

$$\frac{\sqrt{10}}{10}R , \frac{\sqrt{30}}{10}R , \frac{\sqrt{2}}{2}R , \frac{\sqrt{70}}{10}R , \frac{3\sqrt{10}}{10}R \ \text{.................} \ 20 \ 點$$

$$\frac{\sqrt{2}}{4}R , \frac{\sqrt{6}}{4}R , \frac{\sqrt{10}}{4}R , \frac{\sqrt{14}}{4}R \ \text{.................} \ 16 \ 點$$

$$\frac{\sqrt{3}}{3}R , \frac{\sqrt{2}}{2}R , \frac{\sqrt{30}}{6}R \ \text{.................} \ 12 \ 點$$

$$\frac{R}{2} , \frac{\sqrt{3}}{2}R \ \text{.................} \ 8 \ 點$$

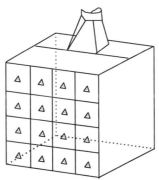

圖 7-1　氣罩量測點示意圖

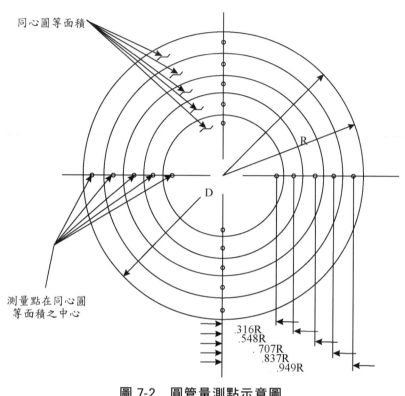

同心圓等面積

R

D

測量點在同心圓
等面積之中心

.316R
.548R
.707R
.837R
.949R

圖 7-2　圓管量測點示意圖

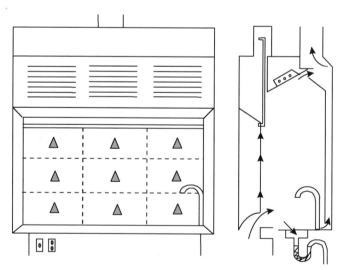

圖 7-3　排氣櫃量測點示意圖

第三節 ✦ 捕捉風速及控制風速量測

一、原理

　　距離吸風口越近，則捕捉風速越強，表示除污效果越好。若導管或吸風罩裝設有凸緣，將提升空氣進入效率而使捕捉風速升高，請量測距離吸風管口面 0.5、1、2 個吸風管直徑處之捕捉風速，並探討有無凸緣與凸緣大小之影響。

　　有無凸緣之影響，$U_{0.5D}$、U_{1D}、U_{2D}。

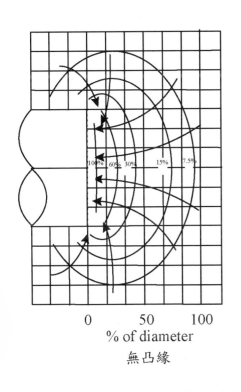

無凸緣

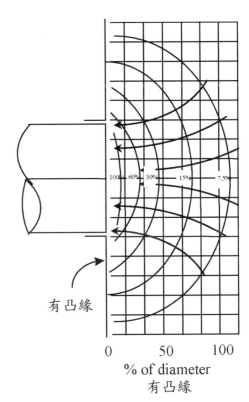

有凸緣

圖 7-4　等風速圖以出口風速之百分比表示

🏠 二、材料

1. 離心式馬達：240 V/60 Hz，三相三線，最大轉速 3,500 rpm，0.4 kW。
2. 導管：直徑 100 mm。
3. 凸緣：大、小凸緣各一個。
4. 熱線風速計。
5. 傾斜式壓力計（或皮托管）。
6. 黏土。
7. 皮尺。

🏠 三、實驗步驟

1. 以傾斜式壓力計（或皮托管）進行導管內之 VP、SP、TP、FTP、U_{VP} 之量測。如圖 7-5 所示。

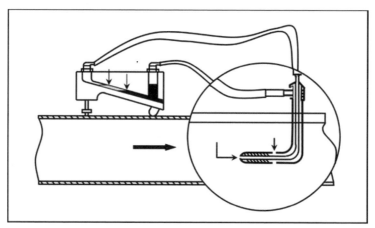

圖 7-5　傾斜式壓力計連接皮托管，以量測壓力示意圖

2. 改變離心式馬達之轉速或頻率，重覆步驟 1。
3. 以皮尺量測距吸風口 0.5D~2D 之距離，以熱線風速計分別量測捕捉風速。
4. 加凸緣，重覆步驟 1~3。

5. 比較傾斜式壓力計（或皮托管）與熱線風速計管道之風速量測。

    請參考以下量測圖示。

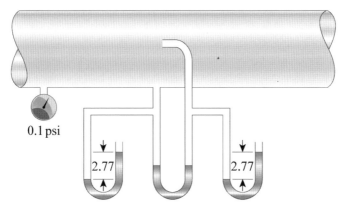

圖 7-6　測試管道量測簡圖

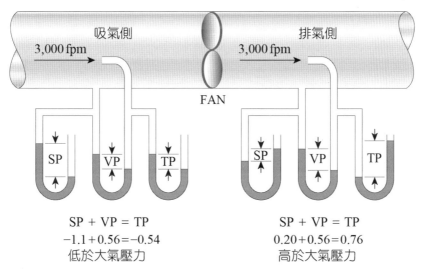

SP + VP = TP　　　　　　　SP + VP = TP
−1.1+0.56=−0.54　　　　　0.20+0.56=0.76
低於大氣壓力　　　　　　　高於大氣壓力

圖 7-7　管道中 SP，VP 及 TP 之量測

✖ 表 7-1　壓力與風速登錄表

風速、壓力 RPM or Hz	VP	SP	TP	FTP	$U_{VP 測點}$	捕捉風速			
						U_{0D}	$U_{0.5D}$	U_{1D}	U_{2D}
無凸緣 0 cm									
小凸緣 (　cm)									
大凸緣 (　cm)									

壓力單位：　　　　　　風速單位：

✖ 表 7-2　傾斜式壓力計（或皮托管）與熱線風速計管道風速量測

量測點	VP 值	U 值	熱線風速計讀值
1			
2			
3			
4			
5			
6			
平均風速			

第四節 ✿ 風扇性能曲線測定

🏠 一、原理

　　風扇效能曲線(performance curve)的表示方式通常是將壓力(P)與馬力需求(power)以流率(Q)的函數形式畫圖表達。壓力可以是風扇靜壓(FSP)，亦可為風扇總壓(FTP)，視廠商的測試規範而定。

　　一般的作法是將流率調節裝置全開，使流率達到最大，而壓力最小開始，再逐步減小間隙，增大阻抗以減小流率。測試通常在風扇的下游端進行，量測點需距離紊流發生源的出口一定距離，減低量測的偏差。

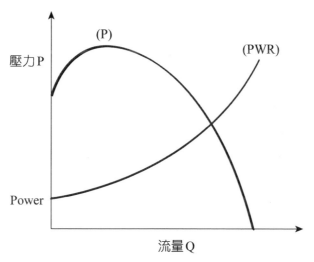

圖 7-8　典型風扇效能曲線

🏠 二、材料

1. 離心式馬達：240 V/60 Hz，三相三線，最大轉速 3,500 rpm，0.4 kW。
2. 導管：直徑 100 mm。
3. 熱線風速計。

4. 傾斜式壓力計（或皮托管）。

5. 黏土。

6. 可變開口擋板。

三、實驗步驟

1. 將流率調節裝置全開，使流率達到最大。出風口之擋板全開。記錄流率值及壓力值。

2. 逐步減小擋板間隙，增大阻抗以減小流率。記錄流率值及壓力值。

3. 改變離心式馬達之轉速或頻率，重覆步驟 1~2。

　　請參考以下量測圖示。

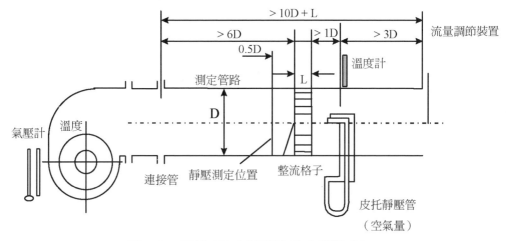

圖 7-9　CNS 7778 測試設備（橫移式）

⚒ 表 7-3　排風機性能曲線(Performance curve)測定

RPM or Hz	流率(Flow Rate, Q)	壓力差(Pressure Drop, ΔP)

第五節 ❖ 通過臨界孔口流率量測

⌂ 一、原理

　　孔口計(orifice meter)屬於差壓式流率計的一種，利用流體通過孔口，限制流體流過的面積造成壓差，再由壓差換算成流速推算得知流體的流率。流體流經小孔的流速式：

$$U_0 = \frac{C_0}{\sqrt{1-\beta^4}} \sqrt{2g_c(p_i - p_o) \Big/ \rho_o}$$

$$m = U_0 \cdot A_0 \cdot \rho_0 = \frac{C_0 A_0}{\sqrt{1-\beta^4}} \sqrt{2g_c(p_i - p_o) \Big/ \rho_o}$$

C_0：為孔口的放洩係數

A_0、U_0、ρ_0：為孔口面積、流經孔口的流速及流體密度

$\beta = d_o/d_i$：進入孔口前管路直徑及孔口直徑的比值

p_i、p_o：進入孔口前的壓力及孔口處的壓力

　　當流體流經孔口流量計出口端的壓力 p_o<0.53 倍入口端的壓力 p_i 及入口端管徑面積 A_i>25 倍孔口流量計孔口直徑 A_o時，孔口流量計出口端的流體流速將達到音速(sonic velocity)而達到恆定流率(constant flow rate)，此時，孔口稱為 critical orifice。利用這個原理，critical orifice 被應用於恆定流率的控制上。

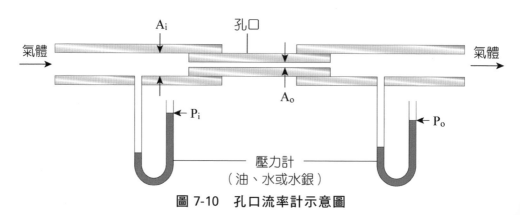

圖 7-10　孔口流率計示意圖

二、材料

1. 離心式馬達：240 V/60 Hz，三相三線，最大轉速 3,500 rpm，0.4 kW。
2. 孔口流率計：4 個，直徑分別為：1 mm、2 mm、5 mm、10 mm。
3. 導管：直徑 100 mm。
4. 熱線風速計。
5. 傾斜式壓力計。
6. 黏土。

三、實驗步驟

1. 將第一片孔口板孔徑 1 mm 孔口流率計裝於導管(101 mm)中途。
2. 馬達轉速依序設定在 2,000、4,000、5,000 及 6,000 rpm（代表值）（或頻率 60 Hz、50 Hz、40 Hz、30 Hz），分別量孔口流率計前端及後端之淨壓(P_{i1}、P_{o1})及後端風速(V_{o1})或流率。

四、實驗結果

$A_i/A_o = 10,200$

⚒ 表 7-4　臨界孔口流率量測記錄表

馬達轉速(或頻率)	前端 SP_1	後端 SP_2	SP_1/SP_2	流率(lpm)

圖示：

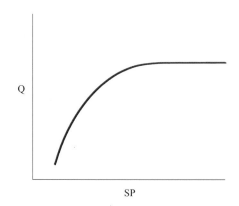

圖 7-11　流率和 SP 之量測結果示意圖

第六節 ✿ 局部排氣裝置定期自動檢查基準

　　第 1 章第 8 節所述之自動檢查及重點檢查，可依勞動部於民國 104 年 5 月 12 日發布之重點檢查表進行，內容如表 7-5 所示。至於定期自動檢查基準，分述於後。

✖ 表 7-5　局部排氣、空氣清淨裝置及吹吸型換氣裝置重點檢查表內容

1.使用單位：		2.設備編號：	3.設備名稱：	4.日期：	
檢查項目	檢查基準	方法	檢查結果	採取改善措施	
一、局部排氣或防塵裝置	1. 排氣積極導管等無塵埃積存。	目視			
	2. 氣罩、導管及排氣機無磨損腐蝕凹凸等損害。	目視			
	3. 導管連結部分無鬆動、裂痕。	檢點			
	4. 排氣機接地線完整。	檢點			
	5. 排氣機護罩完整。	目視			
二、吸器排氣之能力	控制風速（氣體蒸氣每秒 0.5 公尺，粉塵、煙薰等每秒 1 公尺）。	測試			
三、其他保持性能之必要事項	1. 無外來氣流影響氣罩效率。	目視			
	2. 氣罩中無堆積塵埃。	檢點			
	3. 氣罩及其安裝部之狀況應良好。	檢點			
	4. 設置於排放導管上之採樣設施是否牢固、鏽蝕、損壞、崩塌或其他妨礙作業安全事項。	檢點			
	5. 排氣機之注油潤滑狀況。	檢點			
	6. 控制盤之狀況應良好。	檢點			
	7. 馬達應無故障或異聲。	檢點			
	8. 傳動輪、皮帶應無損傷、無偏心、無鬆動。	檢點			

説明：
1. 對局部排氣裝置或除塵裝置初次使用、拆卸、改裝或修理時檢查，或對局部排氣裝置、空氣清淨裝置及吹吸型換氣裝置應每年定期實施檢查 1 次，紀錄應保存 3 年。
2. 檢查結果欄：應包括發現危害、分析危害因素。

一、基準之適用

本基準適用於「職業安全衛生管理辦法」第 40 條規定之定期自動檢查；同辦法第 47 條規定之重點檢查，準用本基準之規定。

二、應置備之檢查儀器設備

於局部排氣裝置定期自動檢查時，應置備之檢查儀器設備如下：

（一）應置備者

1. 發煙管或發煙器。

2. 聽診器或聽音棒。

3. 絕緣電阻測定計。

4. 表面溫度測定器、玻璃管溫度計等。

5. 尺。

（二）視需要置備者

1. 試槌。

2. 木棒或竹棒。

3. 超音波測厚計。

4. 皮氏管水柱壓力表。

5. 探針式靜壓熱線風速計。

6. 熱線風速計。

7. 刨削器。

8. 轉速器。

9. 皮氏管。

10. 空氣中有害物濃度測定儀器。

11. 馬錶或計時器。

🏠 三、檢查項目

對局部排氣裝置之定期自動檢查，詳見附錄 B 左欄所列檢查項，於依中欄所列檢查方法實施檢查時，應視於右欄所列之判定基準。

練習範例
職業安全衛生管理技術士技能檢定及高普考考題

( ) 1. 下列何者可協助辨認風向？ (1)卡達溫度計 (2)檢知管 (3)發煙管 (4)熱偶式風速計。 【物測乙 2-172】

( ) 2. 一般市售觀察氣流用的發煙管，如果管內試劑是紅棕色，則其發散的煙霧主要成分為下列何者？ (1)硫酸 (2)氫氧化鈦 (3)氯化銨 (4)氫氧化錫。 【乙 3-394】

3. 此過濾器氣流出口處可裝設臨界孔(critical orifice)，以維持穩定過濾速度，試說明其保持穩定流速的原因。
【2006.12.23 環境工程技師－空氣污染控制與噪音管制（均包括設計）5-2】

4. 針對一般中央空調系統 60 公分×60 公分之進氣口(air supply)，其風量之測定有 2 種方式，請簡述之。 【2012-3#8】

5. 某面板廠於使用異丙醇(isopropyl alcohol, IPA)之作業場所設置一座局部排氣裝置，該裝置中矩形導管的長為 40 公分、寬為 30 公分。

(1) 請列舉 5 種在裝設導管時應注意之事項。

(2) 勞工安全衛生人員在實施自動檢查時,於測定孔各位置中心點測得之動壓(單位:mmH_2O)如下圖。試計算其輸送之風量為多少(m^3/min)?

16.24	16.32	16.32	16.00
16.00	16.08	16.32	16.24
16.24	16.32	16.08	16.00
16.00	16.08	16.08	16.24

提示:$Vi = 4.40\sqrt{PVi}$

$V = \sum Vi/n$

$Q = 60\ VLW$ 【2012-3 甲衛 5】

6. 請說明作業環境通風效能測定方式及工具。

【2014 工礦衛生技師—作業環境測定 2.2】

7. 丙公司製造一課從事甲苯作業,請製作一份實施局部排氣裝置的定期檢查表。   【2010-2#5】

8. 請製作局部排氣裝置氣罩之吸氣能力測定紀錄表。   【2011-1#9】

整體換氣

作業場所內有害物發生源所產生之有害物，在尚未到達作業人員呼吸區（約鼻孔周圍 1~2 立方英呎之呼吸空間）前，導入未受污染之新鮮空氣予以稀釋，使有害物濃度降低至作業環境容許濃度以下，此換氣方式稱之為整體換氣。整體換氣因促使空氣流動之驅動力不同，而有自然換氣與機械換氣兩種換氣方式。

第一節 ✿ 自然換氣

自然換氣方式為不使用機械動力之換氣方式，其主要常見的缺點是不易獲得預期換氣效果，也就是說無法確保必要之換氣量及空氣中有害物之排除效果，反之其優點可能是比機械換氣省錢。一般作業環境以自然換氣通風時，常以動力機械換氣裝置（如送風機、排氣機等）輔助，以達到給氣或排氣之換氣目的。以下介紹幾種自然換氣方法：

1. 風力換氣法

利用地理位置、日夜海陸風、季風等特性，於廠房構築時即加以考量，在設置門窗相對位置時，即能利用自然風力以有效換氣。此種換氣方法常因風速、風向、門窗開口部及間隙等因素而影響其換氣效果。因此，無法獲得正常穩定之換氣量為本法最大缺點。

2. 溫度差換氣法

圖 8-1 為俗稱之太子樓，利用工廠內外之溫度差，使廠內熱空氣上升，並由屋頂排出，此時補充用之新鮮冷空氣會由門窗等開口進入廠房中，如此可達到排除熱有害空氣及補充新鮮空氣之換氣目的。一般來說，建築物之室內外溫度差越大，則可獲得之自然換氣量也越大。為使無機械通風之室內作業場所有充分之換氣能力，職業安全衛生設施規則第 311 條規定，勞工經常作業之室內作業場所，其窗戶及其他開口部分等可直接與大氣相通之開口部分面積，應為地板面積之 1/20 以上。

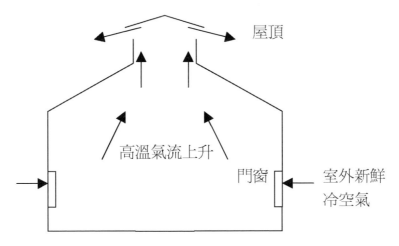

屋頂

高溫氣流上升

門窗

室外新鮮
冷空氣

圖 8-1　溫度差換氣法示意圖

3. 風力與溫度差併用法

當戶外風速超過每秒 1.5 公尺時，風力即可促成自然換氣，同時因室內外溫度差而造成空氣密度差，進而產生壓力差，使得室內壓力較室外高。目前已有商業產品利用此原理，設計成渦輪式自然風力換氣裝置，此種以自然氣流驅動、無需電力、低噪音之換氣裝置，可廣泛應用於工廠、學校等公共場所，甚至是住家。

4. 分子擴散法

氣體分子可藉由擴散作用，由高濃度區域擴散至低濃度區域，使環境中之濃度均勻，利用此特性，非連續性、低濃度有害物可因分子擴散作用，而使其濃度降至容許濃度值以下。本法由於驅動力較小，一般較少作為主要通風換氣機制。

5. 慣性力排除法

有害物從其發生源產生時，利用本身具有的慣性力，可將此有害物順勢予以排除。例如噴漆作業時，向前噴射之力量，或以研磨切割圓輪運轉所產生之離心力等，皆可運用於有害物之排除，但此時應配合其他整體換氣或局部排氣裝置，以達到有效之通風效果。

第二節 ❀ 機械換氣

　　機械換氣裝置依動力位置，可分為排氣、給氣以及給排氣併用三種方式。與自然換氣相比較，機械換氣在技術或經濟負擔上，所需之要求皆高許多。以下即針對此三種方式加以說明。

1. 排氣方式

　　本方式於廠房四周或屋頂裝設排氣機，利用抽氣動力將室內空氣中有害物或廢熱抽出，此時會在廠房中形成負壓狀態，新鮮空氣可由廠房開口進入，而達換氣效果。一般應用在有物產量小且毒性較低的有機溶劑作業場所，依有機溶劑中毒預防規定，可適用於第二類及第三類有機溶劑及其混存物。排出的有害物或廢熱直接利用室外空氣予以稀釋擴散。此換氣方式可能不適於粉塵作業，因為慣性較大之粉塵可能無法跟隨氣流流至室外。

2. 給氣方式

　　本方式利用動力將室外空氣抽進作業環境中，使室內形成正壓狀態，此時室內空氣中有害物可藉由廠房的開口逸出。本法也可用在調節室內溫濕度，先將新鮮空氣調至適當溫濕度後，再供給至作業環境中以維持舒適的工作環境，並藉以提高生產效率。若利用本法稀釋含有惡臭物質或毒性較高物質，因會直接排放，會對附近居民健康及環境衛生造成危害。

3. 給排氣併用方式

　　為達最佳之排熱及空氣中有害物換氣稀釋效果，給排氣均使用動力的方式應為較理想之整體換氣方法，其設計原則乃將給氣部份，即清淨空氣由作業環境中未受污染區導入，經由勞工呼吸區後，再向有害物存在區移動，帶走有害物，最後排放至室外。給排氣口儘量配置在廠房相對兩邊，不可太接近，而使新鮮空氣造成短流或錯接，而給排氣量大小應配合以平衡廠房內外之氣壓。

目前職業安全衛生有關法規中，有 1 則明列應設機械排氣裝置，如表 8-1 所示。

✖ 表 8-1　機械排氣裝置有關法規

法規	條號	條文
職業安全衛生設施規則	322	雇主對於廚房及餐廳，應依下列規定辦理： 十、廚房應設機械排氣裝置以排除煙氣及熱。

 **練習範例**

職業安全衛生管理技術士技能檢定及高普考考題

(　)1. 利用廠內熱空氣上升，並由屋頂排出，同時新鮮冷空氣會由門窗等開口補充進入廠房中，如此可達到排除熱有害空氣及補充新鮮空氣之換氣目的。請問此為何者換氣法？　(1)分子擴散法　(2)慣性力排除法　(3)溫度差換氣法　(4)機械換氣法。　【甲衛 3-246】

(　)2. 依職業安全衛生設施規則規定，雇主對於廚房應設何種通風換氣裝置，以排除煙氣及熱？　(1)自然換氣　(2)氣樓　(3)機械排氣　(4)未規定。　【乙 3-88】

3. 在一般工作場所中，下列數值增加後，工作者安全衛生條件或該安全衛生設施之效能會變好或變差？(九)太子樓與地板之溫差。　【2018-1#9】

第三節　⚙ 整體換氣設置原則

整體換氣通常用於低危害性物質，且用量少之環境。若有局部較具毒性或高污染性作業場所時，最好與其他作業環境隔離，或併用局部排氣裝置。

2. 作業環境空氣中有害物濃度不能太大,否則因所需稀釋之空氣量大而使整體換氣不符經濟效益。此外,有害物產生的速率必須均勻,以避免因局部高濃度而影響換氣效果,即連續 15 分鐘之平均濃度不可超過法規所定之短時間時量平均容許濃度。

3. 有害物發生源需遠離勞工呼吸區,且有害物濃度及排放量需較低,使勞工不致暴露在有害物之 8 小時日時量平均容許濃度值之上。

4. 補充之新鮮空氣量應足夠,並應根據作業環境需要,先行調整溫濕度。送進作業環境時,應先經過勞工呼吸區,不可先經過有害物發生源,再經過勞工呼吸區。補充空氣最好送至作業場所之 2.4~3 公尺高度。

5. 避免排出的污染空氣再回流,排氣口位置最好高過屋頂,約建築物高度 1.5 倍至 2 倍為佳,且遠離進氣口。

6. 為求稀釋效果良好,避免新鮮空氣動線發生短流,抽風口及送風口位置應使氣流流動路徑順暢不受阻礙,且能有效流經整個有害物散佈區域,不致出現死角。

7. 連接排氣機之導管開口部位應儘量接近有害物發生源,並使勞工呼吸區不暴露在排氣氣流中。

8. 在衡量有害物排放率及通風混合稀釋效果前提下,為有效控制有害物濃度在法規容許濃度值以下,常以理論所需換氣量之 3 至 10 倍作為實際換氣量,以確保換氣效果,即實際換氣量 $Q'(m^3/s)=K \times Q(m^3/s)$。K 值有時稱之安全係數,在供、排氣位置及混合效率良好時,可僅設定 1.0~2.0,如果位置及混合效率不良時,K 值需設定為 5~10,以確保整體換氣效果。

建築技術規則中有關通風之規定,可參考建築設計施工編第 43 條及第 44 條。民國 102 年 11 月 28 日修訂公告之條文如下所示:

第 43 條(通風):居室應設置能與戶外空氣直接流通之窗戶或開口,或有效之自然通風設備或機械通風設備,並應依下列規定:

一、 一般居室及浴廁之窗戶或開口之有效通風面積，不得小於該室樓地板面積 5%，但設置符合規定之自然或機械通風設備者不在此限。

二、 廚房之有效通風開口面積，不得小於該室樓板面積 1/10，且不得小於 0.8 平方公尺，但設置符合規定之機械通風設備者不在此限。

廚房樓地板面積在 100 平方公尺以上者，應另設排除油煙設備。

三、 有效通風面積未達該室樓地板面積 1/10 之戲院、電影院、演藝場集會堂等之觀眾席及使用爐灶等燃燒設備之鍋爐間、工作室等，應依建築設備編之規定設置適當之機械通風設備，但所使用之燃燒器具與設備可直接自戶外導進空氣，並能將所發生之廢氣物，直接排至戶外而無污染室內空氣之情形者，不在此限。

第 44 條（自然通風設備之構造）：自然通風設備之構造應依下列規定：

一、 應具有防雨、防蟲作用之進風口、排風口及排風管道。

二、 排風管道應以不燃材料建造，管道應盡可能豎立並直通戶外。除頂部及一個排風口外，不得另設其他開口，一般居室及無窗居室之排風管有效斷面積不得小於下列公式之計算值：

$$Av=Af/(250\sqrt{h})$$

其中 Av：排風管之有效斷面積，單位為平方公尺。

Af：居室之樓地板面積（該居室設有其他有效通風開口時應為該居室樓地板面積減去有效通風面積 20 倍後之差），單位為平方公尺。

h：自進風口中心量至排風管頂部出口中心之高度，單位為公尺。

三、 進風口及排風口之有效面積不得小於排風管之有效斷面積。

四、 進風口之位置應設於天花板高度 1/2 以下部分，並開向與空氣直流通之空間。

五、 排風口之位置應設於天花板下 80 公分範圍內，並經常開放。

練習範例
職場安全衛生管理技術士技能檢定及高普考考題

( ) 1. 整體換氣設置原則不包括下列哪一項？ (1)整體換氣通常用於低危害性物質，且用量少之環境 (2)局部較具毒性或高污染性作業場所時，最好與其他作業環境隔離，或併用局部排氣裝置 (3)有害物發生源遠離勞工呼吸區，且有害物濃度及排放量需較低，使勞工不致暴露在有害物之 8 小時日時量平均容許濃度值之上 (4)作業環境空氣中有害物濃度較高，必須使用整體換氣以符合經濟效益。 【甲衛 3-248】

( ) 2. 理想之整體換氣裝置設計方式不包括下列哪一項？ (1)在最短的時間內稀釋污染物濃度 (2)污染物以最短的時間或最短的路徑排出 (3)污染物排出路徑不經過人員活動區域 (4)已排出的污染物應設計使其重回進氣口。 【甲衛 3-249】

( ) 3. 下列對於通風換氣量安全係數 K 之敘述何者正確？ (1)實際換氣量 $Q'(m^3/s)=Kx$ 理論換氣量 $Q(m^3/s)$ (2)在供、排氣位置及混合效率良好時，可設定 K 為 5~10 (3)考量工作場所可燃性氣體濃度維持在其爆炸下限的 30%以下，和 K 無關 (4)如果位置及混合效率不良時，K 值需設定為 1~2，以確保整體換氣效果。 【甲衛 3-247】

第四節 ✿ 整體換氣之有關法規規定

目前職業安全衛生法規中，有關整體換氣之相關規定，分布於幾個法規中，其中有關整體換氣裝置之換氣能力，主要以換氣量為指標，方式一般以 $Q(m^3/min)$ 表示，至於學理上，應以換氣率更佳，一般常以每小時換氣次數(air change per hour, ACH)表示。換氣量等整體換氣有關規定，於本節說明之，至於換氣率，則於下節說明。

一、通風不充分之室內作業場所

依第一節自然換氣所述之原理，為確保作業場所能透過窗戶及其他開口來提供足夠之自然換氣功能，職業安全衛生設施規則及有害物相關法規之規定，如表 8-2 所示。

✖ 表 8-2　通風不充分室內作業場所之法規規定

法規	條號	條文
職業安全衛生設施規則	311	雇主對於勞工經常作業之室內作業場所，其窗戶及其他開口部分等可直接與大氣相通之開口部分面積，應為地板面積之 1/20 以上。但設置具有充分換氣能力之機械通風設備者，不在此限。
	322	雇主對於廚房及餐廳，應依下列規定辦理： 五、通風窗之面積不得少於總面積 12%。
鉛中毒預防規則	3.17	通風不充分之場所：指室內對外開口面積未達底面積之 1/20 以上或全面積之 3%以上者。
有機溶劑中毒預防規則	4.6	通風不充分之室內作業場所：指室內對外開口面積未達底面積之 1/20 以上或全面積之 3%以上者。

二、職業安全衛生設施規則之新鮮空氣量

為使勞工作業場所有足夠活動空間與空氣，依「職業安全衛生設施規則」第 309 條規定，雇主對於勞工經常作業之室內作業場所，除設備及自地面算起高度超過 4 公尺以上之空間不計外，每一勞工原則上應有 10 立方公尺以上之空間。本章下一節將會討論空間氣積對整體換氣之影響，原則上不影響穩定狀態下所需換氣量，但會影響濃度蓄積或衰減之速率。氣積越大，將可減緩有害物濃度蓄積速率。

換氣量之要求主要是規定於第 312 條，雇主對於勞工工作場所應使空氣充分流通，必要時應依下列規定以機械通風設備換氣：

1. 應足以調節新鮮空氣、溫度及降低有害物濃度。

2. 其換氣標準如表 8-3 所示：

✖ 表 8-3　工作場所每一勞工所需新鮮空氣換氣量

工作場所每一勞工所占立方公尺數 (m³/p)	每一分鐘每一勞工所需之新鮮空氣之 立方公尺數(m³/min · p)
未滿 5.7	0.6 以上
5.7 以上未滿 14.2	0.4 以上
14.2 以上未滿 28.3	0.3 以上
28.3 以上	0.14 以上

　　本條所計算之氣積，似乎並未排除第 309 條所列之 4 公尺以上氣積，在計算時應留意。至於上表中，每一勞工所占立方公尺數未滿 10 者，可能已不能滿足第 309 條之規定。

三、有機溶劑中毒預防規則之容許消費量及換氣能力

　　第 5 條規定於室內作業場所（通風不充分之室內場所除外），從事有機溶劑或其混存物之作業時，1 小時作業時間內之容許消費量(g/hr)，依有機溶劑種類及作業場所之氣積(m³)而定，其規定如表 8-4 所示。依第 5 條第 1 項第 2 款規定，如果是在儲槽等之作業場所或通風不充分之室內作業場所，從事有機溶劑或其混存物之作業時，則此 1 小時作業時間內之容許消費量，變嚴格成 1 日間之容許消費量，且係數不變。

✖ 表 8-4　有機溶劑之容許消費量

有機溶劑或其混存物之種類	有機溶劑或其混存物之容許消費量(g/hr)
第一種有機溶劑或其混合物	容許消費量=1/15×作業場所之氣積(m³)
第二種有機溶劑或其混存物	容許消費量=2/5×作業場所之氣積(m³)
第三種有機溶劑或其混存物	容許消費量=3/2×作業場所之氣積(m³)

(1) 表中所列作業場所之氣積不含超越地面 4 公尺以上高度之空間
(2) 氣積超過 150 立方公尺者，概以 150 立方公尺計算

　　第 15 條規定，當消費量超過容許消費量上限時，整體換氣裝置應依有機溶劑或其混存物之種類及消費量(G，g/hr)，計算其每分鐘所需之換氣量(Q，m³/min)，具備規定之換氣能力，此換氣能力及其計算方法，如表 8-5 所示。同時使用種類相異之有機溶劑或其混存物時，表 8-5 之每分鐘所需之換氣量應分別計算後合計之。其他有關法條，如表 8-6 所示。

✖ 表 8-5　有機溶劑作業場所之換氣能力

種類	換氣能力	有機溶劑
第一種有機溶劑或其混合物	Q=0.3 G	三氯甲烷、1,1,2,2 四氯乙烷、四氯化碳、1,2 二氯乙烯、1,2 二氯乙烷、二硫化碳、三氯乙烯
第二種有機溶劑或其混存物	Q=0.04 G	正己烷、甲醇、異丙醇、乙醚、丙酮、丁酮、甲苯、二甲苯、二氯甲烷、四氯乙烯等 41 種
第三種有機溶劑或其混存物	Q=0.01 G	汽油、煤焦油精、石油醚、石油精、輕油精、松節油、礦油精

✖ 表 8-6　有機溶劑作業場所換氣能力有關規定

條號	條文
5	雇主使勞工從事第 2 條第 3 款至第 11 款之作業，合於下列各款規定之一時，得不受第 2 章、第 18 條至第 24 條規定之限制： 一、於室內作業場所（通風不充分之室內作業場所除外），從事有機溶劑或其混存物之作業時，1 小時作業時間內有機溶劑或其混存物之消費量不超越容許消費量者。 二、於儲槽等之作業場所或通風不充分之室內作業場所，從事有機溶劑或其混存物之作業時，1 日間有機溶劑或其混存物之消費量不超越容許消費量者。
	下列各款列舉之作業，其第 1 項第 1 款規定之 1 小時及同項第 2 款規定之 1 日作業時間內消費之有機溶劑量，分別依下列各該款之規定。但第 2 條第 7 款規定之作業，於同一作業場所延續至同條第 6 款規定之作業或同條第 10 款規定之作業於同一作業場所延續使用有機溶劑或其混存物粘接擬乾燥之物品時，第 2 條第 7 款或第 10 款規定之作業消費之有機溶劑或其混存物之量，應除外計算之： 一、從事第 2 條第 3 款至第 6 款、第 8 款、第 9 款或第 11 款規定之一之作業者，第 1 項第 1 款規定之 1 小時或同項第 2 款規定之 1 日作業時間內消費之有機溶劑或其混存物之量應乘中央主管機關規定之指定值。 二、從事第 2 條第 7 款或第 10 款規定之一之作業者，第 1 項第 1 款規定之 1 小時或同項第 2 款規定之 1 日作業時間內已塗敷或附著於乾燥物品之有機溶劑或其混存物之量應乘中央主管機關規定之指定值。
15	雇主設置之整體換氣裝置應依有機溶劑或其混存物之種類，計算其每分鐘所需之換氣量，具備規定之換氣能力。 第 1 項 1 小時作業時間內有機溶劑或其混存物之消費量係指下列各款規定之一之值： 一、第 2 條第 1 款或第 2 款規定之一之作業者，為 1 小時作業時間內蒸發之有機溶劑量。 二、第 2 條第 3 款至第 6 款、第 8 款、第 9 款或第 11 款規定之一之作業者，為 1 小時作業時間內有機溶劑或其混存物之消費量乘中央主管機關規定之指定值。

❌ 表 8-6　有機溶劑作業場所換氣能力有關規定（續）

條號	條文
15 （續）	三、第 2 條第 7 款或第 10 款規定之一之作業者，為 1 小時作業時間內已塗敷或附著於乾燥物品之有機溶劑或其混存物之量乘中央主管機關規定之指定值。 第 4 項之 1 小時作業時間內有機溶劑或其混存物之消費量準用第 5 條第 3 項條文後段之規定。

四、鉛中毒預防規則之換氣能力

　　有關換氣能力，於第 32 條規定，雇主使勞工從事通風不充分之場所從事鉛合金軟焊之作業，其設置整體換氣裝置之換氣量，應為每 1 從事鉛作業勞工平均每分鐘 1.67 立方公尺以上。

五、開口部位置

　　整體換氣裝置的開口部，指吸氣口或送氣口，應比照第 2 章之氣罩開口，儘量接近有害物發生源，以提升稀釋或換氣效果。如表 8-7 所示。

❌ 表 8-7　整體換氣送風機、排氣機或導管開口部應接近有害物發生源之法規規定

法規	條號	條文
鉛中毒預防規則	28	雇主設置整體換氣裝置之排氣機或設置導管之開口部，應接近鉛塵發生源，務使污染空氣有效換氣。
有機溶劑中毒預防規則	13	雇主設置之整體換氣裝置之送風機、排氣機或其導管之開口部，應儘量接近有機溶劑蒸氣發生源。

六、勞工作業環境監測

有關整體換氣之作業環境監測,「職業安全衛生法」第 12 條有規定,詳見本書第 1 章表 1-9。「職業安全衛生法施行細則」第 17 條有定義,為掌握勞工作業環境實態與評估勞工暴露狀況,所採取之規劃、採樣、測定、分析及評估。並明列應訂定作業環境監測計畫及實施監測之作業場所如下:

(一) 設置有中央管理方式之空氣調節設備之建築物室內作業場所。

(二) 坑內作業場所。

(三) 顯著發生噪音之作業場所。

(四) 下列作業場所,經中央主管機關指定者:

1. 高溫作業場所。

2. 粉塵作業場所。

3. 鉛作業場所。

4. 四烷基鉛作業場所。

5. 有機溶劑作業場所。

6. 特定化學物質作業場所。

(五) 其他經中央主管機關指定公告之作業場所。

「勞工作業環境監測實施辦法」於第 7、8 條有規定監測週期,並於第 9 條規定不定期監測之時機。第 7 條規定,雇主應依下列規定項目及期間,實施作業環境監測。但臨時性作業、作業時間短暫或作業期間短暫之作業場所,不在此限:

(一) 設有中央管理方式之空氣調節設備之建築物室內作業場所,應每 6 個月測定二氧化碳濃度 1 次以上。

（二）下列坑內作業場所應每 6 個月監測粉塵、二氧化碳之濃度 1 次以上：

1. 礦場地下礦物之試掘、採掘場所。

2. 隧道掘削之建設工程之場所。

3. 前 2 目中已完工可通行之地下通道。

　　第 8 條規定，雇主應依下列規定項目及期間，實施作業環境監測。但臨時性作業、作業時間短暫或作業期間短暫，且勞工不致暴露於超出勞工作業場所容許暴露標準所列有害物之短時間時量平均容許濃度，或最高容許濃度之虞者，得不受限制：

（一）粉塵危害預防標準所稱之特定粉塵作業場所，應每 6 個月監測粉塵濃度 1 次以上。

（二）製造、處置或使用附表一所列有機溶劑之作業場所，應每 6 個月監測其濃度 1 次以上。

（三）製造、處置或使用附表二所列特定化學物質之作業場所，應每 6 個月監測其濃度 1 次以上。

（四）接近煉焦爐或於其上方從事煉焦作業之場所，應每 6 個月監測溶於苯之煉焦爐生成物之濃度 1 次以上。

（五）鉛中毒預防規則所稱鉛作業之作業場所，應每年監測鉛濃度 1 次以上。

（六）四烷基鉛中毒預防規則所稱四烷基鉛作業之作業場所，應每年監測四烷基鉛濃度 1 次以上。

　　第 9 條則規定，上述第 7 條規定之作業場所，雇主於引進或修改製程、作業程序、材料及設備時，應評估其勞工暴露之風險，有增加暴露風險之虞者，應即實施作業環境監測。

練習範例
職業安全衛生管理技術士技能檢定及高普考考題

( )1. 依有機溶劑中毒預防規則規定,整體換氣裝置之換氣能力以下列
何者表示? (1)Q(m³/min) (2)v(m/s) (3)每分鐘換氣次數 (4)
每小時換氣次數。 【甲衛 1-38,化測甲 1-115】

( )2. 依職業安全衛生設施規則規定,為保持良好之通風及換氣,雇主
對勞工經常作業之室內作業場所,其窗戶及其他開口部分等可直
接與大氣相通之開口部分面積,應為地板面積之多少比例以上?
(1)1/50 (2)1/30 (3)1/20 (4)1/2。 【甲衛 1-162】

( )3. 所謂通風充分之室內作業場所,其窗戶及其他開口部份可直接與
大氣相通之開口部分面積,應為地板面積之多少以上? (1)1/20
(2)1/30 (3)1/40 (4)1/50。 【化測乙 1-4,物測乙 1-26】

( )4. 依鉛中毒預防規則規定,有關通風不充分之場所定義,下述何者
正確? (1)室內開口面積未達底面積 1/20 以上或全面積 5%以上
(2)室內開口面積未達底面積 1/20 以上或全面積 3%以上 (3)室內
開口面積未達底面積 1/30 以上或全面積 3%以上 (4)室內開口面
積未達底面積 1/15 以上或全面積 5%以上。 【乙 1-296】

( )5. 依職業安全衛生設施規則規定,雇土對於廚房及餐廳,通風窗之
面積不得少於總面積百分之多少? (1)7 (2)12 (3)15 (4)18。
【乙 3-219】

( )6. 依職業安全衛生設施規則規定,勞工經常作業之室內作業場所,
除設備及自地面算起高度 4 公尺以上之空間不計外,每一勞工原
則上應有多少立方公尺以上之空間? (1)3 (2)5 (3)7 (4)10。
【乙 3-334,化測甲 1-154,物測乙 1-25】

( ) 7. 依職業安全衛生設施規則規定,有一室內作業場所 20 公尺長、10 公尺寬、5 公尺高,機械設備占有 5 公尺長、2 公尺寬、1 公尺高共 4 座,請問該場所最多能有多少作業員? (1)76 (2)80 (3)86 (4)96。 【甲衛 1-168】

( ) 8. 依職業安全衛生設施規則規定,勞工工作場所以機械通風設備換氣,工作場所每一勞工所占空間未滿 5.7 立方公尺時,每分鐘每一勞工所需之新鮮空氣應達多少立方公尺以上? (1)0.14 (2)0.3 (3)0.4 (4)0.6。 【乙 3-336】

( ) 9. 依職業安全衛生設施規則規定,為使勞工作業場所空氣充分流通,一個占有 5 立方公尺空間工作的勞工,以機械通風設備換氣,每分鐘所需之新鮮空氣,應為多少立方公尺以上? (1)0.14 (2)0.3 (3)0.4 (4)0.6。 【甲衛 1-150】

( ) 10. 依職業安全衛生設施規則規定,一般工作場所平均每 1 勞工佔有 10 立方公尺,則該場所每分鐘每 1 勞工所需之新鮮空氣為多少立方公尺以上? (1)0.14 (2)0.3 (3)0.4 (4)0.6。 【甲安 1-52】

( ) 11. 某 10 m×10 m×3 m(高)之無污染作業場所,工作員工共有 60 人,依職業安全衛生設施規則規定,每 1 勞工所需之新空氣量為多少 m^3/min? (1)1.4 (2)0.3 (3)0.14 (4)0.6。

【84 台電公司工員升任職員甄試－工業安全衛生類 8】

( ) 12. 某 20 m×10 m×5 m(高)之室內作業場所,勞工人數 40 人,其機械通風換氣量每分鐘至少應為多少立方公尺? (1)12 (2)16 (3)20 (4)24。

【88 台電公司工員升任職員甄試－工業安全衛生類 14】

( ) 13. 有機溶劑之容許消費量計算,與下列何者有關? (1)壓力 (2)溫度 (3)濕度 (4)作業場所之氣積。 【化測乙 1-1】

( ) 14. 依有機溶劑中毒預防規則規定,第二種有機溶劑或其混存物的容許消費量為該作業場所之氣積以下列何者? (1)1/5 (2)2/5 (3)3/5 (4)沒限制。 【甲衛 1-34】

( ) 15. 某公司有作業員工 300 人，廠房長 30 公尺，寬 15 公尺，高 5 公尺，每日需使用第一種有機溶劑三氯甲烷，依有機溶劑中毒預防規則規定，其容許消費量為每小時多少公克？ (1)10 (2)60 (3)120 (4)150。 【甲衛 3-242】

( ) 16. 有機溶劑作業以整體換氣為控制設施時，其必要換氣能力由下列何者決定？ (1)整體換氣裝置之型式 (2)有機溶劑的種類 (3)有機溶劑的種類及消費量 (4)有機溶劑的消費量。 【化測甲 1-116】

( ) 17. 有機溶劑作業設置整體換氣裝置時，數據應達之必要換氣量，由下列何者決定？ (1)有機溶劑種類 (2)有機溶劑沸點 (3)有機溶劑種類及消耗量 (4)有機溶劑種類及分子量。 【89 工安高考三級第一試 75】

( ) 18. 某公司廠房長 200 公尺，寬 10 公尺，高 6 公尺，每日每小時平均使用第三種有機溶劑石油醚 30 公克，依有機溶劑中毒預防規則規定，其每小時需提供多少立方公尺之換氣量？ (1)0.3 (2)9 (3)18 (4)720。 【甲衛 3-243】

( ) 19. 下列何者情形較可以建議事業單位考慮採用整體換氣？ (1)致癌性有害物 (2)粉塵性有害物 (3)腐蝕性有害物 (4)軟焊作業場所。 【化測甲 2-77】

( ) 20. 依鉛中毒預防規則規定，於通風不充分之場所從事鉛合金軟焊之作業設置整體換氣裝置之換氣量，應為每一從事鉛作業勞工平均每分鐘多少立方公尺以上？ (1)1.67 (2)5.0 (3)10 (4)100。 【甲衛 1-43, 化測甲 1-168】

( ) 21. 某一鉛作業場所鉛作業人數為 60 人，均為軟焊作業，則本鉛作業場所整體換氣裝置之換氣量約為每分鐘多少立方公尺以上？ (1)60 (2)100 (3)600 (4)1000。 【乙 1-298】

( ) 22. 依勞工作業環境測定實施辦法規定，中央管理方式之空氣調節設
備之建築物室內作業場所，應多久監測二氧化碳濃度 1 次以上？
(1)1 個月　(2)3 個月　(3)6 個月　(4)1 年。

【乙 1-321，物測甲 1-78，物測乙 1-97】

( ) 23. 依法令規定，礦場地下礦物之試掘、採掘場所應每 6 個月監測下
列何者之濃度 1 次以上？　(1)雷射　(2)粉塵　(3)二氧化碳　(4)
紫外線。　　　　　　　　　　　【物測甲 1-109，物測乙 1-134】

( ) 24. 設有中央管理方式之空氣調節設備之建築物室內作業場所，應每
6 個月監測二氧化碳濃度 1 次以上，但下列何種之作業場所，不
在此限？　(1)臨時性作業　(2)間歇性作業　(3)作業時間短暫
(4)作業期間短暫。　　　　　　　　　　　　　　【化測甲 1-170】

25. (1)某未使用有害物作業之工作場所，其長、寬、高分別為 40 公尺、20
公尺及 4 公尺，內有作業勞工 100 人。今欲以機械通風設備實施換氣，
以維持勞工的舒適度及安全度。試問：依勞工安全衛生設施規則規定，
其換氣量至少應為多少 m³/min？(2)某通風不充分之軟焊作業場所，作
業勞工人數為 60 人。若以整體換氣裝置為控制設施時，依鉛中毒預防
規則規定，其必要之換氣量為多少 m³/min？Ans：14、100

【2011-3 甲衛 5】

註：以機械通風設備換氣，勞工安全衛生設施規則規定之換氣標準如下：

工作場所每一勞工所占立方公尺數	未滿 5.7	5.7 以上未滿 14.2	14.2 以上未滿 18.3	28.3 以上
每分鐘每一勞工所需之新鮮空氣之立方公尺數	0.6 以上	0.4 以上	0.3 以上	0.14 以上

26. 依勞工作業環境測定實施辦法規定，請說明「設有中央空調之商業銀
行」，雇主應定期實施作業環境測定之項目及期間。　　【2010-2#8-1】

27. 某鉛作業場所，室內長、寬、高分別為 20 米、20 米、5 米，同時使用甲苯每小時 3 公斤。若該場所共有勞工 120 名，請依相關法規計算換氣量應為何？Ans：120 m³/min　　　【2010 工礦衛生技師－環控 4】

28. 某有機溶劑作業場所每小時四氯化碳消費量為 5 公斤，依有機溶劑中毒預防規則規定，試問：(1)四氯化碳是屬何種有機溶劑？　(2)其需要之換氣能力，應為每分鐘多少立方公尺換氣量？（應列出計算式）Ans：1500　　　【2013-3#10】

29. 某汽車車體工廠使用第二種有機溶劑混存物，從事烤漆、調漆、噴漆、加熱、乾燥及硬化作業，試回答下列問題：（請列出計算式）若調漆作業場所設置整體換氣裝置為控制設備，該混存物每日 8 小時的消費量為 20 公斤，依據有機溶劑中毒預防規則規定，設置之整體換氣裝置應具備之換氣能力為多少 m³/min？Ans：100　　　【2013-3 甲衛 5.1】

30. 某工作場所每勞工所占空間（自地面算起高度超過 4 公尺以上空間不計）為 30 m³，以機械通風方式提供每位勞工 0.14 m³/min 之新鮮空氣。請計算每小時換氣次數。（請列出計算式，答案有效位數到小數點以下 2 位）。Ans：0.28　　　【2016-1#10】

31. 勞工工作場所應使空氣充分流通，除應足以調節新鮮空氣、溫度及降低有害物濃度外，其對於一般性的換氣標準規範為何？

　　　【2016 三級工安-衛概 5】

32. 依據我國「有機溶劑中毒預防規則」之規定，請列出容許消費量計算式及其應用上之注意事項。在哪些情況下，當有機溶劑消費量小於容許消費量時，可免除該規則中之設施、管理及防護措施之限制？

　　　【2016 工礦衛生技師-工業安全衛生法規 4】

33. 依「有機溶劑中毒預防規則」之規定，回答下列問題：（四）＿＿＿：指室內對外開口面積未達底面積之 1/20 以上或全面積之 3%以上者。

　　　【2020-3#5.4】

第五節 ❖ 基本原理及應用

　　整體換氣之主要目的之一，是在稀釋有害物濃度，其最低要求是要將有害物濃度控制在勞工作業場所容許暴露標準規定之容許濃度值以下。為達此目的，所需之換氣量與作業環境空間大小、容許濃度值及有害物發散速率有關，其關係式可由基本的質量平衡原理求得，而此質量平衡的原理如圖 8-2 所示：

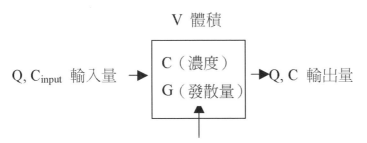

圖 8-2　整體換氣之質量平衡示意圖

由圖 8-2 所引導出來之質量平衡公式可寫成：

有害物累積量（正值）或衰減量（負值）

=發散量+輸入量−輸出量... (8-1)

即：

$$V\frac{dC}{dt} = G + QC_{input} - QC \quad\quad\quad (8\text{-}2)$$

其中，V 為作業環境空間大小(m^3)，

　　　C 為作業環境空氣中有害物濃度(mg/m^3)，

　　　G 為有害物發散量(mg/min)，

　　　Q 為換氣量(m^3/min)，

　　　C_{input} 為輸入空氣中有害物濃度(mg/m^3)，

方程式(8-2)為一階常微分方程式，求解時需有一起始條件 $C(t=0)=C_0$。首先將方程式(8-2)之等號兩邊同除以 Q 得到，

$$\left(\frac{V}{Q}\right)\frac{dC}{dt} = \frac{G}{Q} + C_{input} - C \quad\text{.............} (8\text{-}3)$$

利用變數分離法，將因變數 C 及自變數 t 移至等號兩邊，

$$\frac{dC}{C - \left(\dfrac{G}{Q} + C_{input}\right)} = \frac{-Q}{V}dt \quad\text{.............} (8\text{-}4)$$

等號兩邊分別積分，

$$\ln\left(C - \left(\frac{G}{Q} + C_{input}\right)\right) + const = \frac{-Q}{V}t \quad\text{.............} (8\text{-}5)$$

代入起始條件 $C(t=0)=C_0$，

$$const = -\ln\left(C_0 - \left(\frac{G}{Q} + C_{input}\right)\right) \quad\text{.............} (8\text{-}6)$$

由(8-6)之結果，可將(8-5)改寫為，

$$\ln\frac{C - \left(\dfrac{G}{Q} + C_{input}\right)}{C_0 - \left(\dfrac{G}{Q} + C_{input}\right)} = -\frac{Q}{V}t \quad\text{.............} (8\text{-}7)$$

$$V\frac{dC}{dt} = G + QC_{input} - QC$$

$\downarrow \div Q$

$\downarrow Q = 0$

$$\left(\frac{V}{Q}\right)\frac{dC}{dt} = \frac{G}{Q} + C_{input} - C$$

$$V\frac{dC}{dt} = G$$

$$\downarrow \times dt$$

$$VdC = Gdt$$

$$\frac{dC}{C - \left(\frac{G}{Q} + C_{input}\right)} = \frac{-Q}{V}dt$$

$$\downarrow \div V$$

$$dC = \frac{G}{V}dt$$

$\downarrow$ 積分，$C = C_1$ @ $t = t_1$

$\downarrow$ 積分，$C = C_1$ @ $t = t_1$

$$\ln\frac{C - \left(\frac{G}{Q} + C_{input}\right)}{C_1 - \left(\frac{G}{Q} + C_{input}\right)} = \frac{-Q}{V}(t - t_1)$$

$$C = C_1 + \frac{G}{V}(t - t_1)$$

$$\downarrow$$

$$C = C_{input} + \frac{G}{Q} + \left[C_1 - \left(\frac{G}{Q} + C_{input}\right)\right]e^{-\frac{Q}{V}(t - t_1)}$$

Case 1	$t \to \infty$	$C = C_{input} + \frac{G}{Q}$
Case 1.1	$C_{input} = 0$	$t \to \infty \quad C = \frac{G}{Q}$
Case 2	$C_{input} = 0$	$C = \frac{G}{Q} + \left[C_1 - \frac{G}{Q}\right]e^{-\frac{Q}{V}(t - t_1)}$
Case 2.1	$C_{input} = 0$	$G = 0 \quad C = C_1 e^{-\frac{Q}{V}(t - t_1)}$
Case 2.2	$C_1 = 0$ @ $t_1 = 0$	$C = \frac{G}{Q}\left(1 - e^{-\frac{Q}{V}t}\right)$
Case 3	$G = 0$	$C = C_{input} + (C_1 - C_{input})e^{-\frac{Q}{V}(t - t_1)}$
Case 4	$C_1 = C_{input}$ @ $t_1 = 0$	$C = C_{input} + \frac{G}{Q}\left(1 - e^{-\frac{Q}{V}t}\right)$

圖 8-3　整體換氣關係式推演

去對數，上式可進一步簡化為，

$$C = \frac{G}{Q} + C_{input} + \left(C_0 - \left(\frac{G}{Q} + C_{input}\right)\right)e^{\frac{-Q}{V}t} \quad\text{.....................................} (8\text{-}8)$$

上式即為預測有害物濃度之方程式。應用此方程式時，得視實際情況進行化簡，以下內容及第六、七、八節有詳細介紹。為使讀者能窺得所有關係式之推導過程與應用限制，特將推演關係繪成流程圖（圖8-3）。

對有機溶劑或特定化學物質等，可先假設輸入空氣中不含該有害物質，即 $C_{input}=0$，則質量平衡公式可寫成：

$$V\frac{dC}{dt} = G - QC \quad\text{..} (8\text{-}9)$$

當我們要維持有害物濃度於某一定值（如容許濃度值）時，即化工動力學中所謂的穩定狀態(steady state)時，$\frac{dC}{dt}=0$，此時(8-9)式可改寫成：

$$QC = G \quad\text{...} (8\text{-}10)$$

如針對換氣量，可將上式之 C 移至右邊而得：

$$Q = \frac{G}{C} \quad\text{...} (8\text{-}11)$$

方程式(8-11)也可由(8-8)推得，只要令 $C_{input}=0$，$t \rightarrow \infty$。

由(8-11)式可知，為維持某一濃度所需之換氣量(m^3/min)，等於該有害物之發散量(mg/min)除以該濃度值(mg/m^3)。一般在求取換氣量時，建議將發散量及濃度值分別以 mg/min 及 mg/m^3 表示，如此可省去數據之單位換算。如果是其他單位，需先作單位換算，例如發散率以 g/hr 表示，則 G 值要先乘以 1,000，將 g 換算成 mg，再除以 60，將 hr 換算成 min。此時(8-11)式可表示成：

$$Q\ (m^3/min) = \frac{G\ (g/hr) \times 1,000\ (mg/g)}{C\ (mg/m^3) \times 60\ (min/hr)} \text{...........................} (8\text{-}12)$$

當此有害物之濃度以 ppm 表示時，要先換算成 mg/m^3，其換算公式為：

$$C\ (mg/m^3) = C\ (ppm) \times \frac{M\ (g/mole)}{24.45\ (L/mole)} \text{...........................} (8\text{-}13)$$

其中，M 為該有害物之分子量，24.45 L/mole 則是常溫常壓(25 ℃, 1 atm)時一莫耳(mole)氣狀有害物所占之體積(L)。

將(8-7)式代入(8-6)式中可得：

$$Q\ (m^3/min) = \frac{G\ (g/hr) \times 1,000\ (mg/g) \times 24.45\ (L/mole)}{C\ (ppm) \times 60\ (min/hr) \times M\ (g/mole)} \text{............} (8\text{-}14)$$

有關單位換算之推演說明請參閱附錄 A。

一般在作業環境空氣中常出現多種有害物混存之情形，依「勞工作業場所容許暴露標準」第 9 條之規定，如果這些有害物相互間效應非屬於相乘效應或獨立效應時，應視為相加效應，其計算方法為：

$$\frac{\text{甲有害物成分之濃度}}{\text{甲有害物成分之容許濃度}} + \frac{\text{乙有害物成分之濃度}}{\text{乙有害物成分之容許濃度}} +$$
$$\frac{\text{丙有害物成分之濃度}}{\text{丙有害物成分之容許濃度}} + \cdots \le 1 \text{.......................................} (8\text{-}15)$$

調整(8-11)式成 $C = \dfrac{G}{Q}$，並代入(8-15)式可得：

$$\frac{G_1/Q}{C_1} + \frac{G_2/Q}{C_2} + \frac{G_3/Q}{C_3} + \cdots \le 1 \text{...} (8\text{-}16)$$

整理上式，可求得符合法規要求，不超出容許濃度所需之換氣量 (m³/min)為：

$$Q = \frac{G_1}{C_1} + \frac{G_2}{C_2} + \frac{G_3}{C_3} + \cdots \quad \cdots\cdots\cdots\cdots\cdots\cdots\cdots\cdots\cdots (8\text{-}17)$$

其中，$G_1, G_2, G_3, \cdots\cdots$為各有害物之發散量(mg/min)，

$C_1, C_2, C_3, \cdots\cdots$為各有害物之容許濃度值(mg/m³)。

 範 例

某一公司有作業員工 120 人，廠房為長 25 公尺，寬 12 公尺，高 3.5 公尺，每日需用甲苯 2 公斤及丙酮 4 公斤，已知甲苯及丙酮之分子量分別為 92 及 58，時量平均容許濃度各為 100 ppm 及 750 ppm，求該作業場所之所需安全換氣量為多少？

➡ 解

(1) 依「職業安全衛生設施規則」第 312 條之規定，先計算工作場所每一勞工所占立方公尺數 V_p (m³/p)。

$$V = 25 \text{ m} \times 12 \text{ m} \times 3.5 \text{ m} = 1{,}050 \text{ m}^3$$

$$V_p = \frac{V}{p} = \frac{1{,}050 \text{ m}^3}{120 \text{ p}} = 8.75 \text{ m}^3 / \text{p}$$

查表 8-1 得知 8.75 屬 5.7 以上未滿 14.2，因此每分鐘每一勞工所需之新鮮空氣量 Q_p 為 0.4 m³/min · p 以上。

∴Q=Q_p · p=0.4 m³/min · p × 120p=48 m³/min

(2) 依有機溶劑中毒預防規則規定，查得甲苯及丙酮都屬第二種有機溶劑，根據第 5 條規定，其氣積超過 150 m^3，應以 150 m^3 計算其容許消費量 GM，根據表 8-3，其容許消費量為：

$$G_M \,(g/hr) = 0.4\,V = 0.4 \times 150 \,(m^3) = 60 \,(g/hr)$$

$$= 60 \,g/hr \times \frac{kg}{10^3\,g} \times \frac{8\,hr}{day} = 0.48\,kg/day$$

由此得知本案例中，甲苯及丙酮皆已超過容許消費量。

假設該工廠員工一天工作 8 小時，依據第 15 條規定，由表 8-4 得知其換氣量 Q 為：

$$Q \,(m^3/min) = 0.04\,G = 0.04 \times \left(2\frac{kg}{day} + 4\frac{kg}{day}\right) \times \frac{10^3\,g}{kg} \times \frac{day}{8\,hr}$$

$$= 30 \ m^3/min$$

(3) 依據整體換氣原理所推導之理論換氣量，即(8-17)式。

$$Q = \sum \frac{G_i}{C_i} = \frac{G_1}{C_1} + \frac{G_2}{C_2}$$

$$G_1 = 2\frac{kg}{day} \times 10^6\frac{mg}{kg} \times \frac{day}{8\,hr} \times \frac{hr}{60\,min} = 4{,}170 \,mg/min$$

$$G_2 = 4\frac{kg}{day} \times 10^6\frac{mg}{kg} \times \frac{day}{8\,hr} \times \frac{hr}{60\,min} = 8{,}330 \,mg/min$$

$$C_1 = 100 \,ppm \times \frac{92 \,g/mole}{24.45 \,L/mole} = 376 \,mg/m^3$$

$$C_2 = 750 \,ppm \times \frac{58 g/mole}{24.45 \,L/mole} = 1{,}780 \,mg/m^3$$

$$\therefore Q = \frac{4{,}178}{376} + \frac{8{,}330}{1{,}780} = 11.11 + 4.68 = 15.79 \ m^3/min$$

(4) 綜合上述三種計算得知48 m^3/min>30 m^3/min>15.79 m^3/min，所以本範例之作業場所所需之換氣量為48 m^3/min。

範 例

設一整體換氣系統，在每日開工時現場濃度為 0。(1)開工後污染物之逸散率為= G/Q [1 − exp(−Qt1/v)]；(2)若在 t1 時間時關閉污染源（即此時 G=0），但場所繼續保持換氣流 Q，則再經過 t2 時間後，其現場濃度 為 C2 = C1{exp[−Q/v (t2 − t1)]}；(3) 如 欲 使 C2 降 為 0.5C，則 △t = t2 − t1 = 0.693 v/Q 【90 工礦衛生技師－作業環境控制工程 5】

➡ 解

(1) $(G - QC)dt = VdC$

$\dfrac{dC}{G - QC} = \dfrac{dt}{V}$ （等號兩邊乘 − Q，再各自積分）

$\displaystyle\int_0^{C_1} \dfrac{-Q}{G - QC} dC = \int_0^{t_1} \dfrac{-Q}{V} dt$

$\ln(G - QC)\,|_0^{C_1} = \dfrac{-Q}{V} t\,|_0^{t_1}$

$\ln(G - QC_1) - \ln(G) = \dfrac{-Qt_1}{V}$

$\ln\dfrac{G - QC_1}{G} = \dfrac{-Qt_1}{V}$

$\dfrac{G - QC_1}{G} = e^{\frac{-Qt_1}{V}}$

$C_1 = \dfrac{G}{Q}(1 - e^{\frac{-Qt_1}{V}})$

(2) $-QCdt = VdC$

$\dfrac{dC}{C} = \dfrac{-Q}{V} dt$

$\displaystyle\int_{C_1}^{C_2} \dfrac{dC}{C} = \int_{t_1}^{t_2} \dfrac{-Q}{V} dt$

$\ln C\,|_{C_1}^{C_2} = \dfrac{-Q}{V} t\,|_{t_1}^{t_2}$

$\ln\dfrac{C_2}{C_1} = \dfrac{-Q}{V}(t_2 - t_1)$

$$C_2 = C_1 e^{\frac{-Q}{V}(t_2 - t_1)}$$

(3) $0.5 C_1 = C_1 e^{\frac{-Q}{V}(t_2 - t_1)}$

$0.5 = e^{\frac{-Q}{V}(t_2 - t_1)}$

$\ln 0.5 = \frac{-Q}{V}(t_2 - t_1)$

$-0.693 = \frac{-Q}{V}(t_2 - t_1)$

$\Delta t = t_2 - t_1 = 0.693 \dfrac{V}{Q}$

練習範例
職業安全衛生管理技術士技能檢定及高普考考題

1. (1)某工廠廠房長 10 公尺、寬 6 公尺、高 4 公尺，使用甲苯（第二種有機溶劑）從事產品之清洗與擦拭，若未裝設整體換氣裝置，則其容許消費量為每小時多少公克？（請列出計算過程）　(2)某一室內作業場所，若每小時甲苯之消費量為 0.5 公斤，欲使用整體換氣裝置以避免該作業環境中甲苯之濃度超過容許濃度，試問其換氣量需多少　m³/min？（甲苯之分子量為 92；8 小時日時量平均容許濃度為 100 ppm；設克分子體積為 24.45 L）Ans：60、22　　　　　　　　　　【2009-3#9】

2. 某工作場所空間為：40 m×40 m×4 m，室溫狀況下，有機溶劑的使用量是每小時 4 公升（比重：1.336，分子量：84.94），若其容許暴露濃度為 100 ppm，安全係數(safety factor)設定為 5，請計算：

   (1) 通風系統未啟動，1 小時之後的濃度應為多少？

   (2) 假設進氣系統的去除效率為 80%，外界空氣濃度為 0，請問室內空氣完全循環（無外氣）時，所需操作的空氣流量應為多少 m³/sec？

   (3) 若是完全外氣（無循環迴流），所需的空氣量為多少 m³/sec？

   　　　　　　　　　　　【2010 工業安全技師－工業衛生概論】

3. 某事業單位工作場所長為 40 公尺、寬為 24 公尺、高為 5 公尺，有 160 位勞工在該場所工作，試問：

   (1) 若該工作場所未使用有害物從事作業，今欲以機械通風設備實施換氣以維持勞工之舒適度及二氧化碳濃度時，依勞工安全衛生設施規則規定，其換氣量至少應為多少 m³/min？Ans：48

   註：下表為以機械通風設備換氣時，依勞工安全衛生設施規則規定應有之換氣量。

工作場所每一勞工所占立方公尺數	未滿 5.7	5.7~未滿 14.2	14.2~未滿 28.3	28.3 以上
每分鐘每一勞工所需之新鮮空氣之立方公尺數	0.6 以上	0.4 以上	0.3 以上	0.14 以上

   (2) 若該事業單位內使用丙酮（分子量為 58）為溶劑，則：
   ① 依有機溶劑中毒預防規則規定，其容許消費量應為何？
   Ans：60 g/hr
   ② 若該場所每日 8 小時丙酮的消費量為 20 kg，為預防勞工發生丙酮中毒危害，在 25°C，一大氣壓下裝設整體換氣裝置為控制設備時，其理論上欲控制在 8 小時日時量平均為容許濃度以下之最小換氣量應為何（已知丙酮之 8 小時日時量平均為容許濃度為 750 ppm）？Ans：23.42 m³/min 【2009-3 甲衛 5】

4. 某彩色印刷廠使用正己烷作業，該場所的長、寬、高分別為 15 公尺、6 公尺及 5 公尺，每日 8 小時作業之消費量 30kg，作業人數為 40 人。試問：

   (1) 為預防勞工遭受正己烷中毒之危害，其必要之最小換氣量為何？
   Ans：355.38 m³/min

   (2) 依勞工安全衛生設施規則規定，所必要提供之新鮮空氣量為何？
   Ans：16 m³/min

   已知：A.該作業場所的溫度、壓力為 25°C、1 atm。B.正己烷的分子量及火災（爆炸）範圍分別為 86；1.1%~7.5%。C.正己烷之 8 小

時日時量平均容許濃度為 50 ppm。D.依勞工安全衛生設施規則規定，每人所占氣積在 5.7~14.2 m³ 時，必要供應之新鮮空氣量為每人每分鐘 0.4 m³ 以上。　　　　　　　　　　　　　　【2010-3 甲衛 5-1】

5. 假設在一局限密閉空間內，有一瓶苯(C_6H_6)被打破，苯蒸汽逸散在室內，當達到平衡後，室內環境中仍有苯溶劑殘留，請問常溫常壓下密閉局限空間內的苯濃度為多少 ppm？相當於若干 g/m³？（25°C 溫度下，苯飽和蒸汽壓為 75 mmHg）Ans：98,700、314.87

6. (1) 某一工作場所未使用有害物作業，該場所長、寬、高各為 15 公尺、6 公尺、4 公尺，勞工人數 50 人，如欲以機械通風設備實施換氣以調節新鮮空氣及維持勞工之舒適度，依職業安全衛生設施規則規定，其換氣量至少應為多少 m³/min？Ans：20

註：下表為以機械通風設備換氣時，依職業安全衛生設施規則規定應有之換氣量。

工作場所每一勞工所占立方公尺數	未滿 5.7	5.7～未滿 14.2	14.2～未滿 28.3	28.3 以上
每分鐘每一勞工所需之新鮮空氣之立方公尺數	0.6 以上	0.4 以上	0.3 以上	0.14 以上

　　(2) 同一工作場所若使用正己烷從事作業，正己烷每日 8 小時作業之消費量為 30 公斤，依有機溶劑中毒預防規則附表規定，雇主設置之整體換氣裝置之換氣能力應為多少 m³/min？（正己烷每分鐘換氣量換氣能力乘積係數為 0.04）Ans：150　　　　【2015-3 甲衛 5】

7. 在室內有一發生量為 1 m³/h 的有害氣體，現欲以整體換氣將其濃度降至 50 ppm 且保持平衡，試問換氣量應為多少？Ans：333 m³/min
　　　　　　　　　　　　　　　　【2011 工安技師－工業衛生概論 4】

8. 有一以部分外氣、部分回風方式通風之室內作業空間，在截面尺寸為 40 公分×25 公分之供氣管路中所量得之平均風速為 4.0 公尺／秒。在外氣進口處、外氣與回風之空調箱(plenum)中及回風口等三處所測得之二氧化碳濃度分別為 300、425 及 535 ppm。若此作業空間有 12 位勞工，

請問在上述條件下，每一勞工所分配到的外氣為多少 m³/min？

Ans：2
【2011 工礦衛生技師－環控 4】

9. 某作業場所體積為 Vm³，通風換氣率為 Q (m³/min)，內僅有 A 污染物，其逸散率為 G (mg/min)，假設該場所在 t_0 (min)時，現場空氣中 A 污染物之濃度為 C_0 (mg/m³)：

(1) 試證明該場所在 t(min)時之濃度 C(t) (mg/m³)，可以下式表示之：

$$C(t)=(1/Q)\{G-[(G-QC0)e^{\wedge}(-(Q/V)(t-t0))]\}$$

(2) 在推導前面公式時，其主要假設為何？

(3) 試證明當 t_0=0 min 時，C_0=0 mg/m³，則 C(t)可以下式表示之：

$$C(t)=(G/Q)[1-e^{\wedge}(-Qt/V)]$$

(4) 上式中 Q/V 之物理意義為何？其與 C(t)有何關係？

【2014 工礦衛生技師－環控 1】

10. 某作業場所之內僅有 A 化學品逸散，其逸散率 G_0 為 5,000 mg/min，其所需理論換氣率 Q_0 為 100 m³/min，假設設計時採用之安全因子(K)為 5，則：

(1) 該場所之最終平衡濃度 C_0（單位：mg/m³）為何？

(2) 假設該場所因趕工，其 A 化學品逸散率變為 G_1 (=50,000 mg/min)，如欲維持前(1)之最終平衡濃度，且設計時 K 仍為 5，則所需之理論換氣率 Q_1（單位：m³/min）為何？

(3) 承(2)之假設，如最終平衡濃度變為 $0.5C_0$，則還需增加之理論換氣率 Q_2（單位：m³/min）為何？

【2014 工礦衛生技師－環控 2】

11. 某一使用整體換氣之作業場所每工作日（8 小時）消耗甲苯(C_7H_8)500 毫升，假設甲苯消耗速率均一，使用後迅速汽化且均勻逸散至作業全場，試問為使作業現場甲苯蒸氣濃度控制在行動基準(action level)以下，該現場每分鐘應有多少立方公尺的換氣量？（假設環境條件為常溫

常壓，甲苯密度為 0.867 g/cm^3，甲苯 8 小時日時量平均容許濃度為 100 ppm）Ans：4.8 　　　　　　　　　【2016 工礦衛生技師-工業衛生 5】

12. (1) 正己烷之飽和蒸氣壓遵循安東尼方程式：$\ln(P^{sat}) = 15.8366 - 2697.55 / (T - 48.78)$ 其中 P^{sat} 的單位為 mmHg，T 的單位為 K。請計算在攝氏 30 度時，正己烷之飽和蒸氣壓為多少大氣壓？

(2) 若溶液為水溶液，且含 60% 之正己烷，請問飽和蒸氣壓為多少大氣壓？（假設為理想溶液）

(3) 若儲存於直徑 60 公分之容器，請求出其蒸發量為每秒多少公克？質量擴散係數為：km=0.83(18/M)$^{1/3}$(cm/s)，M 為正己烷分子量 (86)。

(4) 若正己烷之時量平均容許濃度(TWA)為 50 ppm，請問應設計多大之通風換氣量才會符合法令？【2016 工業安全技師－工業安全工程 5】

13. 某 315 m^3 之室內工作場所之清洗黏著作業同時使用兩種有機溶劑：丁酮與甲苯，其容許濃度標準分別為 200 ppm 與 100 ppm。若已知兩種有機溶劑的毒性具有「加成效應」，且其揮發產生率皆為 1 L/hr；此外，丁酮之不均勻混合係數（或安全因子）K=3、溶液密度 ρ_L = 0.81 g/mL、分子量 M=72 g/mol，而甲苯之 K=1、ρ_L=0.87 g/mL、M=92 g/mol：

(1) 請試述 K 之意義並舉例說明。

(2) 請問該場所之需求換氣量(required Q; m^3/min)為何？（已知理想氣體莫耳體積=24 L/mol）

(3) 請問該場所每小時之換氣次數為何？Ans：(2)105, (3)0.33

【2017 工礦衛生技師－環控 4】

14. 某工廠進行特殊噴漆作業，室內體積為 72 m^3，必須批次性地使用二氯甲烷作為稀釋劑，導致二氯甲烷逸散。如以機械通風進行室內揮發性有機物通風改善，通風換氣量為每小時 5 次室內體積時，如欲控制二氯甲

烷濃度至允許之 STEL(short term exposure limit)濃度（75 ppm），此初始二氯甲烷濃度上限應設為若干？如何管制二氯甲烷之濃度需於此限值之下？ 【2018 工安技師—工衛 1】

15. 某事業單位計畫興建 4 層高廠房，試依下列廠房用途及相關法規規定，規劃通風換氣設施。廠房 2 樓計畫使用丁酮（MEK，容許暴露標準為 200ppm，分子量為 72.1）及甲苯（容許暴露標準為 100ppm，分子量為 92）從事清潔擦拭作業，其每小時消費量分別為 1 公斤及 1.5 公斤（假設在空氣中完全蒸發，完全混合均勻），這兩種化學品有麻醉作用且假設相互間為相加(additive)效應。若 25℃、1 大氣壓下作業環境空氣中丁酮之採樣濃度為 140 ppm、甲苯為 120ppm，理想氣體的摩爾體積為 24.45 L。若欲採取整體換氣法將廠內有害物濃度降到符合容許濃度標準，則有效通風流量應該為多少 m³/min？四捨五入至小數點後 1 位。（請按建議公式計算，否則不計分：Q =有害物產生摩爾數*摩爾體積／濃度） 【2019-2 甲衛 4.2】

16. 某作業場所中之三氯乙烷(PEL-TWA=350 ppm)以每分鐘 6 mg 之速率揮發至空氣中；在 25℃及 1 大氣壓下，若欲維持該場所空氣中三氯乙烷濃度不得超過 0.5 PEL-TWA 之水準，試問所需之理論與實際換氣量（Q, m³/min）至少各為何？假設該工作場所之不均勻混合係數 K 為 5；原子量 H=1，C=12，Cl=35.5。 【2020 職安—工衛 4】

第六節 ❀ 防火防爆

「職業安全衛生法施行細則」第 25 條規定，對於作業場所有易燃液體之蒸氣或可燃性氣體滯留，達爆炸下限值之 30%以上時，為「職業安全衛生法」第 18 條所稱有立即發生危險之虞時。另「職業安全衛生設施規則」第 177 條規定，蒸氣或氣體之濃度達爆炸下限值之 30%以上時，應即刻使勞工退避至安全處所，並停止使用煙火及其他為點火源之虞之機具，並應

加強通風。因此為保護勞工安全，作業場所之易燃液體之蒸氣或可燃性氣體濃度應維持在爆炸下限 30%以下，因此其所需換氣量，可由(8-11)式推演而得：

$$Q = \frac{24.45 \times 10^3 \times G}{60 \times 0.3 \times LEL \times 10^4\, M}$$ ··· (8-18)

其中，Q 為最低換氣量(m^3/min)

G 為發散量(g/hr)

LEL 為爆炸下限(%)

M 為分子量(g/mole)

粉末狀的可燃性固體在空氣中以分散（懸浮）狀態存在時，與可燃性氣體相同，當供給熱能時可能引起爆炸，但一般而言，所需的最小引燃能量較氣體爆炸大。與可燃氣體相比，粉塵爆炸也有一定的濃度範圍，且具有上下限。粉塵爆炸的原理如下：(1)懸浮粉塵因熱分解產生可燃氣體；(2)可燃氣體與空氣混合燃燒；(3)引起周圍更多的粉塵燃燒，形成連鎖反應，加快反應速度，最後造成爆炸。2015 年 6 月 27 日新北市八仙樂園內舉辦的彩色派對，現場噴灑大量玉米澱粉及食用色素所製作之色粉，疑似因高熱燈光等熱源，發生快速燃燒而導致火災事故。

 範 例

一乾燥爐內有丙酮在蒸發，每小時蒸發量為 1 kg，問需要每分鐘多少立方公尺之新鮮空氣稀釋丙酮蒸氣才安全？（丙酮爆炸範圍 2.6~12.8%）

⇨ 解

根據(8-18)式

$$Q = \frac{24.45 \times 10^3 \times G}{60 \times 0.3 \, LEL \times 10^4 \times M}$$

其中，G=1 kg/hr=1,000 g/hr

LEL=2.6%

M=58 g/mole

$$Q = \frac{24.45 \times 10^3 \times 1,000}{60 \times 0.3 \times 2.6 \times 10^4 \times 58} = 0.90 \text{ m}^3/\text{min}$$

整體換氣亦與防爆區劃有高度相關。依防爆電氣危險區域劃分指引之內容，分述如下：

首先於指引 3.4，危險區域依其爆炸性氣體環境發生之頻率和期間分成 0 區(Zone 0)、1 區(Zone 1)及 2 區(Zone 2)。其中有 3 點與通風條件有關，包括屬於 1 區的第 4 種為：鄰近 0 區，以致爆炸性氣體環境可能與其相通之場所。但以充足正壓通風防止其相通，並附有效防護裝置，以防止通風失效者除外。

至於 2 區，其第 3 種與第 4 種與通風有關：

(3)已使用正壓機械通風方式，防止爆炸性氣體環境存在，但因通風設備有可能失效或不正常操作之結果，而造成爆炸性氣體環境可能存在之場所。

(4)鄰近 1 區，以致爆炸性氣體環境可能與其相通之場所。但以充足正壓通風之防止其相通，並附有效防護裝置，以防止通風失效者除外。

上述提及之通風及充足通風之定義，則分別在指引 3.7 及 3.8：

3.7 通風(ventilation)：空氣之流動和因為風效應、溫度梯度或人工器具（例：風扇或抽風機）使用新鮮空氣能有替換之作用。

3.8 充足通風(adequate ventilation)，指通風之量足以避免蒸氣／空氣混合物之累積超過爆炸下限 25%。

至於充足通風場所之定義，則在 5.5，內容如下所示：

5.5.1 充足通風係指通風率達到每小時 12 次換氣，或每平方公尺樓板面積每分鐘 1 立方公尺之空氣流量，或其他類似方法足以避免爭氣／空氣混合物之累積超過爆炸下限之 25%。

如果依 NFPA 497 5.4.2 內容，相對於上述 5.5.1 的 ACH 值，NFPA 僅是 6，意即只需要我國指引所列的一半。至於空氣流量，則是 1 ft^3/min/ft^2 (0.3 m^3/min/m^2)，不用到我國指引所列之 1 m^3/min/m^2，即可被認定為充足通風場所。

5.5.1 也列出下列場所一般可視為充足通風場所（參考 NFPA 497 5.4.2）：

(1) 戶外場所。

(2) 建築物、室內或空間基本上係開放式，並且沒有水平或垂直地妨礙空氣之自然流通（例如：有屋頂沒有牆面、有屋頂且一側封閉）。

(3) 以通風系統提供封閉空間部分或部分封閉空間等同於自然通風之通風量，並且此通風系統具有防止失效之適當保護裝置。

5.5.2 建築物、封閉區或部分封閉區域之充足通風安排基本原則為：

(1) 對於比空氣重之易燃性液體，應安排通風可流過易燃性蒸氣可能聚集之全部區域，尤其是地面區域。

(2) 對於比空氣輕之氣體，屋頂和牆開口應安排通風可流過氣體可能聚集之全部區域，尤其是天花板區域。且建築物、封閉區域或部分封閉區域若符合下列 1 個以上之條件時，可是為充足通風場所（參考 API RP505 6.6.2.4.7）：

(a) 建築物或區域有屋頂或天花板，而牆面少於 50%之全部垂直區域（不考慮地板型式）。

(b) 建築物或區域沒有地板（例如：地板為隔柵式）及屋頂或天花板。

(c) 建築物或區域沒有屋頂或天花板，且周邊至少 25%沒有牆面。

練習範例
職業安全衛生管理技術士技能檢定及高普考考題

1. 某彩色印刷廠使用正己烷作業,該場所的長、寬、高分別為 15 公尺、6 公尺及 5 公尺,每日 8 小時作業之消費量為 30 kg,作業人數為 40 人。試問:

   (1) 為預防勞工遭受正己烷中毒之危害,其必要之最小換氣量為何?

   (2) 依勞工安全衛生設施規則規定,所必要提供之新鮮空氣量為何?

   已知:A.該作業場所之溫度、壓力為 25°C、1 atm。B.正己烷的分子量及火災(爆炸)範圍分別為 86;1.1%~7.5%。C.正己烷之 8 小時日時量平均容許濃度為 50 ppm。D.依勞工安全衛生設施規則規定,每人所占氣積在 5.7~14.2 m³ 時,必要供應之新鮮空氣量為每人每分鐘 0.4 m³ 以上。 【2010-3 甲衛 5-1】

2. 某印刷廠每天進行有機溶劑作業 8 小時,使用 1 桶(每桶 5 公斤)二甲苯。二甲苯的爆炸下限為 1%,欲控制使其空間濃度低於 30%爆炸下限,且作業場所溫度控制在 30°C,則應有多少換氣量?

   【2010 工礦衛生技師—環控

3. 某事業單位作業場所之溫度、壓力分別為 25°C、1 大氣壓。試回答下列各問題:

   (1) 今以可燃性氣體監測器測定空氣中丙酮的濃度時,指針指在 2.0%LEL 的位置。試問此時空氣中丙酮的濃度相當多少 ppm?

   (2) 若丙酮每日 8 小時的消費量為 20 kg。今裝設整體換氣裝置作為揉制設備時,

   ① 依職業安全衛生設施規則規定,為避免發生火災爆炸之危害,其最小通風換氣量為何?

   ② 為預防勞工發生丙酮中毒危害,理論上欲控制在 8 小時日時量平均容許濃度以下的最小換氣量為何?

(3) 依有機溶劑中毒預防規則規定，每分鐘所需之最小換氣量為何？

已知：丙酮（分子量為 58）的爆炸下限值(lower explosive limit, LEL)為 2.5%，8 小時日時量平均容許濃度為 750 ppm。

【2016-3 甲衛#5】

4. 有甲苯自儲槽洩漏於一局限空間作業場所，其作業空間有效空氣換氣體積為 30 立方公尺，已知每小時甲苯（分子量：92）蒸發量為 3500 g，甲苯爆炸範圍 1.2~7.1%。請回答下列問題：

(1) 若以新鮮空氣稀釋甲苯蒸氣，維持甲苯蒸氣濃度在爆炸下限百分三十以下（安全係數約等於 3），且達穩定狀態(steady state)時，請問每分鐘需多少立方公尺之換氣量？又，每小時換氣次數為多少？

(2) 呈上題，若安全係數設為 10，需每分鐘多少立方公尺之換氣量？

換氣量參考公式：$Q = 24.45*1000*G*K/60/LEL/10000/M$

【2018-2 甲衛#5】

5. 依防爆電氣危險區域劃分指引之內容，回答下列問題：

充足通風(adequate ventilation)，指通風之量足以避免蒸氣／空氣混合物之累積超過爆炸下限____%。

具以下條件之一，亦可視為充足通風場所：通風率達到每小時____次換氣，或每平方公尺樓板面積每分鐘____立方公尺之空氣流量。

對於比空氣輕之氣體，建築物、封閉區域或部分封閉區域之屋頂和牆開口應安排通風可流過氣體可能聚集之全部區域，尤其是天花板區域。且建築物、封閉區域或部分封閉區域若符合下列 1 個以上之條件時，可視為充足通風場所：

(a) 建築物或區域有屋頂或天花板，而牆面少於____%之全部垂直區域（不考慮地板型式）。

(b) 建築物或區域沒有地板（例如：地板為隔柵式）及屋頂或天花板。

(c) 建築物或區域沒有屋頂或天花板，且周邊至少____%沒有牆面。

第七節 ❖ 有害物濃度衰減

　　當有害物蓄積至過高濃度而需換氣稀釋時，我們需停止發散或移除有害物發生源，並通以新鮮不含該有害物之空氣，此時(8-8)式中之 G=0，且 $C_{input}=0$，則(8-8)式變成：

$$C = C_0 e^{\frac{-Q}{V}t}$$ .... (8-19)

　　其中，C_0 為開始換氣時，即 t=0 時之有害物濃度，Q 及 t 單位一致。

　　$\dfrac{Q}{V}$ 即為所謂之換氣率，其單位為 $\dfrac{m^3/min}{m^3} = min^{-1}$，也就是單位時間（分鐘）之換氣次數，可以用 a 表示，此時(8-19)式可寫成：

$$C=C_0 e^{-at}$$ .... (8-20)

　　根據(8-20)式，有害物濃度將會以指數函數方式衰減。

 範 例

　　設有一個二甲苯儲槽欲進行歲修，在進入儲槽維修前進行環境測定，發現二甲苯濃度高達 1,000 ppm，該儲槽容量為 200 m^3，開始實施換氣，換氣量為 20 m^3/min，若該儲槽已無殘餘二甲苯液體及其他揮發性物質，且均勻換氣，試問換氣 1 小時後，二甲苯濃度衰減至多少？要換氣多久可將二甲苯濃度降在容許濃度標準以下？換氣量加倍為 40 m^3/min 時，此所需時間可縮短多少？

⟹ 解

(1) 根據(8-16)式：

$$C = C_0 e^{-\frac{Q}{V}t}$$

其中，C_0=1,000 ppm

Q=20 m^3/min

V=200 m^3

t=1 hr=60 min

將上述參數代入(8-19)式可得：

$$C = 1,000 e^{-\left(\frac{20}{200}\right)\times 60} = 2.5 \text{ ppm}$$

(2) 調整(8-19)式為：

$$t = -\frac{V}{Q}\ln\frac{C}{C_0} \quad\text{...} (8-21)$$

其中，V=200 m^3

Q=20 m^3/min

C=100 ppm（查容許濃度標準而得）

C_0=1,000 ppm

將上述參數代入(8-21)式可得：

$$t = -\frac{200}{20}\ln\frac{100}{1,000} = 23 \text{ min}$$

(3) Q 改為 40 m^3/min，則根據(8-21)式：

$$t = -\frac{200}{40}\ln\frac{100}{1,000} = 11.5 \text{ min}$$

由此可知，換氣量加倍，所需時間可減半，即換氣量與所需時間成反比關係。

範 例

　　一施工中之負壓隔離病房，長 5 公尺，寬 4 公尺，高 3 公尺，病房內有一浴廁長 2 公尺，寬 1.5 公尺，高 3 公尺。病房入口處上方有一供氣口(supply air opening)及病床床頭側有一排氣口(exhaust air opening)，而排氣口沿著空氣柱接連排氣導管，並延伸至屋頂的空氣清淨裝置、排氣機及排氣煙囪，已知排氣機初始排氣量設定為 470 m³/hr，排氣機機械效率為 0.55，病房內若要符合每小時換氣 8 次之規範，請問供氣口每小時需供給之氣體體積為何？　　　　　【2013 工礦衛生技師考題】

➡ 解

　　病室實際體積：$(5 \times 4 \times 3) - (2 \times 1.5 \times 3) = 51$ m³

　　8 次換氣所需供氣量：$51 \times 8 = 408$ m³/hr

練習範例
職業安全衛生管理技術士技能檢定及高普考考題

1. 有一處地下室發生 CO_2 氣體鋼瓶洩漏，已將氧氣濃度稀釋至 13%，有立即的致命危險，請問此刻的 CO_2 濃度約為多少？若此時鋼瓶洩漏已被控制並關斷，且開始啟動排風機，以每小時 4 次的換氣量將地下室氣體抽出。若 CO_2 的容許濃度標準是 5,000 ppm，請問一個鐘頭後，地下室已達安全要求了嗎？請用計算結果說明之。(此題濃度屬體積濃度，且假設換氣時地下室氣體始終分布均勻)

   Ans：38.1%，7,351 ppm>5,000 ppm，未達安全要求

   　　　　　　　　　　　　　　　【2009 工業安全技師－工業安全工程

2. 一容積為 180 m³ 之二甲苯(C₆H₄(CH₃)₂)儲槽進行歲修作業，入場前槽內已無殘留之二甲苯液體，環境測定發現二甲苯濃度達 1,200 ppm。

(1) 若以換氣量為 12 m³/min 之排氣機實施換氣，試問需進行抽換氣多久時間才能使槽內空氣濃度符合法規容許值(100 ppm)？

Ans：37.27 min

(2) 若改採用一台換氣量為 30 m³/min 之強力軸流式排氣機，實施 15 分鐘換氣作業後，則槽內之濃度會降至多少 ppm？Ans：98.5

【2009 工礦衛生技師－作業環境控制工程】

3. 某 200 公升桶在進行可燃性液體灌裝時需先吹入氮氣，將桶內氧氣濃度降低，以避免產生火災爆炸，桶內氧濃度的變化可用下列微分方程式表示：

$$V\frac{dC}{dt} = -kQ_VC$$

其中 C 為桶內氧濃度，t 為時間，V 為桶之容積，Q_V 為吹入氮氣之體積流速，k 為桶內非均勻混合之修正因子(0.1<k<1)。試推導桶內氧濃度由 C_0 要降到 C_f 所需之時間為何？假設桶內氣體為均勻混合(k=1)，計算以每分鐘 100 公升的氮氣吹入，將桶內氧濃度由 20.9%降至 1%所需之時間為何？Ans: t = -(V/(kQ_v))ln(C_f/C_0), 6.08 min

【2011 工安技師－工業安全工程 3】

4. 一使用中之 Class II 級生物安全櫃 type B2，其櫃內產生之污染空氣，全部經過處理過後由排氣系統排放（空氣再循環率 0%）。因為要變更操作之病原體，需要進行燻蒸消毒，因此以 2 g 甲醛液體加入催化劑進行燻蒸消毒，並封閉生物安全櫃對外之排氣管線，已知櫃內有效燻蒸空間為 1.5 m³。（25°C、1 大氣壓條件下，氣狀有害物之毫克摩爾體積立方公分數為 24.45）

(1) 催化反應開始並產生甲醛蒸氣後，立即將操作門關閉，最後除餘有甲醛殘留液體 0.8 g 外，其餘全部經催化揮發成蒸氣，在 25°C，1 atm 下，甲醛蒸氣均勻分布在安全櫃內，請計算櫃內初始甲醛蒸氣濃度為多少 ppm？

(2) 燻蒸結束後，若甲醛蒸氣未逸散出安全櫃，且櫃外自然空氣中並無甲醛濃度，而櫃內甲醛蒸氣殘餘濃度維持穩定為 120 ppm，若開放排氣系統及操作門，以 3 m³/hr 之排氣量進行均勻之稀釋換氣，於 1 小時之後重新測定殘餘甲醛蒸氣濃度，請估算其遞減後濃度為多少 ppm？

(3) 承上題，若改以 9 m³/hr 之排氣量進行均勻之稀釋換氣，在同樣狀況下，需要多少分鐘才能遞減至題(2)同樣的濃度？

【2015 工礦衛生技師－環控 5】

5. 工作場所每一勞工平均佔 5 立方公尺，雇主提供每一勞工平均每分鐘 0.6 立方公尺新鮮空氣。請計算工作場所換氣率為每小時多少次？

Ans：7.2
【2017-1#10】

第八節 ✿ 二氧化碳蓄積

　　一般辦公處所最常出現的問題之一是在換氣率不足的情況下導致二氧化碳濃度蓄積，一般室外環境空氣中之二氧化碳濃度約為 350~500 ppm，依勞動部公告之勞工作業場所容許暴露標準之規定，二氧化碳之 8 小時日時量平均容許濃度是 5,000 ppm。針對一般室內環境，依據行政院環境保護署於 2012 年 11 月 23 日公告之室內空氣品質標準，規定公私場所經中央主管機關依其場所之公眾聚集量、進出量、室內空氣污染物危害風險程度及場所之特殊需求，予以綜合考量後，經逐批公告者，包括學校、各類文化或社會教育機構、醫療機構、社會福利機構、政府機關及公民營企業辦公場所、運輸業之搭乘空間及車站、公眾休閒娛樂場所、及其他供公共使用

之場所及大眾運輸工具等，其二氧化碳 8 小時平均值應維持在 1,000 ppm 以下。

　　吸入二氧化碳視暴露量大小，會導致呼吸加速、心跳加速、頭痛、發汗、喘氣、頭昏眼花、精神憂鬱、痙攣、視覺干擾、發抖、甚至失去知覺等症狀。其所需換氣量之計算，基本上也是運用(8-2)式及其他推演而得之公式，但與其他有害物不同的地方是，輸入的空氣中必定含有二氧化碳，也就是說在(8-2)式之 $C_{input} \neq 0$，因此，如果要維持二氧化碳濃度在某一定值，即穩定狀態(t→∞)，則(8-8)式簡化如下：

$$C = \frac{G}{Q} + C_{input} \quad\text{...} \text{(8-21)}$$

其通風需求為，

$$Q = \frac{G}{C - C_{input}} \quad\text{...} \text{(8-22)}$$

　　很多人在所謂有「中央空調」的冷氣房內工作，一天下來或一個星期下來，常會發現空氣不好，並感覺不適，其主要原因可能就在其換氣量不足，原因是這些中央空調可能只是用冰水機調節工作場所之溫濕度，由天花板送下來的冷空氣，實際上是直接抽自同一間辦公室，讀者如有興趣可爬上天花板，移開吸音板，看看所謂回風口及送風口之管線裝設方式，即可了解此空調之空氣從哪裡來。如果發現是直接來自室內，則換氣率可能很低，因為此時新鮮空氣只能靠打開門窗進入室內；如果室內空氣由回風口經過導管抽走，調節後再由另外的導管自送風口送進室內，則此時之換氣率視空調主機自室外抽進之新鮮空氣量而定。

　　至於當代盛行的分離式冷機，由於室內機與室內機分離，2 者相連的是冷媒，不是戶外空氣。因此，室內機是抽室內空氣進來熱交換變冷後再送回室內，即等同一般冷氣機之循環模式，其所達成之換氣率幾近於零。

在此要注意的是法規上所規定的換氣量主要是指「新鮮」空氣，即二氧化碳濃度在 350~500 ppm 之室外周界空氣，循環調節之送風量並不包含在內。當換氣量不足時，二氧化碳濃度將因蓄積而逐漸增加，其增加之情形可由(8-2)式推演而得。

$$V \frac{dC}{dt} = G + QC_{input} - QC \dotfill (8\text{-}2)$$

代入起始條件 $C = C_0 @ t = 0$，

$$C = C_{input} + \frac{G}{Q} + \left(C_0 - \left(\frac{G}{Q} + C_{input} \right) \right) e^{-\frac{Q}{V}t} \dotfill (8\text{-}8)$$

當二氧化碳起始濃度 C_0 等於輸入空氣中之二氧化碳濃度 C_{input} 時，

$$C = C_{input} + \frac{G}{Q} \left(1 - e^{-\frac{Q}{V}t} \right) \dotfill (8\text{-}23)$$

當 $t = 0$ 時，

$$C = C_0 = C_{input} \dotfill (8\text{-}24)$$

當 $t = \infty$ 時，

$$C = C_{input} + \frac{G}{Q} \dotfill (8\text{-}25)$$

圖 8-4 為一般辦公室室內環境 CO_2 濃度在一天之中的變化趨勢，其中於上午及下午時段人員最多，若通風量不足，則 CO_2 濃度會如同(8-23)式所預測的增加；至於中午及下班後，通風量保持不變，但因人員銳減，即 CO_2 發生源變少，CO_2 濃度會如同(8-20)式所預測的呈現指數衰減。

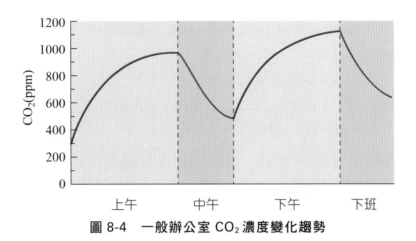

圖 8-4　一般辦公室 CO_2 濃度變化趨勢

 範　例

　　室內 20 人之作業場所，其 CO_2 排放量為 0.6 m^3/hr，若 CO_2 之容許濃度為 5,000 ppm，而新鮮空氣中之 CO_2 之濃度為 450 ppm，及每分鐘需多少立方公尺之新鮮空氣才符合法規？

➡ 解

　　根據(8-22)式

$$Q = \frac{0.6\ m^3/hr \times \frac{1}{60}\ hr/min}{(5,000 - 450) \times 10^{-6}} = 2.2\ m^3/min$$

 練習範例

職業安全衛生管理技術士技能檢定及高普考考題

(　) 1. 作業場所空氣品質的好壞是以下列何種氣體之濃度作為判定之標準？　(1)一氧化氮　(2)氧氣　(3)一氧化碳　(4)二氧化碳。

【乙 3-399】

（　）2. 勞工室內作業場所空氣中二氧化碳容許濃度為多少 ppm？
(1)100　(2)500　(3)1000　(4)5000。　　　　【乙 1-332】

（　）3. 以作業場所整體換氣的角度而言，分離式冷氣機室內機的換氣效果如何？　(1)幾近於 0　(2)視作業場所氣積而定　(3)視冷氣機排氣量而定　(4)視視室內外溫差而定。　　　　【乙 3-398】

（　）4. 依整體換氣基本原理，在穩定狀態(steady state)時，作業場所空氣中有害物濃度與下列哪些參數有關？　(1)有害物發散量　(2)換氣量　(3)作業場所氣積　(4)被排氣機輸入之空氣中有害物濃度。

【乙 3-470】

（　）5. 某作業場所有 300 人，每人平均 CO_2 排放量為 0.03 m³/hr，若 CO_2 之容許濃度為 5000 ppm，而新鮮空氣中之 CO_2 之濃度為 435 ppm，則作業場所每分鐘共需提供多少立方公尺之新鮮空氣才符合勞工作業場所容許暴露濃度？　(1)2.13　(2)2.86　(3)3.29　(4)4.93。　　　　【甲衛 3-245】

（　）6. 室內作業環境空氣中二氧化碳最大容許濃度為 5000 ppm，而室外空氣中二氧化碳濃度平均為 350 ppm，有 100 名員工進行輕工作作業，其每人二氧化碳呼出量為 0.028 m³CO_2/hr，若以室外空氣進行稀釋通風，試問其每分鐘所需之必要換氣量 Q_1？同理，若用不含二氧化碳之空氣進行稀釋通風，請問其每分鐘所需之必要換氣量 Q_2？請問下列選項何者為正確？　(1)Q_1 約為 6 m³/min　(2)Q_1 約為 9 m³/min　(3)Q_1 約為 20 m³/min　(4)Q_2 約為 600 m³/min。　　　　【甲衛 3-239】

7. 某一勞工工作場所以機械通風方式引進新鮮空氣。此新鮮空氣之二氧化碳濃度為 400 ppm，由工作場所回風之空氣，其二氧化碳濃度為 1,000 ppm。如欲使新鮮空氣及回風空氣混合後之二氧化碳濃度為 900 ppm，則新鮮空氣換氣量應為回風風量之多少百分比？（請列出計算過程）

Ans：20%　　　　【2010-2#10】

8. 某事業單位計畫興建 4 層高廠房，試依下列廠房用途及相關法規規定，規劃通風換氣設施。廠房 1 樓計畫做為一般辦公室使用，工作場所長、寬、高是 50 m×25 m×7 m，計畫安排 150 位勞工從事人事管理、會計及綜合規劃等工作。假設辦公室內二氧化碳產生量為 5 m³/hr，室外二氧化碳濃度為 420 ppm，以舒適度考量，希望室內二氧化碳濃度不超過 1200 ppm，則採機械通風設備換氣所需引進之室外空氣流量為若干 m³/min？四捨五入至小數點後 1 位。（請按建議公式計算，否則不計分：Q = 有害物產生量／濃度） 【2019-2 甲衛 4.1】

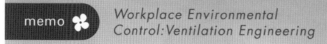

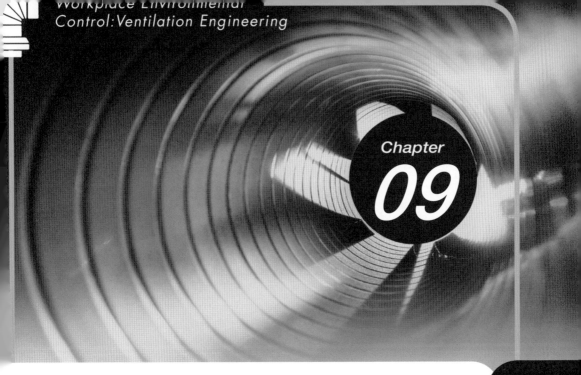

Chapter

09

生物安全暨通風控制

第一節 ❖ 負壓隔離病房設置法源

目前負壓隔離病房之設置，主要有 2 項法源，包括「傳染病防治醫療網作業辦法」以及「醫療機構設置標準」。其中，「傳染病防治醫療網作業辦法」是依「傳染病防治法」第 14 條第 4 項規定訂定之辦法，而醫療機構設置標準依醫療法第 12 條第 3 項規定訂定之標準。相關法源規定，如表 9-1 所示。

❖ 表 9-1　負壓隔離病設置法源

法規	條號	條文內容
傳染病防治法（修正日期：民國 104 年 06 月 17 日）	1	為杜絕傳染病之發生、傳染及蔓延，特制定本法。
	14.4	傳染病防治醫療網區之劃分方式、區指揮官與副指揮官之任務及權限、醫療機構之指定條件、期限、程序、補助內容及其他應遵行事項之辦法，由中央主管機關定之。
傳染病防治醫療網作業辦法（修正日期：民國 101 年 10 月 02 日）	1	本辦法依傳染病防治法第 14 條第 4 項規定訂定之。
	6	為收治需隔離治療之傳染病病人，中央主管機關得指定隔離醫院，並自其中指定應變醫院。 前項醫院之指定作業程序，得以下列方式之一為之： 二、由區指揮官就轄區醫療資源分配，依傳染病房設置原則（如附表二）審核後，送請中央主管機關指定之。
醫療法（修正日期：民國 103 年 01 月 29 日）	1	為促進醫療事業之健全發展，合理分布醫療資源，提高醫療品質，保障病人權益，增進國民健康，特制定本法。本法未規定者，適用其他法律規定。
	12.3	醫療機構之類別與各類醫療機構應設置之服務設施、人員及診療科別設置條件等之設置標準，由中央主管機關定之。
醫療機構設置標準（修正日期：民國 104 年 07 月 09 日）	1	本標準依醫療法第 12 條第 3 項規定訂定之。
	3	綜合醫院、醫院設置標準，規定如附表（一）。

依「傳染病防治醫療網作業辦法」第 6 條第 2 項第 2 款附表二之規定，傳染病房之負壓隔離病床設置原則如表 9-2 所示。此表於 101 年 10 月 2 日修正發布，自 102 年 1 月 1 日施行。

✖ 表 9-2　傳染病房之負壓隔離病床設置原則

設置原則	備註
1. 若為全區之負責隔離病室之病房，應為獨立之區域。 2. 病室，應依醫療機構設置標準相關規定設置，負壓之通風系統，應達每小時換氣 6 至 12 次，且病室內部，相對於病房走廊之氣壓差異，應足以維持穿過門縫之單向氣流，並能承受不可避免之氣壓短暫變動。	1. 每一病室，以設置 1 床為限。但中華民國 101 年 12 月 31 日以前設置之負壓隔離病室，依修正前規定辦理。 2. 無獨立病室者，應以感控措施加強之。 3. 同一病室之病床，且為獨立空調系統，或同一空調系統之全部負壓隔離病床均空床時，仍可入住一般病人。

依「醫療機構設置標準」第 3 條規定，綜合醫院及醫院之設置標準列於其附表（一），其中有關負壓設施如表 9-3 所示，除了隔離病房之外，尚包括其他 3 處：加護病房、亞急性呼吸照護病房、其他部門之調劑設施。因為是整體醫療設施之有關規定，因此醫療機構設置標準條文比表 9-2 所列條文詳細，表 9-2 也明列病房應依醫療機構設置標準相關規定設置。惟有關規定略為不同，特別是每小時換氣次數，醫療機構設置標準僅規定下限為 6 次，傳染病防治醫療網作業辦法則增加上限為 12 次之規定。

有關負壓之規定，醫療機構設置標準有規定病房走廊相對於隔離病室前室為相對正壓，前室對病室內部為相對正壓。傳染病防治醫療網作業辦法則規定病室內部，相對於病房走廊之氣壓差異，應足以維持穿過門縫之單向氣流，並能承受不可避免之氣壓短暫變動。2 者皆未明列負壓值上、下限。

表 9-3　綜合醫院及醫院醫療服務設施之負壓設施設置標準

項目	設置標準
(一)加護病房	1. 加護病床總床數 20 床以上，應設負壓隔離病室。
(二)亞急性呼吸照護病房	1. 醫院設有負壓隔離病室，可提供需隔離病人照護。
(三)隔離病房	1. 設有負壓隔離病床，並應符合下列規定： (1) 其病室應符合下列規定： A. 獨立病室（包括前室，均為封閉式雙門）。 B. 空調系統獨立設置，排氣管應裝置高效濾網(HEPA)，並定期維護，且排氣孔須高於建築物屋頂 3 公尺以上，垂直排氣速度高於 15 公尺／秒。 C. 負壓之通風系統，每小時換氣 6 次以上。病房走廊相對於隔離病室前室為相對正壓，前室對病室內部為相對正壓。 D. 每一病室應設專用浴廁設備，並有扶手及緊急呼叫系統。 E. 前室應有洗手設備，並採用腳踏式或自動感應水龍頭開關。 F. 紫外線燈。 (2) 應有下列設備： A. 高溫高壓蒸氣滅菌器（可全院共用）。 B. 面罩（有呼吸保護裝置）及隔離衣。
備註	1. 負壓隔離病床： (1) 各類病房內得另行設置負壓隔離病室。 (2) 每 1 病室以設置 1 床為原則。 (3) 高效濾網(HEPA)係指可濾除 99.97％直徑大於 0.3 微米的微粒子。 (4) 高溫高壓蒸氣滅菌器，可於院內適當地點設置，但對於污染物品應有完善之包裝、輸送、消毒滅菌計畫。 (5) 紫外線燈可為固定式或活動式。 (6) 設置負壓隔離病房時，應檢具專業機關（團體）、學術單位合格之證明文件，向地方主管機關申請辦理 (7) 負壓隔離病床空床時仍可入住一般病人。

✖ 表 9-3　綜合醫院及醫院醫療服務設施之負壓設施設置標準（續）

項目	設置標準
(四) 其他部門調劑設施	1. 設置無菌調劑處所者： (1) 應設準備室放置隔離衣、手套、口罩等保護裝備，並設有腳踏式或自動感應水龍頭之刷手台。 (2) 調配癌症化學治療藥品者： A. 應具垂直式操作台之負壓調配室。 B. 調配室應設 HEPA 過濾之通風設備、傳遞箱(pass box)及具有無隙縫易清潔之地板。

第二節 ✖ 負壓隔離病房設計原理

　　根據行政院衛生福利部疾病管制署、行政院勞動部勞動及職業安全衛生研究所於 2006 年出版之負壓隔離病房標準作業手冊，其闡述負壓隔離病房為醫院收容傳染病患者時，為控制病患身體產生的生物氣膠污染範圍，刻意使病房內之氣壓恆低於病房外之氣壓，迫使病房外之空氣透過各種結構縫隙（門縫、平衡風門開口等）單向流入病房內部空間，造成病房內空氣之單向隔絕，此種病房通稱為負壓隔離病房。負壓隔離病房通常由「病室」與附屬於病室的「前室」構成，但前者與後者之對應關係可能為一對一（獨立前室）或多對一（共同前室）（負壓隔離病房標準作業手冊，2006）。

　　而負壓空調是一種工程控制手段，為醫院整體感染控制之一環，目的為限制生物氣膠在空氣中傳播的範圍與濃度。其設計目的主要如下：

1. 實現指向氣流：
   (1) 室外環境對負壓隔離區之單向氣流：除潔淨通道外，負壓隔離區任何邊界開口（或結構縫隙）之空氣恆往負壓隔離區內部流動。
   (2) 潔淨區對污染區之單向氣流：潔淨區與污染區的隔間結構開口或縫隙上，空氣恆往污染區方向流動。

(3) 病房走廊對前室之單向氣流,前室對病室之單向氣流。

(4) 手術室對手術準備室之單向氣流,手術室外走廊對手術準備室之單向氣流。

(5) 病室內部之導向氣流(特指完整型負壓隔離病房):排氣口位於病床附近較低位置之牆面,進氣口位於病室內病床對角高處,進氣口供應之較新鮮空氣流向病床方向,使病患呼出之有害生物氣膠不易擴散,且能就近流入排氣口。

2. 降低病室生物氣膠濃度:降低病室生物氣膠濃度之目的在減輕醫護人員呼吸防護具之負擔,降低醫護人員因吸入生物氣膠(包括飛沫)而遭感染之機率。

(1) 若病室內之換氣為導向氣流(可參考圖 9-1),則病患呼出之生物氣膠大部分能以最近距離遭排氣口吸引而排除。除了由排氣口直接吸引排除之工程機制,滯留於病室空氣中之剩餘生物氣膠又可因病室之換氣作用而排出,故病室空氣中之生物氣膠濃度得以降到最低。

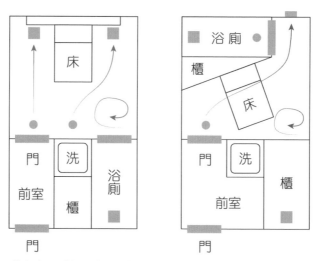

圖 9-1　導向氣流控制案例(負壓隔離病房標準作業手冊,2006)

(2) 若病室之換氣為混合式換氣(可參考圖 9-2),則病患身體呼出之生物氣膠先擴散混合於病室內之空氣,然後藉由換氣作用排出。

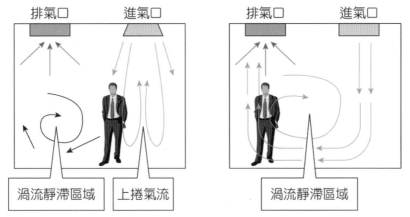

圖 9-2　兩種常見的整體換氣控制案例（負壓隔離病房標準作業手冊，2006）

3. 減輕民眾疑慮：負壓隔離區排出到室外環境之氣體均經 HEPA 濾網以極高之效率濾除生物氣膠微粒，可有效減輕就醫民眾或醫院週遭居民之健康疑慮。

　　由於病房空氣中之生物氣膠濃度高於一般病房，故須利用各種感染控制技術防止醫院工作人員感染，例如佩戴呼吸防護具、設法減少人員出入病房之次數等。負壓隔離區之硬體，不但要考慮如何維持負壓與換氣，同時也要考慮如何才能便於實施前述的感染控制。茲就感染控制觀點，以下簡易介紹負壓隔離病房之設計原則（負壓隔離病房標準作業手冊，2006）：

1. 單向動線：醫院工作人員自潔淨區進出污染區之動線以單向、不交叉之動線為原則；若不得已必須使動線發生交叉時，建議交叉點所在空間一律視為污染區。

2. 結構氣密：為防止異常氣流交換、降低空調運轉成本，除必要之門縫與平衡風門元件，負壓隔離區內任何隔間牆或隔離門應避免出現裂隙、孔洞、開口等穿透結構之瑕疵。

3. 避免設置共同前室：前室之設置，以每間病室獨立設置 1 個專用前室（稱為獨立前室）為原則，若因故須使 2 間或 2 間以上病房共用同 1 個前室（稱為共同前室）時，宜另加強感染控制，以彌補設施之不足。

4. 避免安裝須以手操作之開關：病室門、前室門、其他隔離門、水龍頭、燈具等經常使用之設備，宜選用腳踩開關、膝碰開關、肘推開關，或採其他非接觸方式之開關方式。所使用之開關宜為操作面積大、省力、可埋入牆面或牆角之開關，避免使開關或開關導線任意凸出於通道地面。若無法避免以手操作開關時，建議加強此類開關之消毒。

5. 以硬體設施減少病室進出次數：病室內可視需要安裝呼叫器、通訊器、生命跡象資訊傳送器、觀察窗、攝影機等輔助照護設施，以減少醫護人員進出病室次數，但應徵得病患或病患家屬同意，並尊重病患隱私權。

6. 氣流特性運用：為降低醫護人員佩戴呼吸防護具病室內宜能利用氣流之方向與速度，就近蒐集病患身體散發之生物氣膠並加速排出。詳細說明如下。

    (1) 負壓隔離區內每一個房間建議均設進、排氣口至少各 1 個，以利機動調整換氣率與負壓。

    (2) 換氣次數：為兼顧相對風險與醫院空調運轉成本，建議病室每小時換氣次數為 8~12 次，病室專用浴廁、前室之換氣次數為每小時至少 6 次。前開換氣次數之計算，係以進氣風量除以空間的淨體積為原則。舉例而言，病室換氣次數之計算，係以病室各進氣口進氣風量之和除以「扣除浴廁、前室」之病室空間體積。

    (3) 病室之換氣設計建議為導向氣流換氣，負壓隔離區其餘空間則可選用混合式換氣或導向氣流換氣。若醫院感染控制專家研判病室可使用混合式換氣時，請注意提高混合效益、避免生物氣膠於病患身體附近累積，以以降低醫護人員呼吸防護具之負擔。

    (4) 病床位於病室深處、遠離房門之角隅。病室進、排氣口位於病室空間對角位置；進氣口接近病室門口且安裝高度高於排氣口；排氣口中心之高度稍高於病床床面，且接近病患平躺時之胸部高度。

注意：為避免病患衣物被毯掩蓋排氣口、避免醫護人員救治病患時操作不便，病床靠牆側建議與牆面保持 30 cm 左右距離，但不宜過遠。

(5) 提高混合式換氣之效益：進、排氣口距離愈遠愈好（防止氣流短路）；排氣口避免使用擴散型開口，且須接近病床或污染位置；進氣口遠離病床或污染位置。

(6) 導向氣流換氣開口：由於病室採用導向氣流換氣，進氣口與排氣口之型式建議均使用活動格柵型，以便機動調整進氣口氣流方向、進氣口氣流展開幅度、排氣口有效作用範圍（具有明顯抽吸作用之空間範圍）、床面附近風速。

(7) 混合式換氣開口：由於混合式換氣大多將進、排氣口安裝於天花板，建議進氣口使用活動格柵型，並注意調整格柵板，勿使進氣以高風速垂直吹襲地面。如有必要使用擴散式進氣口時，請注意上捲(up-draft)現象是否有揚起地面、床面灰塵之趨勢。

(8) 考慮病患舒適度：病床床面附近之最高風速建議不超過 0.5 m/sec。

第三節　❖ 負壓隔離病房檢核及常見通風問題

　　為避免傳染性疾病在未受控制的情況下傳染給不特定人，病患宜隔離收容於特定空間內予以治療，康復後始能回到人群之中。隔離病房須能提供治療與維生所需的能量（例如可見光線、紫外線、電力、正壓源、負壓源、恆溫源等）與流體（例如高壓氧、清潔用水、通風用新鮮空氣等），以及抑制或防止病源向不特定空間擴散的功能，是以需要編制特定人員，配備適當儀器進行定期檢核。檢核人員可以安排：醫院感控人員、醫護人員、空調設計修改技師、空調系統維護保養人員或安環人員；簡易配備儀器：風速計、差壓計、風量計、發煙管、數位照像機、口罩等個人防護具。另外尚須準備人員編制表、平面配置圖、動線規劃圖、空調設計圖等資料隨行參考。

目前隔離病房之檢核，主要以行之多年，並年年審訂修改之「負壓隔離病房查核表」為主，是經由衛生福利部疾病管制署、勞動部勞動及職業安全衛生研究所，及國內工業通風（含本書作者群）、感染控制專家共同擬定。

　　根據前述之檢核程序及方法，勞動部勞動及職業安全衛生研究所及其他單位之查核委員（含本書作者群）於民國 92 年 6 月至 7 月間，於各個設有負壓隔離病房之醫療院所實施現場查核，根據全國 51 家醫療院所之查核結果，歸納出以下 11 項和通風相關的問題，分別條列於下，供未來增設或持續維護負壓隔離病房之參考。

1. 隔離病房氣密不佳、負壓不足

　　負壓隔離病房負壓產生的方法，主要是靠進氣量與排氣量的差值，進氣量小於排氣量時就會產生負壓，但其中所稱之進、排氣量係指機械動力所產生的進排氣量。常見的設計方法係以排氣量大於 10~20%的進氣量為設計基準，而將門縫設計為補充風量之來源，如果隔離病房的天花板密封不良，甚或有開窗或病患可以調整風量之行為，就會造成負壓狀態的改變，最常見的錯誤模式是天花板（含廁所）密封不良，天花板之維修孔被打開。

2. 排氣系統未設 HEPA

　　裝設 HEPA 的目的是在防止含有感染性物質由排氣口排出時，不會污染進氣口空氣品質。台灣的醫院大多設在人口密集的地區，如果沒有辦法產生足夠的安全距離，相對而言裝設 HEPA 是一個比較安全的設計。

3. 排氣口位置不當或排氣口風速不足

　　排氣口設計的基本原則是向上，並遠離進氣口，如果高度不足，只好加強排氣口之風速。排氣口風速要高的原因，主要是在於將排出的氣流衝出循環氣流，如果速度不夠快，就會順著循環氣流而被捲下來，極有可能進入進氣口。

4. 病房內流場設計不良

病房內的流場的需求大體上為平行、穩定、低速、均勻之氣流。主氣流以病房進氣口為出發點，流經病人身體，然後流向排氣口。次要氣流由病房外經下方門縫流入房內，使氣體不能自病房門內流向門外，並不是要求氣流成為層流，但也絕不能產生嚴重的短路。最常見的問題是進氣口與排氣口都在天花板上，造成氣流短路，或者是排氣口離病床太遠，病床區的空氣幾乎不流動。最簡單的解決方式是將排氣口儘量接近病人，並調整進氣口的角度使氣流方向對著病患頭部。同時要配合氣流的方向規劃醫護人員站立的位置。

5. 使用內循環系統可能滴水

有些病房使用分離式冷氣作為溫度控制方式，這個方式其實是不理想的，因為進入冷氣系統後，當空氣與冷氣內之冷凝管接觸後，會使帶有病毒之小顆粒增加接觸水分的機會而延長其存活時間，冷凝水也可能具有感染力，而且分離式冷氣還可能會破壞流場。

6. 送氣量不足

有部分病房僅使用冷氣與窗型排風扇，完全靠門縫作為進氣來源，這樣的設計有兩大問題：(1)由於進氣限制於門縫，如果外界空氣量變化時，負壓的分布就會產生變化，開門的一剎那壓力的變化會很大；(2)僅使用窗型排風扇作為排氣動力，會因為戶外的風力變化而產生排氣能力的變化，這是因為扇葉的設計不理想，無法抵抗壓力的變化。

7. 護理站與病房間之隔離門未互鎖

隔離門設計的目的在於防止隔離區的污染空氣不會跑到乾淨區域，如果隔離室的兩道門同時開啟，污染區的空氣很可能跑到乾淨區，所以隔離門應該要注意兩道門不可同時開啟，最好是設立連鎖開關，一道開啟，另一道就無法開啟。

8. HEPA 未設壓力計

HEPA 是一種濾材，裝設 HEPA 之後，會因為微小顆粒吸附在濾材的原因導致壓力阻抗增加，當濾材的阻抗增加就會導致排氣系統風量的減小，風量減小後負壓系統就無法產生足夠的負壓，因此必須裝設壓力計監控其壓力損失，此外濾材前後端裝設壓力計，也可知道壓力損失的程度，從而評估 HEPA 的壽命，提早進行更換 HEPA 之規劃。

9. 病房未設壓力表或壓力計需調校

如何在未進入負壓病房前即確認該病房為負壓是一項重要的安全保證，如果沒有壓力計則較難顯示出病房的負壓狀況。最好能在護理站及設有監視系統，但是由於負壓病房的壓力很小，在選擇負壓計時要特別注意它的顯示範圍。此外，電子式負壓計或負壓指示球都要定時調校，以減少誤差。

10. HEPA 未設更換之標準作業程序

HEPA 的更換，由於可能會接觸到濾材中的污染物，因此需要有一套標準操作作業程序。基本上，由於濾材上應存有過濾空氣後殘留之感染性微生物，所以空調系統之各項設施，包括濾材及通風管道，都應視為感染性廢棄物，而必須遵照感控小組所擬定之感染性廢棄物處理相關措施。

11. 未備有發煙管以觀測流向

病房內部流場會受到許多因素的影響，需定期使用發煙管進行簡單的量測，不但可以保持流場的穩定，而且當風機的流量改變時，可以作為調整進排氣口的參考。

第四節 ✿ 正壓手術室及負壓前室

　　正壓手術室，乃是將清淨空氣送入手術室中，以避免病人在手術過程中，遭受空氣中病原體之感染，並將手術室之空氣，利用正壓特性，排出手術室，其中有一部分氣流會透過手術室的門，排放至鄰近手術室之醫院室內環境中。但如果病人本身具有空氣傳播病原體之虞，手術室之空氣，也將具有空氣傳播病原體之虞，不宜任其排放至醫院其他室內環境中。因此，在正壓手術室外，應設負壓前室，將逸散至手術室門外的空氣，另行排放，避免氣流流至走廊及醫院其他室內環境。

　　有鑑於 COVID-19（新冠肺炎）疫情嚴峻，我國衛福部疾管署於 2020 年 4 月 1 日公告疑似或確診 COVID-19（新冠肺炎）病人手術感染管制措施指引，其中有建議優先使用有前室的手術室。當手術室為正壓時，搭配負壓前室，其氣流方向如圖 9-3 所示。

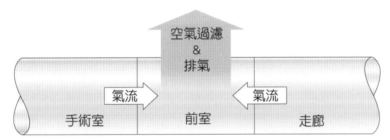

圖 9-3　正壓手術室及負壓前室氣流示意圖（疾管署，2020）

　　由上圖可知，氣流及感控措施特性如下所示：

1. 手術室相對前室是正壓（氣流從手術室流向前室）。

2. 走廊相對前室是正壓（氣流從走廊流向前室）。

3. 前室相對手術室及走廊是負壓，手術室及走廊空氣流向前室後被排放到室外（空氣流向前室並排出室外）。

4. 前室不能用於穿戴和移除個人防護設備（傳染性生物在被排出到室外之前會被吸入前室）。

5. 非緊急性手術應延後至個案解除隔離後再執行。如果個案必須進行緊急手術（含所有手術），建議依循指引中所列之手術處理流程，並儘量將手術安排在當天的最後一臺刀；如果無法安排在最後一臺刀，需與下一臺刀有足夠的間隔時間，以確保該手術室完成足夠換氣及環境清潔消毒。

6. 手術結束後應先需經過大約換氣次數(air change per hour, ACH)12~15 的新鮮空氣換氣 20 分鐘後，再進行手術室環境之清潔消毒。

依本書第 8 章整體換氣所述，換氣次數與所需的間隔時間有關聯，指引中除了上述第 6 點之通例外，有另行表列不同換氣次數時，所需的間隔時間，如表 9-4 所示，供手術室有關人員參考。

✖ 表 9-4　不同換氣率所需時間（疾管署，2020）

換氣率（次／小時）	所需時間（分鐘）	
	空氣置換達 99%	空氣置換達 99.9%
12	23	35
15	18	28
20	14	21

為支持醫院設置或改建為此類手術室，衛福部於 2020 年 12 月 3 日修正「執行嚴重特殊傳染性肺炎醫療照護及防治發給補助津貼及獎勵要點」，新增醫院正壓手術室建置獎勵。其醫療機構建置因應新興傳染病手術室獎勵申請單，有分成基本項目及優良項目，如表 9-5 所示。

✖ 表 9-5　正壓手術室負壓前室查核項目（疾管署，2020）

	基本項目	優良項目
正壓手術室 ACH	≥15	
負壓前室 ACH	≥10	
進氣管路之濾網過濾率	≥90%	
新鮮外氣之進氣量占每小時進氣量	≥20%	
排出空氣未經內循環重新進入進氣管路或進入內循環前經 HEPA 過濾，且空氣循排氣管路排放至室外前，已先經 HEPA 過濾；HEPA 及排氣管路並有定期維護	V	
正壓手術室與相鄰負壓前室之正壓值	≥2.5 Pa	≥8 Pa
正壓手術室與相鄰走廊之負壓值	≥2.5 Pa	
負壓前室與相鄰走廊之負壓值	≥2.5 Pa	
潔淨之進氣氣流由位於手術臺上方之天花板，向下吹向對側低處之排氣口	V	
排氣口下緣高於地面	≥10 cm	
排氣管路出口高於建築物屋頂		≥3 m
具有常規監測溫、溼度之機制	V	
最近 1 周之平均溫度		20~23°C
最近 1 周之平均相對溼度		30~60%
進出口之門，採非手動方式開啟	V	
建築結構氣密		V
工作人員穿脫手術衣與個人防護設備之地點合乎感染管制原則		V

第五節 ✿ 生物實驗室分級及通風控制管理

　　依據病源微生物對個人及社區危害程度之不同，實驗室可歸納出下列四種不同安全等級（P 即表示 Physical containment level）：P1 實驗室適用於處理對個人及社區具低度危害性之微生物；P2 實驗室適用於處理對個人具有中度危害性，而對社區之危害有限之微生物；P3 實驗室適用於對個人具有高度危害性，而對社區具有中度危害性之微生物；P4 實驗室則適用於處理對個人及社區同樣具有高度危害性之微生物。

　　近年新加坡、國內實驗室、中國發現的 SARS 病例，發現起因都是在實驗室造成的感染，勞動部呼籲於實驗室內從事微生物研究之人員，落實生物危害分級管理，並依相關標準作業程序及設備進行操作。行政院勞動部勞動及職業安全衛生研究所於民國 89~91 年間曾針對生物科技相關產業從業人員對於生物危害的認知與管理情形進行調查、並蒐集國內外訂定之相關安全衛生管理的資訊；大部分生技公司具有實驗室(89.5%)，顯示生技產業有研發特性。因此實驗室的安全規範狀況格外重要，而在實驗室的入口處僅有 9.8%設立生物危害標誌，且高達 64.7%的受訪者並不清楚該實驗室的生物安全等級，表示生物危害之觀念仍有待加強。由於微生物對人類的危害性，變異性相當大，安全衛生考量差異亦大，許多國家、歐盟、及世界衛生組織均依據微生物對人類潛在危害性的大小，採用分級管理的方針，將生物危害分級，而最常見的為分成四級，請參見本書前部分相關章節介紹。

　　依據衛福部疾病管制署在民國 100 年「P2 以上實驗室生物安全查核基準及評分說明」中指出，P2 以上實驗室的位置及物理性結構（包含牆面、天花板及地板）使用之材質應可維持實驗室之氣密狀態為主。且實驗室為密閉空間，與公共區域明確分開，應具有管制的獨立動線。而由公共通道進入實驗室阻隔區之路徑，應以實施管制之前室（或類似設計之房間）予以區隔。且辦公室區域不應設在實驗室阻隔區以內。而實驗室之牆板應以氣密施工，且使用耐酸鹼及耐壓之材料；地板則應採用耐酸鹼、耐磨及止

滑之材料。而實驗室內牆面、地板及天花板之孔（縫、間）隙及貫穿孔等應予以密封，且無明顯裂縫，以維持實驗室氣密狀態。另外，以煙流測試實驗室內之插座、貫穿孔或其他已密封處時，煙流之方向應不受影響。且實驗室阻隔區應連接或鄰近更衣室。而實驗室建議應具有互鎖(interlock)控制之緩衝室，在緊急情況時可供解鎖。

在通風相關控制規定中，也指出實驗室之位置應位於邊間或所在建物之高樓層，且排氣管路至過濾處理系統之總長度為一層樓高度以下，並應利於進排氣系統之維護。實驗室規定應採用穩定且合格之空調處理系統，其進氣使用新鮮外氣，無使用回風或自其他感染區進氣。實驗室之排氣皆需經過 HEPA 濾網過濾，且進排氣口之位置不相互產生迴流，無其他物品擋住進排氣口或影響其氣流方向。另外也需注意排氣口位置不影響生物安全櫃入口氣流之方向，不產生擾流。其餘尚須考慮以下注意事項：

1. 進排氣系統異常時，具有可發出聲音之警報裝置警告現場操作人員。

2. 設置備援排氣風機及排氣 HEPA。

3. 排氣系統已預留燻蒸消毒孔及洩漏測試孔。

4. 實驗室定期檢測 HEPA 濾網之效能，並備有標準作業程序之文件（內容包括檢測程序、更換 HEPA 濾網之時程及程序，以及廢棄 HEPA 濾網之後續處置作為）。

5. 裝設於排氣端之 HEPA 濾網靠近污染處（非靠近排氣風機端）。

6. 設置之備援排氣風機及排氣 HEPA 可立即自動切換，且風機定期交替使用。

7. 實驗室換氣率經檢測可達到每小時 12 次以上。

8. 屋頂排氣口經檢測，排氣速度至少每秒 15 公尺之速度排出。

9. 屋頂排氣口與新鮮外氣引入口具有 15 公尺以上水平距離，且非位於同側。

10. 實驗室之進排氣系統為獨立，排氣未與生物安全櫃共管（即排氣使用專用管路）。

11. 進排氣系統管路具有足夠空間可供維修保養及清潔。

　　另外，也規定要使用合適且經檢測合格之生物安全櫃，並每年至少檢測一次。例如，要使用第二級以上之生物安全櫃，最好採用 B2 型式安全櫃。其餘尚須注意以下各項規定：

1. 除生物安全櫃外，實驗室另裝設有其他排氣管路。

2. 生物安全櫃之安裝位置遠離門口，不受進排氣影響和人員經過頻繁的區域。

3. 使用之生物安全櫃已通過其原廠所依循之國家檢測標準、產品認證及現場安裝檢測，應提供相關證明文件備查。

4. 每年至少檢測一次，且生物安全項目檢測結果合格。

5. 生物安全櫃內未擺放非操作所需之物品，且亦無阻擋氣柵出口。

　　生物安全櫃類型屬 A2 型式者，須另符合以下條件：

1. 於排氣集氣罩後方適當處加裝 HEPA 濾網，並於開關機瞬間、運轉中及停機時，在集氣罩之間隙處均無產生正壓。

2. 生物安全櫃周邊保留空間以允許進行維護保養及清潔之工作。

3. 實驗操作完畢後，至少持續運轉 5 分鐘，方關閉生物安全櫃。

4. 屬 A2 型式且對室內排氣者，每半年實施 1 次安全檢測。

5. 生物安全櫃具有獨立排氣管道，不與實驗室排氣共管。

練習範例
職業安全衛生管理技術士技能檢定及高普考考題

( ) 1. 下列哪些等級的生物安全實驗室門口應張貼生物安全危害標示？
(1)第一等級　(2)第二等級　(3)第三等級　(4)第四等級。
【乙 3-447】

( ) 2. 負壓隔離病房的設置特性，不包括以下哪一項？　(1)醫院收容傳染病患者時，設計以控制病患身體產生的生物氣膠污染　(2)設計使病房內之氣壓恆低於病房外之氣壓　(3)設計迫使病房外之空氣透過各種結構縫隙（門縫、平衡風門開口等）單向流入病房內部空間，造成病房內空氣之單向隔絕　(4)醫護人員在病房內照護病患時，應站在氣流流入之下風處，避免受到空氣傳播感染。
【甲衛 3-270】

( ) 3. 下列對於生物危害管理之敘述，哪一項有誤？　(1)標準微生物操作程序禁止飲食、吸菸、處理隱形眼鏡、化妝，但在實驗室內可以喝水　(2)生物危害管理二級防範措施，包含保護實驗室外環境（含社區環境），工作人員需免疫接種與定期檢驗，但無關動物管制　(3)生物安全等級第三級：臨床診斷教學研究生產等單位使用本土或外來物質時，可造成嚴重或致命疾病者，如漢他病毒　(4)生物安全操作櫃 III 級：為人員、外界環境與操作物的最高保護，適用生物安全第三、四級。　【甲衛 3-272】

( ) 4. 下列對於生物危害之人員管理敘述，哪一項有誤？　(1)加強個人衛生（例如洗手）　(2)注意個人健康管理（例如施打疫苗）　(3)操作生物安全第三、四級者，應遵守標準微生物操作守則，其餘生物安全等級則排除　(4)使用個人防護設備（最後一道預防管道）。　【甲衛 3-275】

（　）5. 設計一間生物安全第三等級(P3)實驗室，請依照 1~4 各空間別的
　　　　空調設計室內空氣壓力由高至低排列：

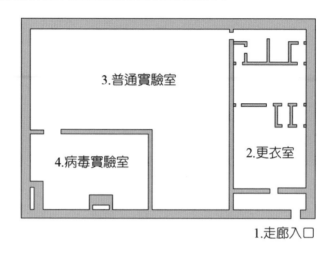

(1) 1>2>3>4　　(2) 4>3>2>1　　(3) 1>2>4>3　　(4) 3>4>2>1。

【2013 建築師－建築環境控制 9

6. 雇主對於受生物病原體污染之物品，應裝袋送政府清潔車拋棄，以避免
　勞工感染疾病。　　　　　　　　　　　　　　　【2004.11.21 第 43 次 7

7. 對中央空調系統採用噴霧處理時，噴霧器及其過濾裝置，應避免受細菌
　及其他化學物質之污染。　　　　　　　　　　　　【2004.3.21 第 41 次 8

8. 請依據 SARS（嚴重急性呼吸道症候群）感染的問題，提出具體有效的
　工作場所生物性危害預防方法。　　　　【2003 工礦衛生技師－工業衛生 3

9. 試以肺結核病房為例，說明負壓病房之設計概念？

【2003 工礦衛生技師檢覈－環控 4

10. 對於工作之中可能造成飛沫感染的疾病，試說明如何在工業衛生上作預
　　防與控制。　　　　　　　　　　　　　【2003 工安技師－工業衛生概論 2

11. 試由搖籃到墳墓的想法，說明感染性廢棄物之處理應如何運作，才不致
　　對其從業人員造成傷害？　　　　　　　　【2005 工礦衛生技師－環控 8

12. 試說明暴露於操作櫃處理微生物的過程中,有哪些方法可以控制避免被所產生的污染物質噴濺或接觸氣懸物質?

【2006 工礦衛生技師－環控 4】

13. 一施工中之負壓隔離病房,長 5 公尺、寬 4 公尺、高 3 公尺,病房內有一浴廁長 2 公尺、寬 1.5 公尺、高 3 公尺。病房入口處上方有一供氣口(supply air opening)及病床床頭側有一排氣口(exhaust air opening),而排氣口沿著空氣柱接連排氣導管,並延伸至屋頂的空氣清淨裝置、排氣機及排氣煙囪,已知排氣機初始排氣量設定為 470 m^3/hr,排氣機機械效率為 0.55。

(1) 病房內若要符合每小時換氣 8 次之規範,請問供氣口每小時需供給之氣體體積為何?Ans:408 m^3

(2) 經試運轉後,發現需調整排氣機轉速至原先設計轉速之 1.2 倍,才有足夠排氣量,請問排氣機經調整後之排氣量為多少 m^3/hr?
Ans:564

(3) 承上題,若經排氣機轉速調整後,病房對大氣之壓力差符合標準值 −8 Pa,而排氣機靜壓提昇至 50 mmH_2O,排氣機出口動壓提昇至 60 mmH_2O,請問排氣機所需動力為多少 kW?Ans:18.4

【2013 工礦衛生技師－環控 1】

4. 請說明通風系統於正壓(positive pressure)與負壓(negative pressure)狀態下之操作特性;並說明風閥(damper)的種類與控制功能。

【2013 冷凍空調工程技師－冷凍空調自動控制 4】

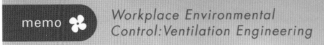

Chapter

10

整體換氣檢測實務

第一節 ❖ 追蹤氣體技術與換氣率量測

一、室內氣流形態

室內氣流型態影響空間內空氣與污染物的混合程度，是決定室內空氣品質及作業場所通風效果優劣的主要關鍵。影響室內氣流型態的主要因子有：空調出風、回風口的大小、位置與型式；出風口之氣流速度；出風口氣流與室內空氣之溫差；空調設備之種類；熱源的強度與位置；空間大小與幾何形狀；家具或設備之擺設。

常見的室內空氣流場基本形態如以下四種：

1. 完全混合式(complete mixing)。

2. 短路型氣流(short circuiting)。

3. 置換式氣流(displacement flow)。

4. 活塞式氣流(plug flow)。

在空間流場實地測量上，由於流體運動型態複雜，將空間分為三度空間網格(grid)逐點準確地測量污染物濃度或氣流速度，不僅耗費時間，且須昂貴精密之儀器設備，故很少應用於一般之作業場所。因此，利用追蹤氣體技術研究氣流之運動行為，即成為較簡易可行之方法。

二、追蹤氣體技術基本原理

追蹤氣體技術的基本原理為在空氣中加入在待測環境背景濃度極低或存在濃度穩定的氣體以為標記，如六氟化硫(SF_6)、笑氣(N_2O)、二氧化碳(CO_2)等，藉由不同釋放方式記錄其在待測環境內濃度與時間之關係，以推測空氣群體(population)之流動情形，並求得有意義之訊息。常應用於居住及工作環境通風測量中如：模擬污染物散布情況、建築物之外氣滲透率

(infiltration rate)、空調運作時的再循環率(recirculation rate)，以及密閉空間中換氣率(air change per hour, ACH)或換氣量(volumetric flow rate)之測量。

三、換氣率及其測量方法

換氣率或換氣量之測量可利用追蹤氣體技術，以下三種方法已被認定為標準測量法：

1. 濃度衰減法：在空間中釋於適量追蹤氣體，至其分布均勻後便開始記錄其濃度與時間之關係；追蹤氣體濃度將因不含追蹤氣體的空氣補充而遞減。

2. 定量釋放法(constant injection method)：以定流量之追蹤氣體注射至空間中。

3. 定濃度法：注射追蹤氣體，並維持其在空間中之濃度為一固定值。

其中，由定量釋於法與定濃度法可直接測得換氣量，除以空間體積即得換氣率。三種方法中最為普遍使用的是濃度衰減法，因其實驗操作方便，使用儀器也較其他兩種方法簡易。

濃度衰減法所依之原理為質量平衡(mass balance)。在室內空氣完全混合的假設下，當追蹤氣體停止釋於後，因不含追蹤氣體的空氣持續通入而使室內追蹤氣體濃度呈指數函數之遞減，將濃度取自然對數後對時間作圖，經最小平方法(least-squares method)迴歸分析後可得一直線關係，此直線斜率之負值即為所量測空間之換氣率。

四、換氣率運算實例—CO_2 衰減法

將追蹤氣體於一密閉空間中釋放，假設在此空間內空氣完全混合，則追蹤氣體在此空間的濃度變化應符合以下之質量平衡方程式：（參考第八章整體換氣）

$$V \frac{dC}{dt} = G + QC_{input} - QC \quad\text{..} \text{(10-1)}$$

一段時間後停止釋放追蹤氣體(G=0)，且假設進入空間的空氣不含追蹤氣體(C_{input}=0)，則上式可簡化得：

$$V \frac{dC}{dt} = -QC \quad\text{..} \text{(10-2)}$$

移項得：

$$\frac{dC}{C} = -\frac{Q}{V} dt \quad\text{..} \text{(10-3)}$$

積分得：

$$\ln C = -\frac{Q}{V} t + 常數 \quad\text{..} \text{(10-4)}$$

因此空間的換氣率(Q/V)恰好等於追蹤氣體濃度取自然對數對時間的一次微分之負值。

追蹤氣體有多種選擇可供使用，但從測定儀器與氣體本身之成本來看，CO_2 衰減法可能是最簡易且所費不多的選擇，因此特別介紹以 CO_2 推估換氣率的實例。一有通風之空間，已知其氣積為 50 m^3，新鮮空氣換氣量為 75 m^3/hr，所以實際換氣率為 1.5 次／hr，測量前首先開啟 CO_2 鋼瓶施放 CO_2 至約 5,000 ppm 左右，然後關閉鋼瓶，期間每分鐘記錄一次 CO_2 濃度，連續記錄 2 小時，圖 10-1 為 CO_2 濃度變化圖。

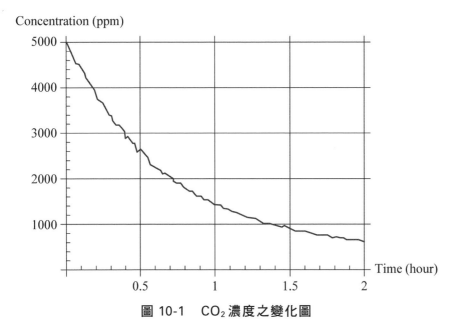

圖 10-1　CO_2濃度之變化圖

　　然後將測得之所有 CO_2 濃度資料轉換成正則化濃度(normalized concentration)C_N，其定義如下：

$$C_N = \frac{C(t) - C_o}{C_i - C_o} \quad\text{(10-5)}$$

　　其中 C_i 為該時段 CO_2 的起始濃度，C_o 為進入房間內新鮮空氣中 CO_2 的濃度，換氣率則為 $\ln(C_N)$曲線對時間的斜率負值。該時段之正則化濃度與時間的變化可見於圖 10-2，經最小平方法(least square method)得一擬似直線：

$$y = -1.05234x + 8.39097 \quad\text{(10-6)}$$

　　即換氣率為 1.05234 次／hr。測量值與真實值有 29.8%之誤差，可能與房間之其他洩漏(infiltration)及混合不均勻有關。

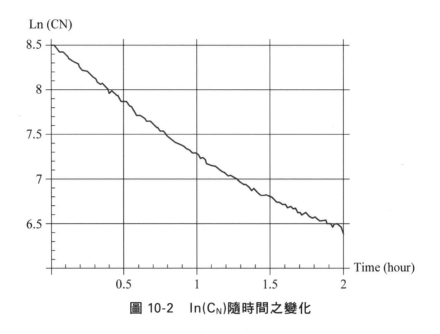

圖 10-2　ln(C_N)隨時間之變化

第二節　乾淨空氣釋放率

　　近年來建築物的氣密式設計及人工建材的大量使用，室內空氣品質不良的問題益形嚴重，使得人類常感染與室內空氣污染有關的疾病。由於環保觀念的普及，也使得國人逐漸重視居家環境和空氣品質，因此標榜空氣淨化的空氣清淨機，近幾年來的成長相當快速。而控制室內污染物濃度的最有效方法之一為使用空氣清淨機，目前空氣清淨機使用之濾網及清淨機制種類繁多，其用途和對污染物的效果也有差異。

　　目前國際間採用的空氣清淨機測試方法之一　AHAM　AC-1，由美國家電製造協會(Association of Home Appliance Manufacturers, AHAM)所訂定。此項測試方法於 1988 年通過美國國家標準局(American National Standards Institute, ANSI)認可成為美國標準。主要目的為測試空氣清淨機對粉塵、香菸粒子、花粉三種測試粒子之清淨能力，清淨能力以乾淨空氣釋放率(clean air delivery rate, CADR)，一種量化數值來表示，此項標準可提供消費者作為選購參考。

　　空氣清淨機之污染物收集效率，主要與清淨機本身之污染物收集效率以及清淨機操作風量有關。因此美國家電製造協會與美國國家標準局共同擬定 ANSI/AHAM AC-1-2002，以評估小型室內空氣清淨機的性能良窳。ANSI/AHAM AC-1-2002 所擬定的測試室內空氣清淨機的一個標準操作程序。擬定為測試空氣清淨機有效處理風量(ft³/min)，更嚴格而言，CADR 為在測試腔中空氣清淨機運轉時所造成微粒的移除率減室內環境自然衰減率，再乘以測試腔體積。它是目前歐美廠商較廣泛採用的空氣清淨機性能指標，此標準下可以提供廠商與消費者對於清淨機的使用效能與特性一個基本準則。

　　測試標準中所用的測試房間大小為 10.5 ft×12 ft×8 ft，總體積為 1,008 ft³。為確保氣膠不會因擴散或通風稀釋而造成濃度下降，房間換氣率必須事先使用 SF₆ 當成追蹤氣體量測，且必須小於 0.03 L/hr。清淨機測試過程中環境之溫濕度須控制於 21±2.5℃、40±5%，清淨機之供應電源為 120±1 V、60±1 Hz。測試前空間之微粒背景濃度須潔淨至香菸 90 particles/cc，粉塵 0.03 particles/cc，花粉 0.03 particles/cc，清淨機測試之粒子初始濃度為香菸 24,000~35,000 particles/cc，粉塵 200~400 particles/cc，花粉 5~15 particles/cc。在測試前先使用 HEPA 濾材將測試腔潔淨至規定濃度，啟動風扇使其均勻混合一分鐘。關上風扇後三分鐘，進行濃度測量。當達初始濃度範圍時即進行自然沉積或清淨機效能測試，經由以微粒量測儀器測量測試腔中微粒自然衰減及清淨機運轉時的濃度變化。在開始量測第二分鐘以後，一分鐘記錄一筆，在微粒到達儀器可量測的最低濃度時，應該至少已經有九筆數據已被記錄，否則此數據不可被認可。由於測試腔中的換氣率可以忽略，所以在計算衰減常數時，可以省略換氣率計算。其理論依據為：假設於體積大小為 V 之完全密閉空間內，即無滲透及外洩風量，且無粉塵產生源，則粉塵濃度的質量守恆方程式為：

$$\frac{dC}{dt} = -K_n C - \frac{Q(C_{in} - C_{out})}{V} \quad\text{... (10-7)}$$

其中，C：微粒濃度

C_{in}：進入空氣清淨機之微粒濃度

C_{out}：離開空氣清淨機之微粒濃度

Q：空氣清淨機運轉風量

K_n：微粒自然沉降常數

V：測試腔體積

而空氣清淨機集塵效率 η 為：

$$\eta = \frac{(C_{in} - C_{out})}{C_{in}} \qquad (10\text{-}8)$$

至於空氣清淨機短循環效率 E_d 之定義為：

$$E_d = \frac{C_{in}}{C} \qquad (10\text{-}9)$$

將式(10-8)及式(10-9)代入式(10-7)，則式(10-7)可簡化成：

$$\frac{dC}{dt} = -\left[K_n + \frac{\eta E_d Q}{V} \right] C \qquad (10\text{-}10)$$

解微分方程式可得粉塵平均濃度變化的特性方程式：

$$C_t = C_i e^{-Kt} \qquad (10\text{-}11)$$

其中 $\qquad K = K_n + \frac{\eta E_d Q}{V} \qquad (10\text{-}12)$

當清淨機無運轉時，Q=0，則：

$$K = K_n \qquad (10\text{-}13)$$

當清淨機運轉時，

$$K = K_n + \frac{\eta E_d Q}{V} = K_a \quad\text{...(10-14)}$$

則

$$CADR = (K_a - K_n) \times V = \eta E_d Q \quad\text{.........................(10-15)}$$

故 CADR 為考慮清淨機效率 η 及短循環係數 E_d 兩項因素後，所得之空氣清淨機有效處理風量。因清淨機效率及短循環係數不易計算求得，故藉由實驗方式及統計方法先將 K_a、K_n 求得，再帶入上式，即可求得清淨機有效處理風量。

第三節 市售空氣清淨機簡述

依照空氣清淨機其型態與使用的方式，大致上可以分為管內型(in-duct cleaner)與室內清淨機(room cleaner)兩種。管內型清淨設備是泛指加裝於空調系統(heating, ventilation, and air conditioning system, HVAC)中的過濾裝置，而室內清淨機則是指那些具有完整且獨立機體的空氣污染物處理設備。除此之外，若是依據空氣清淨機淨化空氣的原理，亦可將其分為過濾集塵、靜電集塵以及混合式空氣清淨機等等，然而對於這幾類的空氣清淨機而言，除非另外裝設如活性碳等吸附劑，否則僅對於粒狀物具有捕集的效能。

一、過濾集塵式空氣清淨機

過濾集塵式空氣清淨機的除塵原理乃是利用乾燥過濾的方式，藉著能量的提供，驅使空氣通過濾材，以達氣、固分離的目的。因此，此種空氣清淨機的除塵效率取決於濾材的種類、型式以及處理風量的大小。

平面式濾材(flat or panel filters)是機械式空氣清淨機所使的濾材中屬於最簡單、效率較差的一種。通常是由一些較粗的金屬纖維、海綿、玻璃纖維、動物毛髮、植物性或合成纖維編織而成。這一類的濾材由於基於通風量以及能量消耗的考量之下，其充填密度(packing density)一般來說並不會太高，雖然常會於濾材表面作一些處理（如於表面塗布一層油），但是整體的過濾效率仍然不佳。根據研究顯示，這一類的濾材對於 10~100 μm 花粉大小的微粒尚有 75%的去除效率，不過對於 0.01~1 μm 的香菸微粒與大部分黴菌孢子等大小的微粒即不具有太高的效率。

為了改善平面式濾材的缺點，因而發展出一些具有皺摺的濾材(pleated or extended surface filters)。相對於平面式濾材，由於具有較大的表面積，因此若是將兩種濾材運用在同一臺空氣清淨機上，在相同的通風量下，摺皺式濾材顯然有較低的表面風速，所以，若允許在相同的空氣阻抗下操作，摺皺式濾材在製作上就可以減小纖維直徑並提高充填密度，而過濾效率乃因此提升。

二、靜電集塵式空氣清淨機

相較於過濾集塵式空氣清淨機，低空氣阻抗是此類空氣清淨機的一大優點。電子式空氣清淨機(electrostatic air cleaners)事實上即是一種簡易、小型的靜電集塵器，其除塵原理乃是利用靜電力來收集微粒。靜電集塵器的主要構造有 a.放電電極、b.收集板電極，以完成微粒帶電與微粒收集的目的；然而一般工業用途的靜電集塵器另外還裝有 c.粉塵抖落的設備、d.漏斗以及 e.其他輔助單元如：門、節氣閥、安全裝置等，以達連續操作的目的。

基於使用的目的以及經濟效益的考量上，許多種不同型式的靜電集塵器被發展出來，一般來說，可依照下列六種不同的方式來分類：

1. 單階或雙階

　　靜電集塵器的原理是使粒狀物帶電後，利用靜電吸引的方式收集下來。然而在設計上，若微粒充電與收集同時發生，則稱之為單階式靜電集塵器；至於雙階式靜電集塵器則是指微粒先經充電後再進入收集的步驟。

2. 乾式或濕式

　　乾式或濕式靜電集塵器再移除沉積於收集板上的粒狀物之方法有所不同。乾式集塵器是以敲擊的方式進行清塵，而濕式集塵器顧名思義則是藉由集塵板頂端注入適量的水來移除其上之微粒。利用敲擊除塵的方式常會伴隨著粒狀物再揚起的問題產生；相對的，濕式集塵器則可以避免相同的問題，並且具有可以同時處理部分氣體污染物的優點，但是卻需考慮污水的二次公害問題。

3. 平板式或圓筒式

　　靜電集塵器依集塵板形狀之不同可分為平板式與圓筒式兩種。理論上，圓筒式靜電集塵器相較於平板式靜電集塵器有較均勻的電場，因此在其他條件相同的情況之下會有較高的集塵效率，然而卻因為結構上的複雜程度，而限制其廣泛取代平板式靜電集塵器的可能。

4. 水平或垂直式

　　根據集塵器內氣體流動的方向為水平或垂直來分類。

5. 冷式或熱式

　　氣體的溫度會影響其本身與微粒之電阻的大小。微粒之電阻大小會影響其充電以及被收集後的行為。根據文獻指出，為了使集塵器的效率維持在某種程度上，因此常藉著提升或降低待處理氣體的溫度以調整較合適的粒狀物之電阻。

6. 依放電極電性與種類分類

　　在電性上，放電極可以是正極或負極，至於在種類上，可大致分成板線型(plate-wire)與平板型(flat-plate)兩種靜電集塵器。一般在工業界所使用

的靜電集塵器以板線型較為常見,放電極的材質一般是使用高碳鋼、不鏽鋼、銅、鈦合金、鎢、銅鋼合金以及鋁等材料,直徑約在 0.13~0.38 公分之間。放電極根據系統之機械需要而有不同的尺寸及形狀,大部分的設計使用圓形的細線,亦有些設計使用其他如:方形線、扭結線、帶鉤的線等形狀的放電極。

目前在市面上可以找到各種不同型式的空氣清淨機,最簡單的一種是只含有微粒充電部分的離子產生器,其藉著產生並釋放出大量的單極離子於空氣中來與微粒結合,當微粒帶電之後,就比較容易沉積在具有相對電性的物體表面上如牆壁、天花板、窗簾、桌面等等。

三、混合式濾材空氣清淨機

此種空氣清淨機乃是結合機械式與電子式空氣清淨機的部分理念而設計完成的,亦即同時使用機械力與靜電力的一種除塵裝置。在實際的操作上,是使用帶電的濾材來收集微粒。至於濾材帶電的方式有兩種,第一種方法比較少被使用,其是透過外加的高壓電場來達成。大部分則是直接使用如前所述的帶電濾材,至於其優缺點已於前所述。

四、臭氧與紫外光式

臭氧是一種很強的氧化劑,其可氧化許多在生化上相當重要的物質,其中又以破壞生物體內的 S-H 及 S-S 鍵結最重要,此步驟可造成大部分的細菌死亡,而臭氧殺菌的效率往往又與臭氧濃度、滯留時間、相對濕度等參數有關。惟高濃度的臭氧可以有效的殺死空氣中的微生物,但對人體也會有害,故不可長時間使用,一般都採即開即關的間歇性使用方式。

紫外線殺菌法主要的機制是利用該段波長的光具有非常大的能量能破壞一些分子的鍵結,尤其是對 DNA 將造成嚴重的傷害,並進一步造成微生物的死亡,而紫外線強度、暴露時間與相對濕度往往和殺菌率有密不可分

的關係，在使用時，應注意避免人員的直接暴露，造成眼睛與皮膚的傷害；且應隨時檢測燈管的紫外光強度，才能維持有效的殺菌效果。

由上述可知，並沒有一種技術可以完全直接將所有室內空氣污染物移除。空氣清淨機的效能通常是與濾材收集效率以及操作風量成正比，但若只尋求操作風量大或是濾材收集效率，必導致須使用更高功率的送風扇，徒增能源及操作費用支出。因此選擇室內空氣清淨機，除了必須考慮到室內空氣污染物的主要來源，以及空氣清淨機的效能是否適合室內空間需求，另外安裝、修繕、保養費用、濾材更新費用、能量消耗費用也應一併考量在內。一般而言，使用空氣清淨機是為了可以獲得更好的居住品質與環境，但若風扇運轉時所產生的噪音或振動太大時，則就與設計原意相違背，所以所產生之噪音量也應加以考量。

練習範例

職業安全衛生管理技術士技能檢定及高普考考題

( )1. 工作場所之辦公室空氣品質之好壞，係以下列何者之含量為指標之一？(1)氧氣　(2)一氧化碳　(3)二氧化碳　(4)氮氣。

【2006.7.23 第 24 次】

2. 根據美國家電協會室內空氣清淨機效能測試，若以燻煙為測試物質時，其建議數目濃度約每立方公分在 30,000 顆微粒左右，請問設置此濃度數據的根據為何？　　　　　【2006 工安技師－工業衛生概論 2】

3. 利用 SF_6 追蹤氣體進行換氣率量測，房間大小為 500 m^3，假設起始濃度為 5.0 ppb，房間的滲入率(infiltration rate)為 0.3 air change／小時，假設完全混合，請問 4 小時後，SF_6 的濃度為何？

【2006 工安技師－工業衛生概論 1】

4. 靜電集塵式與濾材過濾式是最常見的室內空氣清淨機型式，請比較兩者的優劣點與適用時機。　　　【2012 工業安全技師－工業衛生概論 2】

*Workplace Environmental
Control: Ventilation Engineering*

Chapter

11

局限空間及預防缺氧症

第一節 ❀ 局限空間危害

近年來常見報章雜誌報導工作者在通風不良的作業環境中受傷或死亡，此通風不良的場所，較正式之用語為局限空間(confined space)。依「職業安全衛生設施規則」第 19-1 條規定，局限空間指非供勞工在其內部從事經常性作業，勞工進出方法受限制，且無法以自然通風來維持充分、清淨空氣之空間。根據美國職業安全衛生研究所(National Institute of Occupational Safety and Health, NIOSH)之定義，局限空間為進出開口有限制、自然及機械通風不良，導致空氣中可能含有或產生危害生命之有害物，且非預定作為勞工連續停留之空間。根據此定義，局限空間具有四種特性：

1. 出入開口少且狹窄。

2. 通風不良。

3. 可能有危害生命之有害物。

4. 空間之設計不是給勞工持續在其內工作。

依「職業安全衛生設施規則」第 29-1 條規定，雇主使勞工於局限空間從事作業前，應先確認該局限空間內有無可能引起勞工缺氧、中毒、感電、塌陷、被夾、被捲及火災、爆炸等危害，有危害之虞者，應訂定危害防止計畫，並使現場作業主管、監視人員、作業勞工及相關承攬人依循辦理。

同條第 2 項規定危害防止計畫，應依作業可能引起之危害訂定下列事項：

1. 局限空間內危害之確認。

2. 局限空間內氧氣、危險物、有害物濃度之測定。

3. 通風換氣實施方式。

4. 電能、高溫、低溫及危害物質之隔離措施及缺氧、中毒、感電、塌陷、被夾、被捲等危害防止措施。

5. 作業方法及安全管制作法。

6. 進入作業許可程序。

7. 提供之防護設備之檢點及維護方法。

8. 作業控制設施及作業安全檢點方法。

9. 緊急應變處置措施。

依上述 29-1 條規定，局限空間之危害主要有 4 大類：有毒氣體（中毒）、缺氧、火災爆炸、物理危害（感電、塌陷、被夾、被捲）。其中有毒氣體包括甲烷、沼氣、硫化氫、一氧化碳、二氧化碳，以及有機溶劑蒸氣，當這些有害物濃度高到某一程度後，或空間內含有易吸收氧氣之物質，皆會使氧氣濃度降低，而造成缺氧。如果局限空間內存在有機物，則會在厭氧條件下，經厭氧微生物作用，會產生甲烷及硫化氫，其中硫化氫為特定化學物質危害預防標準明列之丙類第一種物質，也是空氣污染防制法施行細則明列之毒性污染物。當局限空間空氣中之可燃性或易燃性氣體之濃度過高時，就有可能產生火災或爆炸。至於物理性危害主要是因為在局限空間活動時，常常因光線不良、工作不舒適，以及場所凌亂等因素，導致墜落、跌倒、物體飛落、溺水、感電、被捲、被夾、被切割、擦傷等傷害。

第二節 ❀ 缺氧環境

目前局限空間所造成之傷亡，大部分都和缺氧有關，有鑑於此，勞委會於 87 年修正發布「缺氧症預防規則」（以下簡稱本規則），並大力推廣說明，期望能引起國人注意，避免悲劇一再發生。依本規則第 3 條規定，缺氧指空氣中氧氣濃度未滿 18%之狀態，缺氧症指因作業場所缺氧引起之症狀。至於實際會出現缺氧症的氧氣濃度因人而異，且依個人的健康狀態而異，一般而言，空氣中氧氣低於 6%以下時，其氧氣的分壓即在 60 mmHg 以下，處於此狀況時，勞工在 5~7 分鐘內即可能因缺氧而死亡。依本規則第 2 條規定，缺氧危險作業指於缺氧危險場所從事作業，至於缺氧危險場

所則有 14 種，茲條列於下，這些場所大致上皆符合上述局限空間之定義。

1. 長期間未使用之水井、坑井、豎坑、隧道、沉箱或類似場所等之內部。

2. 貫通或鄰接下列之一之地層之水井、坑井、豎坑、隧道、沉箱或類似場所等之內部。
   (1) 上層覆有不透水層之砂礫層中，無含水、湧水或含水、湧水較少之部分。
   (2) 含有亞鐵鹽類或亞錳鹽類之地層。
   (3) 含有甲烷、乙烷或丁烷之地層。
   (4) 湧出或有湧出碳酸水之虞之地層。
   (5) 腐泥層。

3. 供裝設電纜、瓦斯管或其他地下敷設物使用之暗渠、人孔或坑井之內部。

4. 滯留或曾滯留雨水、河水或湧水之槽、暗渠、人孔或坑井之內部。

5. 滯留、曾滯留、相當期間置放或曾置放海水之熱交換器、管、槽、暗渠、人孔、溝或坑井之內部。

6. 密閉相當期間之鋼製鍋爐、儲槽、反應槽、船艙等內壁易於氧化之設備之內部。但內壁為不鏽鋼製品或實施防鏽措施者，不在此限。

7. 置放煤、褐煤、硫化礦石、鋼材、鐵屑、原木片、木屑、乾性油、魚油或其他易吸收空氣中氧氣之物質等之儲槽、船艙、倉庫、地窖、貯煤器或其他儲存設備之內部。

8. 以含有乾性油之油漆塗敷天花板、地板、牆壁或儲具等，在油漆未乾前即予密閉之地下室、倉庫、儲槽、船艙或其他通風不充分之設備之內部。

9. 穀物或飼料之儲存、果蔬之燜熟、種子之發芽或蕈類之栽培等使用之倉庫、地窖、船艙或坑井之內部。

10.置放或曾置放醬油、酒類、胚子、酵母或其他發酵物質之儲槽、地窖或其他釀造設備之內部。

11. 置放糞尿、腐泥、污水、紙漿液或其他易腐化或分解之物質之儲槽、船艙、槽、管、暗渠、人孔、溝或坑井等之內部。

12. 使用乾冰從事冷凍、冷藏或水泥乳之脫鹼等之冷藏庫、冷凍庫、冷凍貨車、船艙或冷凍貨櫃之內部。

13. 置放或曾置放氦、氬、氮、氟氯烷、二氧化碳或其他惰性氣體之鍋爐、儲槽、反應槽、船艙或其他設備之內部。

14. 其他經中央主管機關指定之場所。

　　依「職業安全衛生設施規則」第 295 條規定，雇主對於勞工在坑內、深井、沉箱、儲槽、隧道、船艙或其他自然換氣不充分之場所工作，應依缺氧症預防規則，採取必要措施。前述工作場所，不得使用具有內燃機之機械，以免排出之廢氣危害勞工。但另設有效之換氣設施者，不在此限。

第三節 ✿ 局限空間危害預防對策

　　局限空間依其危害程度可分為 A、B、C 三級：A 級是指對生命健康有立即危害；B 級是指有危害；C 級是指有潛在危害。一般局限空間之危害以缺氧窒息、毒性氣體中毒（如硫化氫或一氧化碳中毒）以及可燃性氣體或蒸氣引起的火災爆炸而導致的傷亡事故最為常見。

　　關於預防對策方面，本規則及職業安全衛生設施規則已有規定，其中比較重要的措施有 7 項：通風換氣、測定氧氣濃度、使用個人防護具、準備救難用具、設置監視人、教育訓練、公告事項。以下即分項說明：

一、通風換氣及環境控制

　　依「職業安全衛生設施規則」第 29-4 條規定，雇主使勞工於局限空間從事作業時，因空間廣大或連續性流動，可能有缺氧空氣、危害物質流入致危害勞工者，應採取連續確認氧氣、危害物質濃度之措施。

第 310 條規定，雇主對坑內或儲槽內部作業，應設置適當之機械通風設備。但坑內作業場所以自然換氣能充分供應必要之空氣量者，不在此限。

依本規則第 5 條規定，雇主使勞工從事缺氧危險作業時，應予適當換氣，以保持該作業場所空氣中氧氣濃度在 18%以上。第 9 條規定，雇主使勞工於儲槽、鍋爐或反應槽之內部或其他通風不充分之場所，使用氬、二氧化碳或氦等從事熔接作業時，應予適當換氣以保持作業場所空氣中氧氣濃度在 18%以上。但為防止爆炸、氧化或作業上有顯著困難致不能實施換氣者，皆不受此 2 條限制。依上述 2 條規定換氣時，皆不得使用純氧。

以危害風險評估與控制的角度來說，通風換氣充分，是一氧化碳中毒或缺氧危害的風險控制方法。至於充分通風換氣的規定，可見於「有機溶劑中毒預防規則」第 21 條，雇主使勞工於儲槽之內部從事有機溶劑作業時，應依下列規定。其中第 7 款規定，應送入或吸出 3 倍於儲槽容積之空氣，或以水灌滿儲槽後予以全部排出。

依第 14 條規定，雇主使勞工於接近第 2 條第 2 項第 2 款第 1 目或第 2 目規定之地層或貫通該地層之井或置有配管之地下室、坑等之內部從事作業時，應設置將缺氧空氣直接排出外部之設備或將可能漏洩缺氧空氣之地點予以封閉等預防缺氧空氣流入該作業場所之必要措施。

依第 15 條規定，雇主使勞工於地下室或溝之內部及其他通風不充分之室內作業場所從事拆卸或安裝輸送主成分為甲烷、乙烷、丙烷、丁烷或此類混入空氣的氣體配管作業時，應採取確實遮斷該氣體之設施，使其不致流入拆卸或安裝作業場所。

二、測定氧氣及有害氣體濃度並保存紀錄 3 年

依本規則第 4 條規定，雇主使勞工從事缺氧危險作業時，應置備測定空氣中氧氣濃度之必要測定儀器，並採取隨時可確認空氣中氧氣濃度、硫化氫等其他有害氣體濃度之措施。

硫化氫屬丙類第一種特定化學物質，依勞工作業場所容許暴露標準之空氣中有害物容許濃度表規定，硫化氫不得使勞工有任何時間超過 10 ppm (14 mg/m³)（高）之暴露。

依第 6 條規定，雇主使勞工從事隧道或坑井之開鑿作業時，為防止甲烷或二氧化碳之突出導致勞工罹患缺氧症，應於事前就該作業場所及其四周，藉由鑽探孔或其他適當方法調查甲烷或二氧化碳之狀況，依調查結果決定甲烷、二氧化碳之處理方法、開鑿時期及程序後實施作業。

依第 13 條規定，雇主採用壓氣施工法實施作業之場所，如存有或鄰近第 2 條第 2 項第 2 款第 1 目或第 2 目規定之地層時，應調查該作業之井或配管有否空氣之漏洩、漏洩之程度及該作業場所空氣中氧氣之濃度。

依第 16 條規定，雇主使勞工從事缺氧危險作業時，於當日作業開始前、所有勞工離開作業場所後再次開始作業前及勞工身體或換氣裝置等有異常時，應確認該作業場所空氣中氧氣濃度、硫化氫等其他有害氣體濃度。此確認結果應予記錄，並保存 3 年。

依「職業安全衛生設施規則」第 29-5 條規定，雇主使勞工於有危害勞工之虞之局限空間從事作業前，應指定專人檢點該作業場所，確認換氣裝置等設施無異常，該作業場所無缺氧及危害物質等造成勞工危害。此檢點結果應予記錄，並保存 3 年。

依「職業安全衛生管理辦法」第 68 條規定，雇主使勞工從事缺氧危險作業時，應使該勞工就其作業有關事項實施檢點。依第 78 條規定，雇主依第 50 條至第 56 條及第 58 條至第 77 條實施之檢點，其檢點對象、內容，應依實際需要訂定，以檢點手冊或檢點表等為之。依第 83 條規定，雇主依第 13 條至第 77 條規定之自動檢查，除依職業安全衛生法所定之其他法令另有規定者外，應指定具專業知能或操作資格之適當人員為之。

三、使用個人防護具

依本規則第 25 條規定,雇主使勞工從事缺氧危險作業,未能實施換氣時,應置備適當且數量足夠之空氣呼吸器等呼吸防護具,並使勞工確實戴用。第 26 條規定,勞工有因缺氧致墜落之虞時,應供給該勞工使用之梯子、安全帶或救生索,並使勞工確實戴用。

四、置備救難設備用具及救援人員

依本規則第 27 條規定,雇主使勞工從事缺氧危險作業時,應置備空氣呼吸器等呼吸防護具、梯子、安全帶或救生索等設備,供勞工緊急避難或救援人員使用。第 28 條規定,雇主應於缺氧危險作業場所置救援人員,於其擔任救援作業期間,應提供並使其使用空氣呼吸器等呼吸防護具。

依「職業安全衛生設施規則」第 29-7 條第 2 項規定,雇主使勞工從事局限空間作業,有致其缺氧或中毒之虞者,應置備可以動力或機械輔助吊升之緊急救援設備。但現場設置確有困難,已採取其他適當緊急救援設施者,不在此限。

五、指定缺氧作業主管及設置監視人

依本規則第 20 條規定,雇主使勞工從事缺氧危險作業時,應於每一班次指定缺氧作業主管從事下列監督事項:

(一)決定作業方法並指揮勞工作業。

(二)上述第二項提到的本規則第 16 條規定事項。

(三)當班作業前確認換氣裝置、測定儀器、空氣呼吸器等呼吸防護具、安全帶等及其他防止勞工罹患缺氧症之器具或設備之狀況,並採取必要措施。

(四)監督勞工對防護器具或設備之使用狀況。

(五)其他預防作業勞工罹患缺氧症之必要措施。

第 21 條規定，雇主使勞工從事缺氧危險作業時，應指派 1 人以上之監視人員，隨時監視作業狀況，發覺有異常時，應即與缺氧作業主管及有關人員聯繫，並採取緊急措施。

至於勞工之進入許可，依「職業安全衛生設施規則」第 29-6 條規定，應由雇主、工作場所負責人或現場作業主管簽署後，始得使勞工進入作業。對勞工之進出，應予確認、點名登記，並作成紀錄保存 1 年。

依「職業安全衛生設施規則」第 29-7 條第 1 項規定，雇主使勞工從事局限空間作業，有致其缺氧或中毒之虞者，作業區域超出監視人員目視範圍者，應使勞工佩戴安全帶及可偵測人員活動情形之裝置。

六、教育訓練

依本規則第 24 條規定，雇主對從事缺氧危險作業之勞工，應依勞工安全衛生教育訓練規則規定施予必要之安全衛生教育訓練。

七、公告、限制進入及進入許可

本規則及職業安全衛生設施規則都有公告及限制進入之規定，如表 11-1 所示。進入許可依「職業安全衛生設施規則」第 29-6 規定，條文如表 11-2 所示。

四烷基鉛中毒預防規則及礦場勞工衛生設施標準之部分條文與局限空間作業之危害防止有關，分別如表 11-3 及 11-4 所示。

✖ 表 11-1　缺氧場所及局限空間之公告事項及限制進入規定

缺氧症預防規則	職業安全衛生設施規則
第 18 條雇主使勞工於缺氧危險場所或其鄰接場所作業時，應將下列注意事項公告於作業場所入口顯而易見之處所，使作業勞工周知： 一、有罹患缺氧之虞之事項。 二、進入該場所時應採取之措施。 三、事故發生時之緊急措施及緊急聯絡方式。 四、空氣呼吸器等呼吸防護具、安全帶等、測定儀器、換氣設備、聯絡設備等之保管場所。 五、缺氧作業主管姓名。 雇主應禁止非從事缺氧危險作業之勞工，擅自進入缺氧危險場所；並應將禁止規定公告於勞工顯而易見之處所。	第 29-2 條雇主使勞工於局限空間從事作業，有危害勞工之虞時，應於作業場所入口顯而易見處所公告下列注意事項，使作業勞工周知： 一、作業有可能引起缺氧等危害時，應經許可始得進入之重要性。 二、進入該場所時應採取之措施。 三、事故發生時之緊急措施及緊急聯絡方式。 四、現場監視人員姓名。 五、其他作業安全應注意事項。 第 29-3 條雇主應禁止作業無關人員進入局限空間之作業場所，並於入口顯而易見處所公告禁止進入之規定。

✖ 表 11-2　職業安全衛生設施規則第 29-6 條之進入許可有關規定

條文
雇主使勞工於有危害勞工之虞之局限空間從事作業時，其進入許可應由雇主、工作場所負責人或現場作業主管簽署後，始得使勞工進入作業。對勞工之進出，應予確認、點名登記，並作成紀錄保存 1 年。 前項進入許可，應載明下列事項： 一、作業場所。 二、作業種類。 三、作業時間及期限。 四、作業場所氧氣、危害物質濃度測定結果及測定人員簽名。 五、作業場所可能之危害。 六、作業場所之能源隔離措施。 七、作業人員與外部連繫之設備及方法。 八、準備之防護設備、救援設備及使用方法。

✖ 表 11-2　職業安全衛生設施規則第 29-6 條之進入許可有關規定（續）

條文
九、其他維護作業人員之安全措施。
十、許可進入之人員及其簽名。
十一、現場監視人員及其簽名。
雇主使勞工進入局限空間從事焊接、切割、燃燒及加熱等動火作業時，除應依第 1 項規定辦理外，應指定專人確認無發生危害之虞，並由雇主、工作場所負責人或現場作業主管確認安全，簽署動火許可後，始得作業。

✖ 表 11-3　四烷基鉛中毒預防規則與局限空間有關之條文

條號	條文
16	雇主使勞工從事第 2 條第 1 項第 6 款以外之四烷基鉛作業時，應派遣四烷基鉛作業主管從事下列監督作業： 三、每日確認第 7 條第 1 項第 6 款、第 8 條第 1 項第 4 款及第 12 條第 2 款之換氣裝置運轉狀況。
20	勞工從事四烷基鉛作業，發生下列事故致有發生四烷基鉛中毒之虞時，雇主或工作場所負責人應即令停止作業，並使勞工退避至安全場所： 一、因設備或換氣裝置故障致降低、失去效能。
21	雇主使勞工從事四烷基鉛作業時，依下列規定： 一、作業期間應對四烷基鉛作業之作業場所、儲槽、船艙及坑井等每週實施通風設備運轉狀況、勞工作業情形、空氣流通效果及四烷基鉛使用情形等確認 1 次以上，有四烷基鉛中毒之虞時，應即採取必要措施。

表 11-4　礦場勞工衛生設施標準與局限空間有關之條文

條號	條文
4	雇主對坑內作業場所之通風，依作業面人數、有害氣體、礦道掘進深度、溫濕條件等妥為設計，並符合下列規定： 一、應有充分沖淡或排除有害氣體之必要通風量及通風速度。 二、通風速度不得超過每分鐘 450 公尺。但直井及專用坑道得增至 600 公尺。 三、入風坑之通風量，應以 1 日中同時在坑內作業之最高人數為標準，每人每分鐘在 3 立方公尺以上。 前項第 2 款及第 3 款情形，有自然發火或其他特殊安全原因時，依礦場安全相關法令辦理。
6	雇主對坑內作業場所之一氧化碳濃度超過 50 ppm 時，應立即使作業勞工退避至安全處所，並予標示。但戴用空氣呼吸器等呼吸防護具從事搶救人員或處理現場之通風系統等設備者，不在此限。
7	雇主對於坑內作業場所空氣中氧氣濃度，應保持在 19%以上，如低於 19%時，不得使勞工在該場所作業。 但戴用空氣呼吸器等呼吸防護具從事搶救人員或處理現場之通風系統等設備者，不在此限。
11	雇主在發爆產生之粉塵或有害氣體未沖淡至容許濃度標準以下前，不得使勞工接近該作業場所。但戴用適當防護具，從事搶救人員或處理現場之通風系統等設備者，不在此限。

練習範例

職業安全衛生管理技術士技能檢定及高普考考題

(　)1.　下列敘述何者非屬職業安全衛生設施規則所稱局限空間認定之條件？　(1)非供勞工在其內部從事經常性作業　(2)勞工進出方法受限制　(3)無法以自然通風來維持充分、清淨空氣之空間　(4)狹小之內部空間。　　　　　　　　　　【甲衛 1-56】

( ) 2. 下列敘述何者屬職業安全衛生設施規則所稱局限空間認定之條件？ (1)非供勞工在其內部從事經常性作業 (2)勞工進出方法受限制 (3)無法以自然通風來維持充分、清淨空氣之空間 (4)狹小之內部空間。 【甲衛 3-123】

( ) 3. 非供勞工在其內部從事經常性作業，勞工進出方法受限制，且無法以自然通風來維持充分、清淨空氣之空間稱為 (1)局限空間 (2)密閉空間 (3)高壓作業空間 (4)低壓作業空間。 【化測甲 1-140】

( ) 4. 依缺氧症預防規則規定，缺氧危險作業場所係指空氣中氧氣濃度未達多少%之場所？ (1)14 (2)16 (3)18 (4)20。 【乙 1-199，甲衛 1-51，化測甲 1-73】

( ) 5. 進行液態氮鋼瓶充填作業之地下室，若外洩之氮氣充滿地下室，當勞工進入時易發生下列何災害？ (1)中毒 (2)過敏 (3)缺氧窒息 (4)火災。 【甲衛 3-64】

( ) 6. 當油漆工在密閉地下室作業一段時間後，不會發生下列何症狀？ (1)拉肚子 (2)頭昏 (3)頭痛 (4)心情興奮。 【甲衛 3-67】

( ) 7. 空氣中氧氣低於多少%以下時，其氧氣的分壓即在 60 mmHg 以下，處於此狀況時，勞工在 5~7 分鐘內即可能因缺氧而死亡？ (1)6 (2)10 (3)16 (4)18。 【甲衛 1-63】

( ) 8. 下列敘述哪些為正確？ (1)空氣中氧氣含量，若低於 6%，工作人員即會感到頭暈、心跳加速、頭痛 (2)呼吸帶(breathing zone)：亦稱呼吸區，一般以口、鼻為中心點，10 英吋為半徑之範圍內 (3)所謂評估，是指測量各種環境因素大小，根據國內、外建議之暴露劑量建議標準，判斷是否有危害之情況存在 (4)生物檢體由於成分相當複雜，容易產生所謂基質效應(matrix effect)而使偵測結果誤差較高。 【甲衛 3-398】

（ ）9. 依缺氧症預防規則規定，下列何種症狀非為缺氧症之初期症狀？
(1)意識不明　(2)呼吸加快　(3)顏面紅暈　(4)目眩。　【乙 1-209】

（ ）10. 依缺氧症預防規則規定，下列何種症狀為缺氧症之末期症狀？
(1)顏面蒼白　(2)脈搏加快　(3)呼吸困難　(4)痙攣。　【乙 1-210】

（ ）11. 一氧化碳為危害性化學品標示及通識規則中所稱之下列何種危害
物質？　(1)著火性物質　(2)有害物　(3)爆炸性物質　(4)氧化性
物質。　　　　　　　　　　　　　　　　　　　　　　【甲安 3-80】

（ ）12. 下列何者較不致造成局限空間缺氧？　(1)金屬的氧化　(2)管件的
組裝　(3)有機物的腐敗　(4)木屑的儲存。　　　　　【甲衛 1-60】

（ ）13. 攪拌大型醬料醃製槽時，易發生下列何危害？　(1)捲夾　(2)切割
(3)缺氧　(4)墜落。　　　　　　　　　　　　　　　【甲衛 3-357】

（ ）14. 有機物在厭氧條件下，經厭氧微生物作用會產生下列何物質？
(1)CH_3OH、H_2O　(2)O_2、SO_2　(3)CH_4、H_2S　(4)O_2、H_2SO_4。
【化測甲 1-107】

（ ）15. 調查局限空間缺氧引起之職業災害，下列要因何者通常與缺氧原
因無「直接關係」？　(1)氣體置換　(2)化學性反應　(3)動植物
之生化作用　(4)空氣溫濕度。　　　　　　　　　　　【甲安 3-21】

（ ）16. 依缺氧症預防規則規定，下列何者非為缺氧危險場所？　(1)供裝
設電纜之人孔內部　(2)地下室餐廳　(3)置放木屑之倉庫內部
(4)置放紙漿液之槽內部。　　　　　　　　　　　　　【乙 1-193】

（ ）17. 依缺氧症預防規則規定，下列何者不屬於缺氧危險場所？　(1)長
期間未使用之沉箱內部　(2)曾置放酵母之釀造設備內部　(3)曾滯
留雨水之坑井內部　(4)密閉相當期間之鋼製鍋爐內部，其內壁為
不鏽鋼製品。　　　　　　　　　　　　　　　　　　【乙 1-197】

（ ）18. 下列何場所可能有缺氧危險？　(1)使用乾冰從事冷凍、冷藏之冷
凍庫、冷凍貨櫃內部　(2)紙漿廢液儲槽內部　(3)穀物、麵粉儲存
槽內部　(4)具有空調的教室。　　　　　　　　　　【甲衛 3-347】

( ) 19. 下列何種場所不屬缺氧症預防規則所稱之缺氧危險場所？　(1)礦坑坑內氧氣含量 17.5%　(2)營建工地地下室氧氣含量 18.3%　(3)下水道內氧氣含量 17.8%　(4)加料間氧氣含量 16%。【甲衛 1-59】

( ) 20. 從事局限空間作業如有危害之虞，應訂定危害防止計畫，前述計畫不包括下列何者？　(1)危害之確認　(2)通風換氣實施方式　(3)主管巡檢方式　(4)緊急應變措施。　　　　　　　　【乙 1-211】

( ) 21. 雇主使勞工從事局限空間作業，應先訂定危害防止計畫，該計畫應包括下列哪些要項？　(1)局限空間危害之確認　(2)作業勞工之健康檢查　(3)通風換氣之實施方式　(4)作業安全及安全管制方法。　　　　　　　　　　　　　　　　　　　　　【甲安 2-72】

( ) 22. 雇主對坑內或儲槽內部作業之通風，下列何者不符職業安全衛生設施規則規定？　(1)儲槽內部作業場所設置適當之機械通風設備　(2)坑內作業場所設置適當之機械通風設備　(3)儲槽內部作業場所以自然換氣能力充分供應必要之空氣量即可　(4)坑內作業場所以自然換氣能力充分供應必要之空氣量即可。　　　　【乙 3-335】

( ) 23. 缺氧危險場所採用機械方式實施換氣時，下列何者正確？　(1)使吸氣口接近排氣口　(2)使用純氧實施換氣　(3)不考慮換氣情形　(4)充分實施換氣。　　　　　　　　　　　　　　　　　　【乙 3-418】

) 24. 以下為假設性情境：「在地下室作業，當通風換氣充分時，則不易發生一氧化碳中毒或缺氧危害」，請問「通風換氣充分」係此「一氧化碳中毒或缺氧危害」之何種描述？　(1)風險控制方法　(2)發生機率　(3)危害源　(4)風險。　　　　【職安衛共同科目 42】

) 25. 入槽作業前應採取之措施，常包括下列何者？　(1)採取適當之機械通風　(2)測定濕度　(3)測定危害物之濃度並瞭解爆炸下上限　(4)測定氧氣濃度。　　　　　　　　　　　　　　　　　　【甲衛 3-359】

) 26. 為預防有缺氧之虞作業場所造成缺氧事故所採取的措施，下列何者為誤？　(1)開始作業前，測量氧氣的濃度　(2)為保持空氣中氧氣濃

度在 18%以上，應以純氧進行換氣　(3)開始作業前，檢點呼吸防護
具及安全帶等　(4)進出該作業場所人員之檢點。　　【化測甲 2-18】

（　）27. 在有缺氧之虞的作業場所，下列何者為預防缺氧事故的正確措
施？　(1)作業前監測氧氣濃度　(2)以純氧進行換氣，維持空氣中
氧氣濃度在 18%以上　(3)作業前檢點呼吸防護具及安全帶等　(4)
檢點進出作業場所的人員。　　　　　　　　　　【化測甲 2-128】

（　）28. 依有機溶劑中毒預防規則規定，雇主使勞工於儲槽之內部從事有
機溶劑作業時，應送入或吸出幾倍於儲槽容積之空氣或以水灌滿
儲槽後予以全部排出之措施？　(1)1　(2)2　(3)3　(4)4。
　　　　　　　　　　　　　　　　　　　【乙 1-285，化測甲 1-118】

（　）29. 進入局限空間作業前，必須確認氧濃度在 18%以上及硫化氫濃度
在多少 ppm 以下，才可使勞工進入工作？　(1)10　(2)20　(3)50
(4)100。　　　　　　　　　　　　　　　　　　　【甲衛 1-52】

（　）30. 在進入甲醇儲槽清洗時，應至少測量下列哪兩種氣體濃度？　(1)
氧氣　(2)氮氣　(3)二氧化碳　(4)可燃性氣體。　　【甲安 3-229】

（　）31. 下列有關操作氧氣測定器之敘述何者正確？　(1)測定前，應於距
測定點較近，且空氣新鮮處校正　(2)測定時，應俟指示值顯示穩
定後讀值　(3)測定後，不可立即置於空氣新鮮處，以免讀值不正
確　(4)測定各點所獲讀值均在 18%以上，表示作業場所無缺氧環
境。　　　　　　　　　　　　　　　　　　　　【甲安 3-219】

（　）32. 缺氧作業主管應隨時確認有缺氧危險作業場所空氣中氧氣之濃
度，惟不包括下列何者？　(1)鄰接缺氧危險作業場所無勞工進入
作業之場所　(2)當日作業開始前　(3)所有勞工離開作業場所再次
開始作業前　(4)換氣裝置有異常時。　　　　　　　【甲衛 1-61】

（　）33. 依缺氧症預防規則規定，雇主使勞工從事缺氧危險作業時，未明
列下列何時機應確認該作業場所空氣中氧氣濃度？　(1)當日作業

開始前　(2)預估氧氣濃度衰減至規定濃度以下時　(3)所有勞工離開作業場所後再次開始作業前　(4)通風裝置有異常時。

【乙 1-201】

(　) 34. 依缺氧症預防規則規定，下列敘述何者有誤？　(1)雇主使勞工從事缺氧危險作業，如受鄰接作業場所之影響致有發生缺氧危險之虞時，應與各該作業場所密切保持聯繫　(2)作業場所入口應公告監視人員姓名　(3)密閉相當期間之船艙內部，內壁實施防銹措施，仍屬缺氧危險場所　(4)勞工戴用輸氣管面罩之作業時間，每天累計不得超過 2 小時。

【乙 1-198】

(　) 35. 依缺氧症預防規則規定，下列敘述何者有誤？　(1)供裝設瓦斯管之暗渠內部屬於缺氧危險場所　(2)缺氧危險作業期間應予適當換氣，但為防止爆炸致不能實施換氣者，不在此限　(3)雇主使勞工從事缺氧危險作業時，應於每一班次指定缺氧作業主管決定作業方法　(4)勞工戴用輸氣管面罩之作業時間，每天累計不得超過 1 小時。

【乙 1-206】

(　) 36. 依缺氧症預防規則規定，下列何者非屬從事缺氧危險作業時應有的設施？　(1)置備測定空氣中氧氣濃度之測定儀器　(2)適當換氣　(3)佩戴醫療口罩　(4)置備空氣呼吸器。

【乙 1-207】

(　) 37. 依缺氧症預防規則規定，下列敘述何者有誤？　(1)貫通腐泥層之地層之隧道內部非屬缺氧危險作業場所　(2)曾放置氮之儲槽內部屬缺氧危險場所　(3)應採取隨時可確認空氣中氧氣濃度之措施　(4)雇主使勞工從事缺氧危險作業時，應置備梯子，供勞工緊急避難或救援人員使用。

【乙 3-194】

(　) 38. 依缺氧症預防規則規定，下列敘述何者正確？　(1)應指派 2 人以上之監視人員　(2)作業場所入口應公告職業安全衛生業務主管姓名　(3)曾置放海水之槽屬缺氧危險場所　(4)勞工戴用輸氣管面罩之連續作業時間，每次不得超過 30 分鐘。

【乙 3-195】

( ) 39. 依缺氧症預防規則規定，下列敘述哪些正確？ (1)雇主於通風不充分之室內作業場所置乾粉滅火器時，應禁止勞工不當操作，並將禁止規定公告於顯而易見之處所 (2)以含有乾性油之油漆塗敷地板，在油漆未乾前即予密閉之地下室屬缺氧危險場所 (3)應採取隨時可確認空氣中硫化氫濃度之措施 (4)勞工戴用輸氣管面罩之連續作業時間，每次不得超過 2 小時。 【乙 1-362】

( ) 40. 依缺氧症預防規則規定，下列敘述哪些正確？ (1)使用乾冰從事冷凍之冷凍貨車內部屬缺氧危險場所 (2)雇主使勞工於冷藏室內部作業時，於作業期間應採取出入口之門不致閉鎖之措施，冷藏室內部設有通報裝置者亦同 (3)雇主採用壓氣施工法實施作業之場所，如存有含甲烷之地層時，應調查該作業之井有否空氣之漏洩 (4)從事缺氧作業時，應指派 1 人以上之監視人員。 【乙 1-363】

( ) 41. 依職業安全衛生設施規則規定，有危害勞工之虞之局限空間作業，應經雇主、工作場所負責人或現場作業主管簽署後始得進入，前項進入許可事項包括下列哪些？ (1)防護設備 (2)救援設備 (3)許可進入人員之住址 (4)現場監視人員及其簽名。 【乙 1-364】

( ) 42. 依缺氧症預防規則規定，下列敘述何者有誤？ (1)內壁為不銹鋼製品之反應槽，屬缺氧危險場所 (2)儲存穀物之倉庫內部，屬缺氧危險場所 (3)實施換氣時不得使用純氧 (4)雇主使勞工從事缺氧危險作業時，應定期或每次作業開始前確認呼吸防護具之數量及效能，認有異常時，應立即採取必要之措施。 【乙 3-196】

( ) 43. 進行槽內缺氧作業時，應穿戴何種呼吸防護器具？ (1)空氣呼吸器 (2)氧氣急救器 (3)半面式防毒面罩 (4)口罩。 【甲安 1-48】

( ) 44. 在缺氧危險而無火災、爆炸之虞之場所應不得戴用下列何種呼吸防護具？ (1)空氣呼吸器 (2)氧氣呼吸器 (3)輸氣管面罩 (4 濾罐式防毒面罩。 【乙 3-233】

（　）45. 如果發現某勞工昏倒於一曾置放醬油之儲槽中，下列何措施不適當？　(1)未穿戴防護具，迅速進入搶救　(2)打 119 電話　(3)準備量測氧氣濃度　(4)準備救援設備。　　　　　　　　【乙 1-205】

（　）46. 下列何者非供氣式呼吸防護具之適用時機？　(1)作業場所中混雜有各式毒性物質，濾毒罐無作用時　(2)作業場所中氧氣濃度不足 18%　(3)作業環境中毒性物質濃度過高，濾毒罐無作用時　(4)佩戴會影響勞工作業績效。　　　　　　　　　　　　　　　【甲安 3-87】

（　）47. 在救火或缺氧環境下，應使用下列何種呼吸防護具？　(1)輸氣管面罩　(2)小型空氣呼吸器　(3)正壓自給式呼吸防護具(SCBA)　(4)防毒口罩。　　　　　　　　　　　　　　　　　　　　【甲安 3-90】

（　）48. 進入缺氧危險場所，因作業性質上不能實施換氣時，宜使勞工確實戴用下列何種防護具？　(1)供氣式呼吸防護具　(2)防塵面罩　(3)防毒面罩　(4)防護面罩。　　　　　　　　　　　　【甲衛 1-58】

（　）49. 空間狹小之缺氧危險場所，不宜使用下列何種呼吸防護具？　(1)使用壓縮空氣為氣源之輸氣管面罩　(2)自攜式呼吸防護器　(3)使用氣瓶為氣源之輸氣管面罩　(4)定流量輸氣管面罩。【甲衛 1-64】

（　）50. 下列何種呼吸防護具，可在缺氧危險場所使用？　(1)防毒面罩　(2)輸氣管面罩　(3)空氣呼吸器　(4)氧氣呼吸器。　【甲衛 3-349】

（　）51. 有關缺氧危險作業場所防護具之敘述，下列何者有誤？　(1)勞工有因缺氧致墜落之虞，應供給勞工使用梯子、安全帶、救生索　(2)於救援人員擔任救援作業期間，提供其使用之空氣呼吸器等呼吸防護具　(3)每次作業開始前確認規定防護設備之數量及性能　(4)置備防毒口罩為呼吸防護具，並使勞工確實戴用。【甲衛 1-62】

（　）52. 缺氧環境下，不建議使用以下哪種防護具？　(1)正壓式全面罩　(2)拋棄式半面口罩　(3)自攜式呼吸防護具　(4)供氣式呼吸防護具。　　　　　　　　　　　　　　　　　　　　　　　【甲衛 3-230】

（　　）53. 依有機溶劑中毒預防規則規定，通風不充分之室內作業場所從事有機溶劑作業，未設通風設備且作業時間短暫時，應使勞工佩戴下列何種防護具？　(1)防塵口罩　(2)棉紗口罩　(3)輸氣管面罩　(4)活性碳口罩。　【乙 1-286】

（　　）54. 在缺氧或立即致死濃度狀況下作業，應使用下列何種呼吸防護具？　(1)負壓呼吸防護具　(2)防塵面具　(3)防毒面具　(4)輸氣管面罩。　【甲安 3-83】

（　　）55. 依有機溶劑中毒預防規則規定，勞工戴用輸氣管面罩之連續作業時間，每次不得超過多少小時？　(1)0.5　(2)1　(3)2　(4)3。　【乙 1-287】

（　　）56. 依粉塵危害預防規則規定，勞工戴用輸氣管面罩之連續作業時間，每次不得超過多少小時？　(1)0.5　(2)1　(3)2　(4)3。　【乙 1-302】

（　　）57. 依缺氧症預防規則規定，戴用輸氣管面罩從事缺氧危險作業之勞工，每次連續作業時間不得超過多久？　(1)10 分鐘　(2)30 分鐘　(3)1 小時　(4)2 小時。　【乙 1-208】

（　　）58. 依缺氧症預防規則規定，勞工有因缺氧致墜落之虞時，應供給適合之設備，下列何者為非？　(1)梯子　(2)安全帶　(3)救生索　(4)手套。　【乙 1-204】

（　　）59. 依缺氧症預防規則規定，有關缺氧作業主管應監督事項不包括下列何者？　(1)決定作業方法並指揮勞工作業　(2)確認作業場所空氣中氧氣、硫化氫濃度　(3)監視勞工施工進度　(4)監督勞工對防護器具之使用狀況。　【甲衛 1-55】

（　　）60. 依四烷基鉛中毒預防規則規定，勞工從事加鉛汽油用儲槽作業時，下列何者有誤？　(1)如使用水蒸氣清洗時，該儲槽應妥為接地　(2)應使用換氣裝置，將儲槽內部充分換氣　(3)儲槽之人孔、

排放閥等之開口部份，應全部密閉　(4)應指派監視人員 1 人以上監視作業狀況。　　　　　　　　　　　　　　　　【乙 1-303】

（　）61. 依缺氧症預防規則規定，於缺氧危險作業場所入口之公告，不包括下列何者？　(1)罹患缺氧症之虞之事項　(2)進入該場所應採取之措施　(3)缺氧作業主管電話　(4)事故發生時之緊急措施。

【乙 1-203】

（　）62. 下列哪些為局限空間作業場所應公告使作業勞工周知的事項？　(1)進入該場所時應採取之措施　(2)事故發生時之緊急措施及緊急聯絡方式　(3)現場監視人員姓名　(4)內部空間的大小。

【甲安 3-199】

（　）63. 下列何者非屬職業安全衛生設施規則規定，局限空間從事作業應公告之事項？　(1)作業有可能引起缺氧等危害時，應經許可始得進入之重要性　(2)進入該場所時應採取之措施　(3)事故發生時之緊急措施及緊急聯絡方式　(4)職業安全衛生人員姓名。

【甲衛 1-57】

（　）64. 依缺氧症預防規則規定，下列敘述何者正確？　(1)雇主使勞工於設置有輸送氫氣配管之儲槽內部從事作業時應隨時打開輸送配管之閥　(2)作業場所入口應公告監視人員電話　(3)密閉相當期間且內壁實施防銹措施之儲槽內部，不屬缺氧危險場所　(4)頭痛為缺氧症之末期症狀。　　　　　　　　　　【乙 1-200】

（　）65. 局限空間之進入許可，依法令規定應由下列何者簽署？　(1)職業安全衛生管理乙級技術士　(2)雇主　(3)工作場所負責人　(4)現場作業主管。　　　　　　　　　　　　　　　　【物測乙 1-150】

（　）66. 從事局限空間作業如有危害勞工之虞，應於作業場所顯而易見處公告注意事項，公告內容不包括下列何者？　(1)現場監視人員電話　(2)緊急應變措施　(3)進入該場所應採取之措施　(4)應經許可始得進入。　　　　　　　　　　　　　　　　【乙 1-212】

（　）67. 有危害勞工之虞之局限空間作業前，應指派專人確認換氣裝置無異常，該檢點結果記錄應保存多少年？　(1)1　(2)2　(3)3　(4)5。　　　　　　　　　　　　　　　　　　【乙 1-213】

（　）68. 有危害勞工之虞之局限空間作業，應經雇主、工作場所負責人或現場作業主管簽署後始得進入，該紀錄應保存多少年？　(1)1　(2)2　(3)3　(4)5。　　　　　　　　　　　　　　　　　　【乙 1-214】

（　）69. 有危害勞工之虞之局限空間作業，應經雇主、工作場所負責人或現場作業主管簽署後始得進入，前項進入許可不包括下列哪一事項？　(1)防護設備　(2)救援設備　(3)許可進入人員之住址　(4)現場監視人員及其簽名。　　　　　　　　　　　【乙 1-215】

（　）70. 有危害勞工之虞之局限空間作業，下列敘述何者有誤？　(1)應經雇主、工作場所負責人或現場作業主管簽署後始得進入　(2)作業區域超出監視人員目視範圍者，應使勞工佩戴安全帶及可偵測人體活動情形之裝置　(3)置備可以動力或機械輔助吊升之緊急救援設備　(4)人員許可進入之簽署紀錄應保存 3 年。　　　【乙 1-216】

71. 試解釋下列名詞：局限空間。　　　　　　　　　　【2016-2 甲衛 2-1】

72. 某一化學原料製造廠，廠內有一地下水池，容積約 2,000 公升，已密封兩年未使用，現在您接獲主管指示，需於 3 日內把水抽光，並入池刷洗乾淨。依照上述工作情境，您如何採取措施，確保工作安全順利完成。（請至少列出 4 項）　　　　　　　　　　　　　　　【2012-1#6】

73. 原事業單位與承攬人分別僱用勞工於局限空間共同作業時，依勞工安全衛生法規規定，試回答下列問題：

(1) 由原事業單位召集協議組織，請列舉 5 項應定期或不定期進行協議之事項。

(2) 雇主使勞工於局限空間從事作業前，請列舉 5 種應先確認可能之危害。

(3) 使勞工於局限空間從事作業如有危害之虞，應訂定危害防止計畫。請列舉 5 項該危害防止計畫應訂定之事項。

【2014-1 甲安 2, 2015-2 甲衛 3-4】

4. 某一橡膠製造廠，廠內有一 3,000 公斤之大型化學儲槽，適逢歲修需將化學品排空，並清洗儲槽。針對前述情境，為確保作業安全，應訂定局限空間危害防止計畫，使現場作業主管、監視人員、作業勞工及相關承攬人依循辦理。請說明前項危害防止計畫應包括哪些事項？（至少列舉 5 項）

【2014-3#5】

5. 依勞工安全衛生設施規則規定，雇主使勞工於局限空間從事作業，有危害勞工之虞時，應於作業場所入口顯而易見處所公告哪些注意事項，使作業勞工周知？

【2014-1 甲衛 4.2】

6. 勞工於局限空間從事作業，必須採取進入許可之管制措施，以避免發生職業災害，試依職業安全衛生設施規則規定，說明該進入許可應載明之事項。（至少回答 5 項）

【2014-2#2】

7. 某公司有一座液化石油氣儲槽，進行年度儲槽局限空間維修作業。試回答下列問題：雇主使勞工入槽前，應實施進入許可。試列舉 5 項進入許可應載明事項。

【2014-2 甲安 3.2】

8. 依職業安全衛生設施規則規定，雇主使勞工於局限空間從事作業前，如有引起勞工缺氧、中毒等相關危害之虞者，應訂定危害防止計畫，並使現場作業主管、監視人員、作業勞工及相關承攬人依循辦理，該計畫應包括哪些事項？（請列舉 5 項）

【2015-3#7】

9. 依缺氧症預防規則規定，某事業單位之雇主使勞工從事缺氧危險作業，請回答下列問題：

(1) 應將哪些注意事項公告於缺氧危險作業場所入口顯而易見處？（請列舉 3 項）

(2) 應置備哪 4 種設備供勞工緊急避難或救援人員使用？

【2017-1#8】

80. 雇主使勞工於局限空間從事作業前，應先確認該局限空間內有無可能引起勞工之危害，如有危害之虞者，應訂定危害防止計畫，並使現場作業主管、監視人員、作業勞工及相關承攬人依循辦理。

    (1) 前項危害防止計畫訂定事項，請寫出 6 項。

    (2) 若局限空間現場濃度已經超過立即致危濃度(immediately dangerous to life or health, IDLH)，請問應佩戴何種呼吸防護具進行作業？

    【甲衛 2017-1#2】

81. 工業製程有許多局限空間場所（如貯槽），其作業具有高度的危險性，須進行作業演練與應變，試詳述局限空間作業之主要演練內容與注意事項，請舉例說明之。　　【2017 工礦衛生技師－衛生管理實務 5】

82. 近年來常發生重大局限空間危害事故，緣此在進入局限空間前，請依進入空間特性、可能洩漏點、進入空間順序、測定有害氣體次序、監測頻率及紀錄，分別闡述進入局限空間之測定點採樣規劃。

    【2017 工礦衛生技師－作業環境測定 5】

83. 請從危害的特性研究分析「局限空間」(confined space)是「職業安全」還是「職業衛生」的專業領域。　　【2017 普考工安－工業衛生概論 4】

84. (1) 何謂職業安全衛生設施規則所稱之局限空間？

    (2) 何謂有機溶劑中毒預防規則所稱之通風不充分之室內作業場所？

    (3) 下列哪些屬缺氧症預防規則所稱之缺氧危險場所從事之職業？

       1. 長期間未使用之水井、坑井、豎坑、隧道、沉箱、或類似場所等之內部。

       2. 置放煤、褐梅、硫化礦石、鋼材、鐵屑、原木片、木屑、乾性油、魚油或其他易吸收空氣中氧氣之物質等之儲槽、船艙、倉庫、地窖、貯煤器或其他儲存設備之內部。

       3. 以含有乾性油之油漆塗敷天花板、地板、牆壁或儲具等，在油漆未乾前即予密閉之地下室、倉庫、儲槽、船艙或其他通風不充分之設備之內部。

4. 置放或曾置放醬油、酒類、胚子、酵母或其他發酵物質之儲槽、地窖或其他釀造設備之內部。

5. 使用乾冰從事冷凍、冷藏或水泥乳之脫鹼等之冷藏庫、冷凍庫、冷凍貨車、船艙或冷凍貨櫃之內部。

6. 滯留或曾滯留雨水、河水或湧水之槽、暗渠、人孔或坑井之內部。

7. 供裝設電纜、瓦斯管或其他地下敷設物使用之暗渠、人孔或坑井之內部。

8. 貫通或鄰接腐泥層之水井、坑井、豎坑、隧道、沉箱、或類似場所等之內部。

(4) 除作業方法及安全管制作法、作業控制設施及作業安全檢點方法外，請列出 5 項局限空間危害防止計畫應包含之事項。

【2018 甲衛 1】

85. 近年來常發生重大局限空間危害事故。在進入局限空間前，多使用直讀式儀器(direct-reading instrument)進行空氣中危害物質採樣測定，以利後續通風控制。請闡述局限空間中所使用之直讀式儀器應注意哪些使用上之優缺點？ 【2018 工礦衛生技師－環控 4】

86. 近年來，因管理缺失造成勞工於儲槽作業、污水槽作業、下水道作業等工安事故頻傳，請試述局限空間作業安全規定為何？

【2018 工安技師－安管 4】

Workplace Environmental Control: Ventilation Engineering

Chapter

12

工業通風實務與應用

第一節 ❖ 現勘指引

　　為瞭解工作場所實況，相關人員，包括廠務管理人員、安全衛生專責人員、通風空調工程師、職業病醫師護士等，通常會視情況先進行現勘(walk-through)，以提供環境測定、環境工程改善或職業病診療等工作之參考。由於各工作場所特性差異極大，且參與現勘人員可能是高階管理人員或是非廠內員工，對現場作業細節尚未深入瞭解或對通風有關事務較不熟悉，因此先簡述幾個現勘時要注意或事先要預習之事項：

1. 觀察勞工作業方式及其呼吸區位置及高度。

2. 找出空氣中有害物發生源及其散布方式，判斷是否會經過勞工呼吸區。例如有一勞工在工作檯上焊錫，而有一風扇在其腦後抽氣，那麼焊錫時所產生之燻煙將會經過此勞工之呼吸區。如果有一勞工頭部伸入一上向吸引式排氣櫃內部，此時櫃中的有毒氣體在被往上吸引時，也會經過該勞工呼吸區。反之，若此排氣櫃換成層流式，且清淨空氣先經由 HEPA 濾網，再由上往下經由檯面之細縫通過時，該勞工就比較不會暴露在有害氣體中，因通過呼吸區的空氣是有經過過濾處理的。

3. 尋找通風死角，該處可能會累積有害物。

4. 詢問現有之通風條件能否在門窗緊閉時，提供足夠之換氣量。在天氣太冷或太熱時，常會為了節約能源，而把空調進氣口關掉，由換氣模式改成循環模式，而讓新鮮空氣無法充分進入室內。

5. 詢問空調進氣口位置，最好到該處檢視。空調進氣口需避免錯接情形，例如不能設在停車場或交通頻繁的道路附近，因為該處空氣中含有太多車輛廢氣。如果設在屋頂，也要注意避免設在煙囪或排氣口之下風處。

6. 對於辦公室等工作場所，應瞭解氣密建築物(tight building)的潛在問題，如室內空氣品質以及病態建築物症候群(sick building syndrome, SBS)。

7. 瞭解該工作環境之勞工健康保護原則，確認一個前提，那就是適當的通風及工程改善是保護勞工健康的首要措施，其次才是個人防護設備。

　　環保署於 2011 年 11 月 23 日公布「室內空氣品質管理法」，本法第 6 條規定經中央主管機關依其場所之公眾聚集量、進出量、室內空氣污染物危害風險程度及場所之特殊需求，予以綜合考量後，經逐批公告者，其室內場所為本法之公告場所。第 7 條規定公告場所之室內空氣品質，應符合室內空氣品質標準，如表 12-1，針對室內空氣中常態逸散，經長期性暴露足以直接或間接妨害國民健康或生活環境之物質，包括二氧化碳、一氧化碳、甲醛、總揮發性有機化合物、細菌、真菌、粒徑小於等於 10 微米之懸浮微粒(PM10)、粒徑小於等於 2.5 微米之懸浮微粒(PM2.5)、臭氧等九項物質進行管理監測。第 8 條規定公告場所所有人、管理人或使用人應訂定室內空氣品質維護管理計畫，據以執行。第 9 條則規定公告場所應置室內空氣品質維護管理專責人員，依前條室內空氣品質維護管理計畫，執行管理維護。第 10 條規定公告場所所有人、管理人或使用人應委託檢驗測定機構，定期實施室內空氣品質檢驗測定，並應定期公布檢驗測定結果及作成紀錄。

※ 表 12-1　室內空氣品質標準

項目	建議值		單位
二氧化碳(CO₂)	8 小時值	1,000	ppm
一氧化碳(CO)	8 小時值	9	ppm
甲醛(HCHO)	1 小時值	0.08	ppm
總揮發性有機化合物（TVOC，包含 12 種揮發性有機物之總和）	1 小時值	0.56	ppm
細菌(Bacteria)	最高值	1,500	CFU/m³
真菌(Fungi)	最高值	1,000。但真菌濃度室內外比值小於等於 1.3 者，不在此限	CFU/m³
粒徑小於等於 10 微米(μm)之懸浮微粒(PM₁₀)	24 小時值	75	μg/m³
粒徑小於等於 2.5 微米(μm)之懸浮微粒(PM₂.₅)	24 小時值	35	μg/m³
臭氧(O₃)	8 小時值	0.06	ppm

本標準所稱各標準值、成分之意義如下：

一、1 小時值：指 1 小時內各測值之算術平均值或 1 小時累計採樣之測值。

二、8 小時值：指連續 8 個小時各測值之算術平均值或 8 小時累計採樣之測值。

三、24 小時值：指連續 24 小時各測值之算術平均值或 24 小時累計採樣之測值。

四、最高值：依中央主管機關公告之檢測方法所規範採樣方法之採樣分析值。

五、總揮發性有機化合物（TVOC，包含 12 種揮發性有機物之總和）：指總揮發性有機化合物之標準值係採計苯(benzene)、四氯化碳(carbontetrachloride)、氯仿（三氯甲烷）(chloroform)、1,2-二氯苯(1,2-dichlorobenzene)、1,4-二氯苯(1,4-dichlorobenzene)、二氯甲烷(dichloromethane)、乙苯(ethylBenzene)、苯乙烯(styrene)、四氯乙烯(tetrachloroethylene)、三氯乙烯(trichloroethylene)、甲苯(toluene)及二甲苯（對、間、鄰）(xylenes)等 12 種化合物之濃度測值總和者。

六、真菌濃度室內外比值：指室內真菌濃度除以室外真菌濃度之比值，其室內及室外之採樣相對位置應依室內空氣品質檢驗測定管理辦法規定辦理。

練習範例
職業安全衛生管理技術士技能檢定及高普考考題

（　）1. 空間中裝設分離式冷氣以及密閉型門窗時，下列何者應被優先考慮？　(1)冷氣效果高，可節約電費　(2)節省能源，防止能源流失　(3)會造成缺氧的不健康環境　(4)節約空間，降低噪音。Ans：3

【2010 建築師－建築環境控制 25】

( )2. 當窗戶開口與風向不一致時，於窗口設置翼牆可以改善室內通風效果，下列設計何者的室內通風效果最佳？

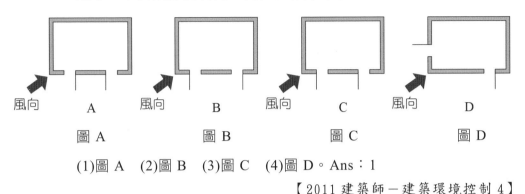

圖 A　　　　　圖 B　　　　　圖 C　　　　　圖 D

(1)圖 A　(2)圖 B　(3)圖 C　(4)圖 D。Ans：1

【2011 建築師－建築環境控制 4】

( )3. 下列通風路徑設計（風向為由上往下），請依照排除室內污染物的效率，由高至低排序：

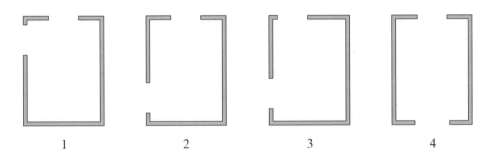

(1) 4＞2＞3＞1　(2) 4＞3＞2＞1　(3) 2＞3＞4＞1　(4) 4＞2＞1＞3。

Ans：1　　　　　　　　　　　　【2012 建築師－建築環境控制 20】

第二節 ❖ 半導體工業的通風問題

半導體工業(semiconductor industry)可說是臺灣發展最快，而且產能及技術均執世界牛耳的產業。半導體的製造一般分成 3 大部分：晶圓製造

(silicon wafer)、積體電路之設計及製造(chips)與積體電路封裝及測試(packaging and testing)。半導體工業牽涉的製程複雜，使用的化學品、有機溶劑、強酸、強鹼及毒性氣體眾多，且對製程區之空氣潔淨度要求高，甚至許多製程必須在無塵室(clean room)中方可進行。半導體工業中各製程的工作內容及相關危害因子歸納如下表所示：

✖ 表 12-2　半導體工業各製程的工作內容及相關危害因子

製程類別		工作內容	危害因子
擴散工程 (diffusion)	化學槽 (wet bench)	以酸鹼溶液洗去晶圓表面之灰塵、金屬污染物或光阻劑	酸鹼溶液、有機溶劑、刺激性或毒性氣體、高溫
	高溫爐 (furnace)	利用沉積方式在高溫下於晶圓表面鍍上氧化層、氮化矽等薄層	
微影工程(photolithography)		將光罩(mask)上之各種電路圖樣翻印至晶圓表面	酸鹼溶液、有機溶劑、熱
薄膜工程 (thin film)	離子植入 (ion implantation)	將高能離子束（砷、硼等）植入半導體中	酸鹼溶液、刺激性或毒性氣體、自燃性氣體 (pyrophoric gas)、腐蝕性氣體 (corrosive gas)、可吸入之氧化物、金屬燻煙
	沉積薄膜 (deposition)	化學氣相沉積(chemical vapor deposition)或物理氣相沉積(physical vapor deposition)	
	金屬化 (metallization)	金屬濺鍍 (sputter deposition)	
蝕刻工程 (etching)	濕式蝕刻 (wet etching)	以酸液蝕刻	酸鹼溶液、刺激性或毒性氣體
	乾式蝕刻 (dry etching)	以氣體電漿蝕刻	

通風為半導體業廣泛採用，以排除有害物質與控制製造區微粒濃度之重要方法。半導體業作業場所的通風環境非常特殊，很多因素互相影響，不同區間之空氣大量移入、大量移出或停滯不動，造成不同區域之空氣互

相競爭，使得通風問題更為複雜。例如在許多區域需要高速且大量的空氣，以稀釋有害物濃度，最大換氣量甚至可高達每小時換氣 50~60 次；但在微影工程區(photolithography area)、沉積薄膜區(deposition area)與離子植入區(ion implantation area)等則須相對於周遭區域保持正壓，以阻止外界未經潔淨過程的空氣進入製程區；另外還有一些場所需要設置局部排氣裝置，利用產生之局部負壓將製程產生的熱或有害物質導入排氣導管中，以便排除至室外。

半導體業製程區常使用 3 類通風系統：無塵室(clean room)、局部排氣系統及微粒控制系統(particulate control system)。以下即分別介紹各通風系統。

一、無塵室

無塵室為整體換氣系統之一特例。無塵室的潔淨度分級(room class)是計算每立方英呎的空氣中超過 0.5 μm 之粒子的數目，一般室外環境的潔淨程度大於 Class 500,000，一般房子裡的空間潔淨度大約是 Class 100,000，半導體組立區(assembly area)的潔淨度大約是 Class 10,000，半導體製程區(fab area)無塵室之潔淨程度可能在 Class 10、Class 1 甚至到 Class 0.01。空調系統為了控制粒子濃度，必須用到高效率的過濾器。對於 0.3 μm 的粒子過濾效率可以達到99.97%稱為 HEPA (high-efficiency particulate air filter)，對於 0.3 μm 的粒子過濾效率可以達到 99.999%稱為 ULPA (ultra-low penetration air filter)，我們要適當的採用 HEPA 和 ULPA 在空調環境中，以提供合於標準之空氣品質。除了對潔淨度要求外，為了確保晶圓良率，半導體製程區對溫度、濕度及空氣流速也有一定規範，例如溫度變化不能超過±0.5℃，濕度變化不能超過±1%，氣流速度變化不能超過±10%等。

半導體業無塵室的通風安排如圖 12-1 所示。一般而言半導體廠房均挑高至少 5 公尺以上，室外的新鮮空氣先流入空調緩衝區與回流空氣混合，在此處可因實際需要進行溫度與濕度之調節後，再將混合空氣送入無塵室

上方之加壓腔，氣流經過 HEPA 或 ULPA 後，從天花板由上而下產生穩定平流(laminar flow)，氣流經過多孔地板及回氣腔，再進入空調緩衝區循環利用。此種通風換氣方式產生由上而下之活塞式氣流，使得污染物不易擴散至呼吸帶高度，在正常作業時並無暴露濃度過高之虞，只有在異常狀況發生或維修保養時，才需特別注意暴露濃度超過標準之情形。另外有文獻提到即使在正常作業狀態下，仍然可能因機臺設備的設置不當或外型阻礙氣流，造成局部區域高濃度之污染。

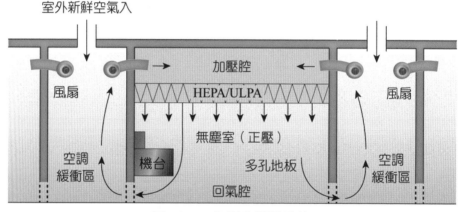

圖 12-1　無塵室通風系統

二、局部排氣系統

局部排氣系統在半導體業運用非常廣，為因應各類需排除的物質，需使用大量且多樣化之局部排氣設備。對於從事工業衛生的人員，運用局部排氣系統在半導體業的主要困難，在於必須了解製程裡設備或工具的動力特性、製程中使用哪些化學藥品、還有反應物或生成物與局部排氣系統是否會互相影響。

局部排氣系統的原理是在污染源附近產生局部負壓，再利用與此負壓區域連接之導管將污染物帶走。但污染物不可任意排出室外，首先必須考慮污染物是否含有固體粒子、具有毒性或有火災爆炸之危險，假如有固體

粒子則必須加以捕集，假如是有毒性或危險物質則要先行高溫氧化分解，才能稀釋到大氣中。表 12-3 為半導體業各項製程中需使用局部排氣系統須注意之事項。

✖ 表 12-3　半導體業需使用局部排氣系統之製程及注意事項

製程	注意事項
擴散工程(diffusion)	・ 排氣系統中需裝設空氣清淨裝置 ・ 抗化學侵蝕和耐高溫的導管 ・ 需連續監測排出氣體
微影工程(photolithography)	・ 揮發性有機物必須燃燒分解 ・ 導管必須為金屬材質或非可燃性的材料
薄膜工程(thin film)	・ 排氣系統中需含空氣清淨裝置 ・ 抗化學侵蝕和耐高溫的導管 ・ 需連續監測排出之氣體 ・ 使用真空泵浦系統 ・ 需設置濕式沖刷系統 ・ 需有可燃性氣體偵測器
蝕刻工程(etching)	・ 需設置濕式沖刷系統 ・ 抗化學侵蝕的導管 ・ 需清除蝕刻腔(etching chamber)內的殘留物質

三、微粒控制系統

　　微粒控制系統是半導體製程中極為重要的裝置。微粒控制系統的原理為營造一僅可供晶圓大小出入的封閉工作區域，此封閉區域要盡可能小，且盡可能獨立，以避免與無塵室環境或人員直接接觸，因為微粒控制系統範圍小且具封閉性，使得此迷你環境(mini-environment)之潔淨度較易達成。微粒控制系統包含 3 部分：工具包圍罩(tool enclosure)、載具包圍罩(cassette enclosure)、裝卸埠(I/O port)。其中工具包圍罩營造潔淨環境，載

具包圍罩可裝載晶圓以便在不同工具間運送時能不受污染,裝卸埠則為迷你環境中有氣流控制晶圓載具進出口。圖 12-2 即為一典型微粒控制系統。

微粒控制系統裝設時需注意其對大環境氣流之影響,尤其是在微粒控制系統、局部排氣系統與無塵室整體換氣系統 3 者共存之區域。3 者需儘量避免互相影響,因為微粒控制系統本身是一個精確控制的迷你環境,所以越獨立、越不影響其他系統越好,假如 3 者互相影響,一但有污染物洩漏時,要找出污染源將會非常困難。

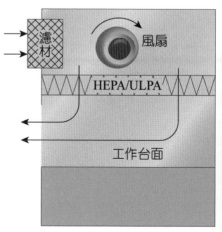

圖 12-2　微粒控制系統

通風系統中許多的機械設備、導管、空氣清淨裝置及濾材等,必須定期實施通風測定來評估通風系統性能,以便了解系統是否需要進行維修保養,以確保系統正常運作。

若要了解污染物是否順利吸入氣罩、設於無塵室之製程工具周遭氣流情形、輸送腐蝕性氣體之導管有無洩漏等,以發煙法觀察氣流是最為簡單有效的方法。但工業衛生常用之四氯化鈦發煙管(smoke tube)會產生氫氧化鈦固體煙粒,所以不宜使用於無塵室。此時可改用乾冰(dry ice)、液態氮(liquid nitrogen)和水蒸氣(water vapor generator)來觀察氣流。

局部排氣系統的捕集能力、導管內之靜壓與流速等,可使用皮托管配合壓力計(pitot tubes with manometer)、旋轉風速計(rotating vane anemometers)、熱線式風速計(hot wire)或熱電耦式風速計(thermal couple)來測量。

在微粒控制系統、局部排氣系統與無塵室整體換氣系統 3 者共存之區域,污染發生源可能不只一種,可使用追蹤氣體法(tracer gas)實施交叉污染測試(cross-contamination testing),常用的追蹤氣體是六氟化硫(SF_6),但六氟化硫會破壞臭氧層,因此目前逐漸被其他氣體取代。

第三節 ❖ 計算流體力學簡介

　　計算流體力學(computational fluid dynamics, CFD)是一門極為重要的工程工具，在 50~70 年代對於航空科技之進展有相當大的貢獻，近年來由於電腦硬體速度越來越快且價格越來越低廉，使得過去難以用電腦求解的問題變得可能。

　　工程上常須作實驗來瞭解物理現象，但執行實驗往往曠日費時，成本可能相當龐大，但如果欲研究的物理現象已有可信賴之數學模型，則常以電腦模擬的方式來執行實驗，稱之為「數值實驗」。計算流體力學除了比真實實驗成本低且速度快之外，還有兩點是真實實驗難以達成的，其一為計算流體力學可分析至研究對象細部之結果，而實驗之量測往往局限於有限且極少數之資料點；另一為數值實驗可模擬難以實現的實驗條件，例如高溫鍋爐內部之流場、心臟血管系統之流場探討等。

　　要瞭解計算流體力學，需要相當的物理、力學及數學的背景，要深入相當不容易，在此希望讀者能獲得一些基本概念即可。基本上計算流體力學之實施有以下幾個步驟：

1. 控制方程式(governing equations)：首先欲研究之物理現象須有可信的數學模型來描述，所謂的數學模型即為控制方程式，例如分析一般的通風問題，至少會牽涉到連續方程式(continuity equation)、動量方程式(momentum equation or navier-stokes equation)與物種濃度方程式(species concentration equation)。

2. 離散化(discretization)：針對上述這些控制方程式進行離散化，此過程為將一個大且連續之空間切割成多個小且離散之微小單元，離散化後之每一微小單元稱之為元素(element)或網格(cell)，然後利用守恆原理推導出對應於每一網格之方程式，此方程式可描述個別元素所包含之物理特性及其與附近元素之數學關係。經過此離散化過程，可將原來複雜的微分方程式簡化成簡單的代數方程式，但待處理之方程式個數則與網格個數成正比，一個普通的 3D 問題往往需分割成數十萬個網格其模擬結果才

可令人滿意。離散化常用的方法有有限元素法(finite element method, FEM)、有限體積法(finite volume method, FVM)及有限差分法(finite difference method, FDM)，此三種方法各有其優劣性，有興趣者可參考 Anderson 等所著之書。

3. 邊界條件(boundary condition)：針對問題定義邊界條件，例如牆壁可設為無滑動邊界(no slip condition)、進氣口可定義為固定風速、排氣口可定義為大氣壓力等。

4. 聯立方程組：此一步驟為求解龐大的離散方程式組及其對應之邊界條件，稍具規模之問題往往需同時求解數十萬個聯立方程組，求解聯立方程組有兩種方法，一為直接解法(direct elimination)，另一為迭代法(iteration)。方程組解完之後，即得到在各個網格之物理結果，例如速度、壓力、溫度、濃度等。

5. 後處理(postprocessing)：最後如何將結果呈現稱之為後處理，例如畫流線圖、速度場及壓力分布等，以協助分析工作之進行。

　　有關計算流體力學之基本理論可參考 Patankar 之書，以下為一商用軟體 AIRPAK 所完成之分析範例。圖 12-3 為一典型化學實驗室通風系統配置之三維模型，圖上方有 1 排氣櫃，1 人立於其前方，圖下方有另 1 人立於桌前，此項模擬之目的為探討排氣櫃位置及排風量大小對處於同室之其他人員的可能影響。圖 12-4 為流場速度分布，圖 12-5 為平均空氣年齡分布，圖 12-6 為以粒子軌跡圖顯示排氣櫃上方進氣口之氣流如何通過污染區並流入空間其他區域。

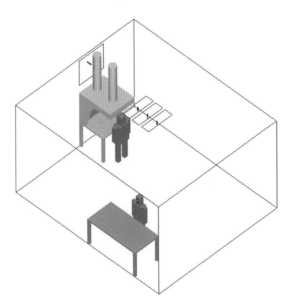

圖 12-3　實驗室通風系統

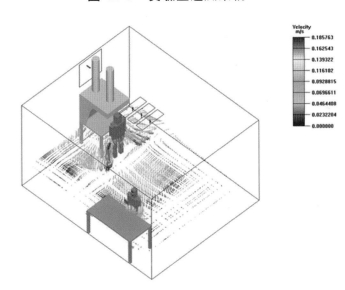

圖 12-4　流場速度分布

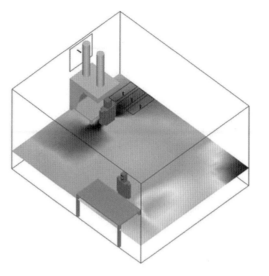

圖 12-5　平均空氣年齡分布

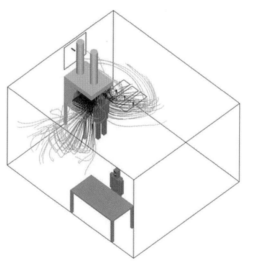

圖 12-6　粒子軌跡

練習範例

職業安全衛生管理技術士技能檢定及高普考考題

(　　) 1. 下列何者不屬於風場預測的常用方法？　(1)風洞試驗　(2)電腦計算流體力學　(3)專家經驗法則預測　(4)問卷調查法。Ans：4

【2013 建築師－建築環境控制 15】

第四節　吸菸室通風實務

基於維護人類健康，世界衛生組織於國際間積極推動反菸活動，各國紛紛訂定相關之菸害防制法規，我國亦於 86 年 3 月制定菸害防制法，對菸品之販賣及促銷方式、吸菸者之年齡、吸菸場所、菸品包裝上之警語標誌及戒菸諮詢教育之實施等，均予以明確規範。其後世界衛生組織更於 92 年 5 月世界衛生大會通過全球第一個公共衛生公約「菸草控制框架公約」(who the framework convention on tobacco control, FCTC)，揭示締約國應透過立法、行政及國際合作之方式遏止菸害。我國於 96 年 7 月通過菸害防制法修正案，針對先前管制措施尚未符合國際公約的部分予以增修。民國 98 年 1 月 23 日再度修訂，修法重點包括擴大禁菸場所避免二手菸害、嚴格規範吸菸室設置條件等。以下摘錄與通風較為相關之條文。

「菸害防制法」第 15 條：下列場所全面禁止吸菸：

一、高級中等學校以下學校及其他供兒童及少年教育或活動為主要目的之場所。

二、大專校院、圖書、博物館、美術館及其他文化或社會教育機構所在之室內場所。

三、醫療機構護理機構、其他醫事機構及社會福利機構所在場所。但老人福利機構於設有獨立空調及獨立隔間之室內吸菸室，或其室外場所，不在此限。

四、 政府機關及公營事業機構所在之室內場所。

五、 大眾運輸工具、計程車、遊覽車、捷運系統、車站及旅客等候室。

六、 製造、儲存或販賣易燃爆物品之場所。

七、 金融機構、郵局及電信事業之營業場所。

八、 供室內體育、運動或健身之場所。

九、 教室、圖書室、實驗室、表演廳、禮堂、展覽室、會議廳（室）及電梯廂內。

十、 歌劇院、電影院、視聽歌唱業或資訊休閒業及其他供公眾休閒娛樂之室內場所。

十一、 旅館、商場、餐飲店或其他供公眾消費之室內場所。但於該場所內設有獨立空調及獨立隔間之室內吸菸室、半戶外開放空間之餐飲場所、雪茄館、下午 9 時以後開始營業且 18 歲以上始能進入之酒吧、視聽歌唱場所，不在此限。

十二、 3 人以上共用之室內工作場所。

十三、 其他供公共使用之室內場所及經各級主管機關公告指定之場所及交通工具。

前項所定場所，應於所有入口處設置明顯禁菸標示，並不得供應與吸菸有關之器物。

第 1 項第 3 款及第 11 款但書之室內吸菸室；其面積、設施及設置辦法，由中央主管機關定之。

「菸害防制法」第 16 條：下列場所除吸菸區外，不得吸菸；未設吸菸區者，全面禁止吸菸：

一、 大專校院、圖書館、博物館、美術館及其他文化或社會教育機構所在之室外場所。

二、 室外體育場、游泳池或其他供公眾休閒娛樂之室外場所。

三、 老人福利機構所在之室外場所。

四、 其他經各級主管機關指定公告之場所及交通工具。

前項所定場所，應於所有入口處及其他適當地點，設置明顯禁菸標示或除吸菸區外不得吸菸意旨之標示；且除吸菸區外，不得供應與吸菸有關之器物。

第 1 項吸菸區之設置，應符合下列規定：

一、 吸菸區應有明顯之標示。

二、 吸菸區之面積不得大於該場所室外面積 1/2，且不得設於必經之處。

衛生福利部依上述「菸害防制法」第 15 條第 3 項規定，訂定室內吸菸室設置辦法。其評估重點如表 12-4 所示。

表 12-4　旅館、商場、餐飲店、老人福利機構，例外設置室內吸菸室自我評估表

評估項目	結果
1. 吸菸室面積是否為：未超過 35 平方公尺且未小於 6 平方公尺？	□是　□否
2. 吸菸室總面積是否沒有超過該室內場所面積的 20%？	□是　□否
3. 吸菸室是否為獨立隔間？	□是　□否
4. 吸菸室是否具有獨立空調系統？	□是　□否
5. 吸菸室的門是否為平行移動式的自動門？	□是　□否
6. 吸菸室是否負壓達 0.816 毫米水柱以上？	□是　□否
7. 吸菸室是否能每小時提供該吸菸室體積 10 倍以上的新鮮空氣？	□是　□否
8. 吸菸室的排煙口是否距離該建築物的出入口、其他建築物或任何依法不得吸菸之區域 5 公尺以上？	□是　□否
9. 吸菸室是否只供吸菸用途，沒有提供其他服務？	□是　□否
10. 吸菸室是否在清潔或維護開始前及完成後 1 小時內不開放使用且空調繼續運轉？	□是　□否

✂ 表 12-4　旅館、商場、餐飲店、老人福利機構，例外設置室內吸菸室自我評估表
（續）

評估項目	結果
11. 吸菸室門口是否張貼「本場所除吸菸室外，禁止吸菸」、「吸菸有害健康之警語與戒菸相關資訊」、「未滿 18 歲者禁止進入」、「室內吸菸室設置檢查合格表」？	□是　□否

※ 注意事項

1. 以上 11 題皆勾選「是」者，顯示室內吸菸室，符合菸害防制法 98 年新規定。

2. 第 2.~8.題任一題勾選「否」者，皆違反新法規定。

資料來源：衛福部網站

單 位 換 算

　　目前國際通用的度量衡單位為公制(SI)常用之單位換算有兩種，一種是換算成不同數量級，另一種是公制與英制間的換算。不同數量級間之換算通常是用在公制單位，因公制原則上是以十進位表示法為主，如長度與質量單位，各數量級之符號及英文拼法請參考表 A-1，熟悉各數量級之符號將有助於單位之換算。

表 A-1　各數量級之符號及英文拼法

數量級	符號	英文拼法	數量級	符號	英文拼法
10^{-1}	d	deci	10^3	k	kilo
10^{-2}	c	centi	10^6	M	mega
10^{-3}	m	mili	10^9	G	giga
10^{-6}	μ	micro	10^{12}	T	tetra
10^{-9}	n	nano	10^{15}	P	peta
10^{-12}	p	pico			
10^{-15}	f	femto			
10^{-18}	a	atto			

　　相對於不同數量級間之換算，公制與英制間之單位換算顯得比較繁雜，因為單位換算值大多不是整數，而且英制中不同長度或質量單位間之換算值大多也不是整數，各基本度量衡之單位換算如表 A-2 所示。目前在美加地區仍常使用英制單位，但在其他地區則大多已統一使用公制，因此對我們而言，如要引用美國數據，可能就常要換算單位。以工業通風的經典著作，即 ACGIH 發行之 "Industrial Ventilation-A Manual of Recommended Practice" 為例，其大部分數據即使用英制。

表 A-2　各種基本度量衡之公制與英制單位換算

度量衡	公制單位	公制符號	英制單位	英制符號	單位換算
長度	公尺，meter	m	英呎，foot	ft	1 ft=0.3048 m
質量	公斤，kilogram	kg	英磅，pound	lb	1 lb=0.45359 kg
時間	秒，second	s			
溫度	凱式，Kelvin	K	Rankine	R	R=1.8 K
分子量	莫耳，mole	mol			
電流	安培，ampere	A			
光度	燭光，candela	cd			

補充說明：
1 英呎=12 英吋(inch, in.)
1 英磅=16 盎司(ounce, oz)=7000 英喱(grain, gr)
K=C+273.16；R=F+459.69；F=1.8C+32

　　所有的物理量都是由上述基本度量衡衍生而得，表 A-3 列出常用物理量之單位及其基本度量衡之組成。根據此組成及上述基本度量衡之單位換算，即可進行各物理量之單位換算。

表 A-3　常用物理量之單位換算

物理量	單位及符號	基本度量衡組成
面積	平方公尺	m^2
體積	立方公尺	m^3
風速		m/s
排氣量		m^3/s
密度		kg/m^3
力	牛頓，Newton, N	$kg \cdot m/s^2$
頻率	赫茲，Hertz, Hz	ℓ/s
功，能，熱	焦耳，Joule, J	$kg \cdot m^2/s^2$, $N \cdot m$
功率	瓦特，Watt, W	$kg \cdot m^2/s^3$, J/s
壓力	巴斯卡，Pascal, Pa	$kg/m/s^2$, N/m^2

現在就以風速及排氣量為例，進行公制與英制間之單位換算，即計算 1 fpm (ft per min, ft/min)及 1 cfm (cubit foot per min, ft^3/min)分別相當於多少 m/s 及 m^3/s：

風速，v, 1 fpm=1 ft/min×(0.3048m/ft)×(min/60s)=0.00508 m/s

排氣量，Q, 1 cfm=1 ft^3/min×(0.3048 m/ft)^3×(min/60s)=4.72×10^{-4}m^3/s

接著再以動壓之計算式(4-9)式為例，說明係數在公制與英制間如何改變：

在英制中，VP'(in.H$_2$O)=(v'(fpm)/4,005)^2

則　　VP (mmH$_2$O)=VP'(in.H$_2$O)×(25.4 mm/in)................................... (A-1)

　　　↓ VP'(in.H$_2$O)=(v'(fpm)/4,005)^2

　　　=(v'(fpm)/4,005)^2×(25.4 mm/in)

　　　↓ 1 fpm=0.00508 m/s

　　　=(v (m/s)×(fpm/0.00508 m/s)/4,005)^2×(25.4 mm/in)

　　　={v (m/s)/[0.00508×4,005×(1/25.4)$^{0.5}$]}^{2}

　　　0.00508×4,005×(1/25.4)$^{0.5}$=4.04

　　　VP (mmH$_2$O)=(v (m/s)/4.04)^2 .... (4-9)

最後以直導管摩擦損失之經驗式為例，說明在參數指數不是整數時，係數在公制與英制間如何改變：

　　　h$_L$=H$_f$×L×VP .... (4-18)

其中　　H$_f$=av^b/Q^c .... (4-19)

將(4-19)式代入(4-18)式，並將移至等號左邊：

　　　h$_L$/L=av^b/Q^c×VP .... (A-2)

(A-2)式中等號左邊之物理意義為每單位長度導管之摩擦損失相當長度，此時因沒有單位，所以與公制或英制無關。等號右邊之參數包括風速(v)、排氣量(Q)，以及動壓(VP)，另有三個係數：a, b, c。在英制中，鍍鋅鐵管之係數 a 為 0.0307，係數 b 及 c 同表 4-1，分別為 0.533 及 0.612，當由英制改成公制時，係數 a 變成 1.86×10^{-4}，其改變方式說明如下：

$h_L/L = a'[v'(fpm)]^b/[Q'(cfm)]^c \times VP'(in.H_2O)$

$\downarrow$ 1 fpm=0.00508 m/s

$\downarrow$ 1 cfm=4.72×10^{-4} m^3/s

$\downarrow$ 1 in.H$_2$O=25.4 mmH$_2$O

$= a'[v (m/s) \times (fpm/0.00508 \ m/s)]^b/$

$[Q (m^3/s) \times (cfm/4.72 \times 10^{-4} \ m^3/s)]^c \times$

$[VP (mmH_2O) \times in.H_2O/25.4 \ mmH_2O]$

$= [a'/0.00508^b/(4.72 \times 10^{-4})^c/25.4] \times [v (m/s)]^b/[Q (m^3/s)]^c \times VP$

(mmH_2O)

$\downarrow$ a'=0.0307, b=0.533, c=0.612

$= [0.0307 \times 0.00508^{-0.533} \times 0.000472^{0.612}/25.4] \times v^b/Q^c \times VP$

$= 1.86 \times 10^{-4} \times v^b/Q^c \times VP$

$\therefore a = 1.86 \times 10^{-4}$

　　讀者可自行演算表 4-1 中，其他兩類不同材質之導管之係數 a，英制中這兩類材質之 a 值依序分別為 0.0425 及 0.0311。

APPENDIX
附錄 B

局部排氣裝置定期自動檢查基準項目

檢查項目	檢查方法	判定基準
1. 摩損、腐蝕、凹凸及其他損害之狀況及程度	檢查氣罩之表面狀態。	應無下列之異常： 1. 不致有吸氣機能降低之磨損，凹凸及其他損傷。 2. 可導致腐蝕原因之塗飾等之損傷。
2. 吸入氣流之狀態即有無妨礙物	1. 檢查氣罩開口面附近有無會阻礙預期吸氣氣流之拄、牆等構造物。 2. 檢查氣罩開口面附近有無放置阻礙預期吸氣氣流之作業器具、工具、被加工物、材料等。 3. 使局部排氣動作，並使用發煙管檢查下列所定位置之煙向。 (1) 包圍型或接收行氣罩（懸吊行者除外）者，為下圖所示之位置。 (a)　　　(b)	1. 應無可阻礙吸氣氣流之拄、牆等構造物。 2. 器具、工具、被加工物、材料等放置均不受阻礙吸氣氣流。 3. 不致使煙外流於氣罩或滯留，可完全吸入氣罩內。

一、氣罩

檢查項目	檢查方法	判定基準
一、氣罩（續）	2. 吸入氣流之狀態即有無妨礙物（續）	① 符號，係將氣罩開口面劃分為等分面積，且一邊長度應在 0.5 公尺以下之 16 個以上如圖(a)（若氣罩開口面之邊長較小時，該邊分為二個以上如圖(b)）之分割面積之中心點，為表示檢查煙流向之位置。 ② 於圖(a)及圖(b)所示以外之型式氣罩，其局部排氣裝置準用同圖之規定。 (2) 外裝型氣罩或懸吊式接收型氣罩者，為下圖所示之位置。 (a)　　　　(b) (c)	

檢查項目	檢查方法	判定基準
	① 連接符號，所成之線，係距離氣罩開口面最遠。 ② 於圖(a)~(c)所示型式外之氣罩，其局部排氣裝置，準用同圖等之規定。	
3. 接收式氣罩開口面之方向及大小等	檢查經常性作業時，自發生源飛散之有害物之飛散狀態。	有害物未飛散至氣罩外，完全可吸入氣罩內者。
4. 塗飾用崗亭式氣罩之濾層等狀態	1. 塗飾用崗亭式氣罩（除水洗式者外）等之氣罩有使用濾層者，應檢查其污染、阻塞、破損等之狀態。 2. 於水洗式塗飾用崗亭式氣罩之牆面，形成水膜以防止塗料附著之方式者，應檢查牆面之濕潤狀態。 3. 水洗式塗飾用崗亭式氣罩係以洗滌水循環而不使用水者，應檢查洗滌室內之水量。	1. 於濾層應無可降低排氣機能之污染、阻塞、破損等。 2. 牆面整體應均勻濕潤者。 3. 於停止運轉狀態時之水面高度，應在設計值範圍內，且動作時可均勻形成水霧者。

一、氣罩（續）

檢查項目	檢查方法	判定基準
1. 外面之磨損、腐蝕、凹凸及其他之狀況及程度	檢查導管系統外面之狀態,此時,對吸氣導管,在岐導管為自氣流之上游向下游檢查。	應無下列之異常: 1. 造成空氣洩漏原因之磨損、腐蝕、凹凸及其他損傷。 2. 造成腐蝕原因之塗飾等之損傷。 3. 造成增加風險或使粉塵堆積之原因之變形。
2. 內面之磨損、腐蝕等及粉層等之聚積狀態	1. 設有測定孔者應開啟測定孔,未設測定孔者,應拆卸導管之連結部,檢查內部狀況。 2. 無法採取 1.之措施者,為於導管豎管部上游等容易堆積粉塵之處所,厚管時可以試槌,薄管時可以木棒或竹棒經敲其外面,打擊聲檢查。 3. 在厚版導管,無法實施 1.或 2.之檢查時,應依下列方式測定導管之厚度及導管內之靜壓。 (1) 使用超音波測厚計等方法測定導管豎管部上游等內部易生磨損、腐蝕等處所之導管厚度。 (2) 開啟導管豎管部上游易於堆積粉塵等處之測定孔,使用水挂壓力表或探針或熱線風速計,測定該處導管內部之鎮壓。	1. 無下列異常者: (1)造成漏洩空氣原因之磨損或腐蝕。 (2)造成腐蝕原因之塗飾等之損傷。 (3)粉塵等之堆積。 2. 因粉塵等之堆積等造成之異常者: (1)所有測點之厚度在原設計厚度之 1/4 以上。 (2)導管內壓應在初期靜壓 (Ps)±10%以內者。

檢查項目	檢查方法	判定基準
3. 擋板之狀態	1. 流量調節用擋版，應檢查開啟程度及固定狀況。 2. 對管路切換用擋版及盲斷用擋版，應使擋板動作，觀察各氣罩之管路於開放狀態或盲斷狀態下，運轉局部排氣裝置，使用發煙管（器），檢查煙有否吸入氣罩內。	1. 擋板可調節，並固定在保持局部排氣裝置性能時之開度。 2. 可輕易使擋板動作，且管路於開啟狀態時，可將煙吸入氣罩，而於管路盲斷時，不致使煙吸入氣罩者。
4. 導管接觸部分之狀況	1. 檢查凸緣之安裝螺栓，螺母、墊圈等有無破損，脫落及單邊固定。 2. 使局部排氣裝置動作，並使用發煙管（器）檢查導管連接部有無空氣之流入或洩出。 3. 聽取導管連接部之空氣有無流入或洩出之聲音。 4. 無法實施 2.或 3.之檢查時，應利用設置於導管系之測定孔，使用水拄壓力表或探針式熱線風速技測定導管內之靜壓。	1. 凸緣之安裝螺栓，螺母、墊圈等有無破損，脫落及單邊固定等。 2. 發煙管（器）生成之煙，不致在吸氣導管側被吸入，及在排氣導管側連接部被吹散。 3. 無空氣之流入或洩出聲音。 4. 導管內壓應在初期靜壓 $(Ps) \pm 10\%$ 以內。
5. 測定孔之狀態	檢查測定孔之開閉狀態。	可順暢開閉，且可確實開閉者。

二、導管（續）

檢查項目	檢查方法	判定基準
三、排氣機及電動機	1. 機殼之表面	檢查機殼之表面狀態。	應無下列之異常： 1. 可降低排氣機機能之磨耗、腐蝕、凹凸及其他損傷或堆積粉塵。 2. 造成腐蝕原因之塗飾等損傷。
	2. 機殼之內面、葉片及導流板之狀態	實施次項（第四項吸氣及排氣能力）之檢查結果，而不適於該判定基準時，應依下列檢查機殼內面、葉片及導流板之狀態。 1. 設有測定孔者應自測定孔，未設測定孔者應卸下導管之連接部，調查機殼之內面、葉片及導流板之狀態。 2. 適用刨削器等刨除葉片板及導流板表面附著粉塵等，檢查附著狀態。	1. 應無下列之異常 (1) 降低排氣機機能之磨耗、腐蝕、凹凸及其他損傷或堆積粉塵之附著。 (2) 造成腐蝕原因之塗飾等損傷。 2. 降低排氣機機能之粉塵附著。
	3. 傳動皮帶等狀態	1. 檢查皮帶之損傷及不整齊，傳動輪之損傷，偏心及安裝位置之參差，鍵之鬆懈等之有否。 2. 用手壓下傳動皮帶（除細幅者外），檢查鬆弛量(X)。 3. 使排氣機動作，檢查有無皮帶之滑動或振動。 4. 於實施次項（第四項吸氣及排氣能力）之檢查結果，不適於判定基準時，應使排氣機動作，並使用轉速計測定排氣之回轉數。	1. 無下列之異常： (1) 皮帶之損傷。 (2) 皮帶與傳動輪槽之型式不一致。 (3) 彰設多數皮帶之型及其張設不齊。 (4) 傳動輪之損傷，偏心或安裝位置之參差，位置之參差。 (5) 鍵之鬆懈。 2. 應具備次列要件 0.01l<X<0.02l 上式中之 X 及 l 分別為下圖所示者之長度。

檢查項目	檢查方法	判定基準
3. 傳動皮帶等狀態（續）		 3. 無皮帶之滑動或振動。 4. 排氣機之回轉數不得低於次項（第四項吸氣及排氣之能力）之相關判定基準所必要之回轉數。
4. 排氣機之回轉向	於實施次項（第四項吸氣及排氣能力）之檢查結果，不適用判定基準時，應檢查排氣機之回轉方向。	應為所定之回轉方向。
5. 軸承之狀態及注油潤滑狀況	1. 使排氣機動作，用聽診器或聽音棒貼在軸承箱，檢查有無異音。 2. 使排氣機動作 1 小時候停止，用手觸摸軸承箱表面，探測熱度。 3. 實施 2. 之檢查結果，不適於判定基準時，應使排氣機能動作 1 小時候，測定軸承之表面溫度及四周之溫度。此時，軸承之表面溫度，得使用表面溫度計或以玻璃粘紙將玻璃管溫度計貼在軸承箱上測定。 4. 檢查油箱及機油箱之油量及油之狀態。	1. 應無異音。 2. 軸承箱表面應可用手觸摸程度。 3. 軸承表面之溫度應在 70℃ 以下，且軸承表面溫度與四周溫度之差應在 40℃ 以下。 4. 油量應在所定之量，且無穢或有水、金屬粉等之混入。

三、排氣機及電動機（續）

檢查項目	檢查方法	判定基準
三、排氣機及電動機（續）	6. 電動機之狀態	1. 使用絕緣電阻計測定線圈與外殼間及線圈與接地端子間之絕緣電阻。 2. 使排氣機動作 1 小時以上後，測定電動機之表面溫度及四周之溫度。此時，電動機之表面溫度，得使用表面溫度計或以玻璃粘紙將玻璃管溫度計張貼在電動機上面等測定。	1. 應有高電阻。 2. 電動機四周之溫度（以下稱「冷煤溫度」）在 30℃以上時為電動機之表面溫度（以下稱「表面溫度」）以次表上欄所列電動機之絕緣種類分別不超過中欄所列之值，冷煤溫度未滿 30℃時，為表面溫度與冷煤溫度差不超過同表下欄所列之值。

電動機絕緣種類	A種	E種	B種	F種	H種
表面溫度(℃)	90	105	110	125	145
表面溫度和冷媒溫度(℃)	60	75	80	95	115

註： 電動機絕緣種類，依中國國家標準 2147 電絕緣材料之分類之規定。

檢查項目	檢查方法	判定基準
7. 護罩及其安裝部之狀態	檢查連接電動機與排氣機之護罩及其安裝部之狀態。	應無磨損、腐蝕、破損、變形等，且安裝部無鬆脫等。
8. 控制盤之狀況	1. 檢查控制盤之指示燈，指示燈蓋及銘板等有無破損、脫落。 2. 檢查控制盤儀表之動作有無不良。 3. 檢查控制盤內有無粉塵之堆積。 4. 檢查控制盤端子有無鬆脫、變色等。	1. 無破損、脫落等。 2. 無不良動作等。 3. 無粉塵之堆積。 4. 端子無鬆脫、變色等。

檢查項目	檢查方法	判定基準
9. 排氣機之排風量	於實施次項（第四項吸氣及排氣能力）之檢查結果，不適於判定基準時，應使用設置於排氣入口側或出口側之測定孔所安置之皮氏管水拄公立表或熱線風速計測定導管風速分布，計算排氣量。	應具有與次項（第四項吸氣及排氣能力）之查相關判定基準所定之必要排風量以上者。
四、吸氣及排氣能力　1. 控制風速	使局部排氣裝置動作，並使用熱線風速計，於次列位置測定吸氣氣流速度。但已實施 2.抑制濃度檢查之局部排氣裝置，不在此限。 1. 包圍型或接收型氣罩（除懸吊型者外）者，為次圖所示之位置： 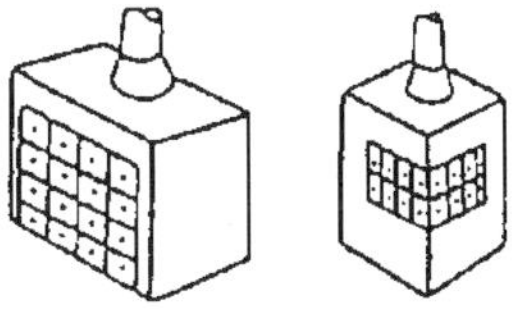 (a)　　(b) (1) 符號・係將氣罩開口面劃分為等分面積，且一邊長度應在 0.5 公尺以下 16 個以上如圖(a)（若氣罩開口面邊長較小時，設邊分為 2 個以上如圖(b)）之分割面積之中之中心點，為表示檢查煙流向之位置。 (2) 於圖(a)及圖(b)所示型式以外之型式氣罩，其局部排氣裝置準用同圖之規定。	1. 局部排氣裝置或排氣煙囪，其控制風速之能力應在每秒鐘 0.5 公尺以上，且能保持其氣罩外側空氣中，鉛濃度在每立方公尺 0.15 豪克以下。(鉛中毒預防規則原 29，已刪除) 2. 雇主依特定化學物質危害預防標準規定設置之局部排氣裝置，控制風速應符合：氣體、蒸氣等氣狀污染物為每秒 0.5 公尺；粉塵、纖維、燻煙、霧滴等立狀污染物為秒 1.0 公尺（特化原 17，已刪除）。 3. 有機溶劑、粉塵之局部排氣裝置控制風速—附件一及附件二（已刪除）。

檢查項目	檢查方法	判定基準
四、吸氣及排氣能力（續）	2. 抑制濃度	

2. 外裝型氣罩或接收型氣罩（以懸吊型者為限）者，為下圖所示之位置。

(a)　　　　(b)

(c)　　　　(d)

懸吊型
接收式氣罩

(e)

(1) 符號‧係距離氣罩開口面最遠之作業位置，為表示測定吸氣氣流速度控制風速之位置。

(2) 於圖(a)~(e)所示型式以外之氣罩，其局部排氣裝置，準用同圖之規定。

檢查項目	檢查方法	判定基準
四、吸氣及排氣能力（續）	2. 抑制濃度（續）	使局部排氣裝置動作，依下列規定測定空氣中有害物質之濃度。 1. 測定依下列所定之位置 (1) 包圍型氣罩之局部排氣裝置為下圖所示之位置 (a) 覆蓋型 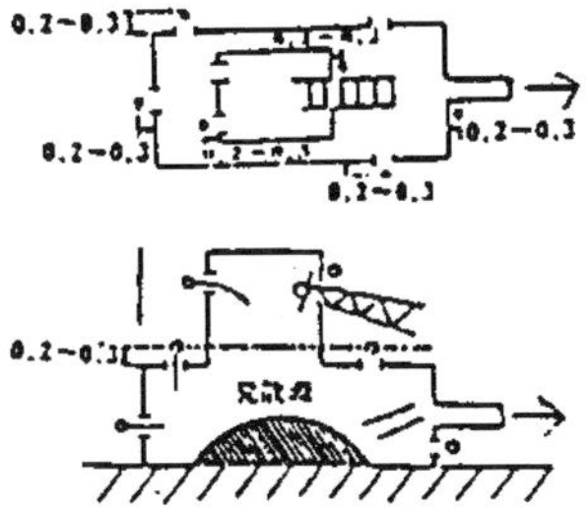	
		(b) 套相型 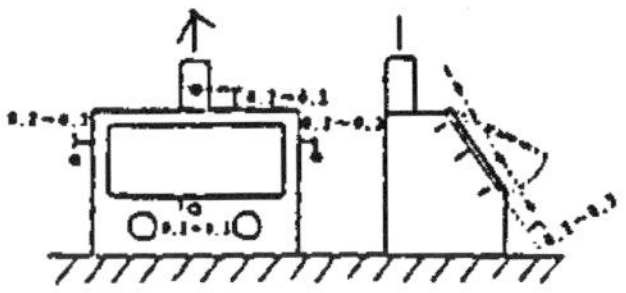	
		(c)氣櫃型 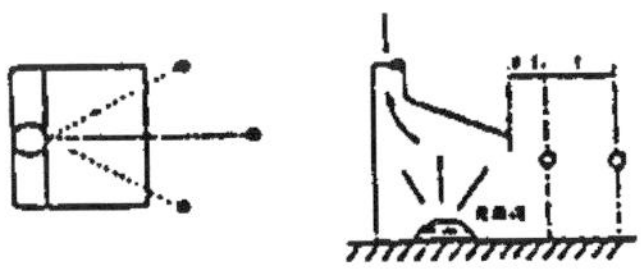	
		(d) 雙面開口型 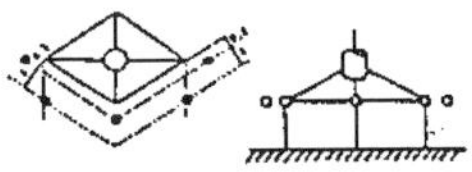	

檢查項目	檢查方法	判定基準
2. 抑制濃度（續）	(d) 雙面開口型 (b) 套相型 ① 尺度單位為公尺。 ② 符號。及符號·表示測點。 ③ 圖(a)之覆蓋型包圍式氣罩之局部排氣裝置，應取所有開口為測點，但相對之開口或並列之開口，其與排氣導管距離相等者，得取其中之一點為測點。 ④ 圖(a)及圖(b)所示型式以外之型式氣罩，其局部排氣裝置之測點位置，準用同圖之規定。 (2) 外裝式氣罩之局部排氣裝置，為下列所示之位置。	

四、吸氣及排氣能力（續）

檢查項目	檢查方法	判定基準
2. 抑制濃度（續）	(a) 側邊吸引式 	
四、吸氣及排氣能力（續）	(b) 上方吸引式 	
	(c) 下方吸引式 	

檢查項目	檢查方法	判定基準
四、吸氣及排氣能力（續）	2. 抑制濃度（續）	(d) 槽溝型
	(e) 其他（氣罩之開口面狹小，且作業位置固定設置在桌上作業者等）	
	① 尺度單位為公尺。 ② 符號。及符號·表示測點。 ③ 圖(b)之上方吸引式外裝型氣罩中，氣罩為圓形者，其測點應取在同心圓上。 ④ 圖(e)之 L1，為自氣罩開口面製作業者呼吸帶之距離（其距離在 0.5 公尺以上時，為 0.5 公尺）。	

檢查項目	檢查方法	判定基準
2. 抑制濃度 （續）	⑤ 對圖(a)至圖(e)所示型式以外之氣罩，其局部排氣裝置之測點位置。準用同圖之規定。	
	(3) 接收式氣罩之局部排氣裝置，為下圖所示之位置（研磨輪型）。 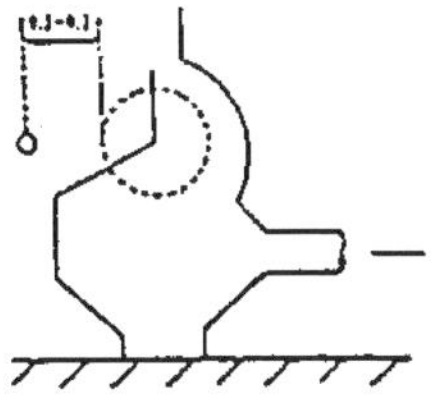 	
	① 尺度單位為公尺。 ② 符號。為測點。 ③ 本圖所示型式以外之氣罩，其局部排氣裝置之測點位置，準用同圖或其他方式之同形者。 2. 測定，應於 1 日內於1.之每一測點實施測定1 次以上。 3. 測定應於正常作業時間（作業開始後未經過 1 小時之時間除外）內實施。 4. 測點之試料空氣採樣時間，應連續在 10 分鐘以上時間。但使用直接捕集方法或撿知方式者之測定儀器等方法測定者，部在此限。	

四、吸氣及排氣能力（續）

檢查項目	檢查方法	判定基準
四、吸氣及排氣能力	2. 抑制濃度（續）	5. 測定方法依附件四之規定。 6. 空氣中有害物之濃度，依下式計算所得之值： $$M_n = \sqrt[n]{A_1 \cdot A_2 \cdot A_3 \cdots\cdots A_n}$$ （上式中，A1・A2・A3…An 為各測點之測定值。）	

 參考文獻

一、法　規

1. 四烷基鉛中毒預防規則，2014 年 6 月 30 日，行政院勞動部。

2. 有機溶劑中毒預防規則，2014 年 6 月 25 日，行政院勞動部。

3. 局部排氣裝置定期自動檢查基準，1993 年 11 月 3 日，行政院勞動部。

4. 空氣清淨裝置定期自動檢查基準，1998 年 10 月，行政院勞動部。

5. 室內空氣品質標準，2012 年 11 月 23 日，行政院環保署。

6. 特定化學物質危害預防標準，2016 年 1 月 30 日，行政院勞動部。

7. 粉塵危害預防標準，2014 年 6 月 25 日，行政院勞動部。

8. 缺氧症預防規則，2014 年 6 月 26 日，行政院勞動部。

9. 勞工作業場所容許暴露標準，2018 年 3 月 14 日，行政院勞動部。

10. 菸害防制法，2009 年 1 月 23 日，立法院／行政院衛福部。

11. 傳染病防治法，2019 年 6 月 19 日，立法院／行政院衛福部。

12. 傳染病防治醫療網作業辦法，2016 年 7 月 19 日，行政院衛福部。

13. 鉛中毒預防規則，2014 年 6 月 30 日，行政院勞動部。

14. 營造安全衛生設施標準，2021 年 1 月 6 日，行政院勞動部。

15. 職業安全衛生法，2019 年 5 月 15 日，立法院／行政院勞動部。

16. 職業安全衛生法施行細則，2020 年 2 月 27 日，行政院勞動部。

17. 職業安全衛生設施規則，2020 年 3 月 2 日，行政院勞動部。

18. 職業安全衛生管理辦法，2020 年 9 月 24 日，行政院勞動部。

19. 礦場職業衛生設施標準，2014 年 6 月 25 日，行政院勞動部。

二、英文書目

1. ACGIH (1991). Guide for Testing Ventilation Systems, Cincinnati: ACGIH.

2. ACGIH (2004). Industrial Ventilation—A Manual of Recommended Practice. 25th Ed. Cincinnati: ACGIH.

3. AHAM (2002). Method for Measuring Performance of Portable Household Electric Cord-Connected Room Air Cleaners, Standard AC-1-2002, Association of Home Appliance Manufacturers, Chicago.

4. AIRPAK (2005). User Guide.

5. Alden JL, Kane JM (1982). Design of Industrial Ventilation Systems. 5th Ed. Industrial Press Inc., New York.

6. Anderson DA, Tannehill JC, Pletcher RH (1984). Computational Fluid Mechanics and Heat Transfer, Hemisphere Publishing Corporation, Taylor & Francis Group, New York.

7. Burgess WA, Ellenbecker MJ, Treitman RD (2004). Ventilation for Control of the Work Environment. 2nd Ed. John Wiley & Sons, Inc., New York.

8. Burton DJ (1994). Laboratory Ventilation Work Book. 2nd Ed. IVE, Inc., Bountiful, Utah.

9. Hansen DJ (1991). The Work Environment, Volume 1. Lewis Publishers, Inc., Chelsea, Michigan.

10. Heinsohn RJ (1991). Industrial Ventilation: Engineering Principles. John Wiley & Sons, Inc., New York.

11. King R (1990). Safety in the Process Industries. Butterworth-Heinemann Ltd., UK.

12. Kornberg JP (1992). The Workplace Walk-Through. Lewis Publishers, Inc. Chelsea, Michigan.

13. Labconco Corporation (1993). How to select the right laboratory hood system, An Industry Service Publication.

14. McQuiston FC, Parker JD (1994). Heating, Ventilation, and Air Conditioning-Analysis and Design. 4th Ed. John Wiley & Sons, Inc., New York.

15. NSF (2002). Class II (laminar flow) biosafety cabinetry, NSF International Standard/American National Standard, NSF/ANSI 49-2002.

16. Patankar SV (1980). Numerical Heat Transfer and Fluid Flow, Hemisphere Publishing Corporation, Taylor & Francis Group, New York.

17. Plog BA, Niland J, Quinlan PJ (1996). Fundamentals of Industrial Hygiene. 4th. Ed. National Safety Council, Itasca, Illinois.

18. Scott RM (1995). Introduction to Industrial Hygiene. CRC Press, Inc., Boca Raton, FL.

19. Meechan PJ, Potts J (2020). Biosafety in Microbiological and Biomedical Laboratories. U.S. Public Health Service publication no. (CDC) 300859.

20. WHO (2003). Laboratory Biosafety Manual, World Health Organization, Geneva.

21. Williams ME, Baldwin DG, Manz PC (1995). Semiconductor Industrial Hygiene Handbook—Monitoring, Ventilation, Equipment and Ergonomics. Noyes Publications, Park Ridge, New Jersey.

三、中文書目

. 中華民國工業安全衛生協會(1985)：工業通風設計講習教材。

. 中華民國工業安全衛生協會(1996/10)：局部排氣裝置自動檢查基準及其解說。

3. 中華民國工業安全衛生協會(1996/10)：空氣清淨裝置自動檢查基準說‧空氣清淨裝置定期自動檢查基準。

4. 中華民國工業安全衛生協會(1996/10)：除塵裝置‧廢氣處理裝置。

5. 王洪鎧(1995/9)：工業通風設計基礎，徐氏。

6. 行政院勞動部(1983/5)：工業通風原理—工業通風原理及整體換氣。

7. 行政院勞動部(1989/6)：缺氧作業管理人員訓練教材。

8. 行政院勞動部(1997/3)：甲級化學性因子作業環境測定教材，第 8 章工業通風，pp.609~748。

9. 行政院勞動部(1997/3)：甲級物理性因子作業環境測定教材，pp.106~109。

10. 行政院勞動部(1998/10)：空氣清淨裝置定期自動檢查基準解說。

11. 行政院勞動部勞工安全衛生研究所編印(1999/5)：從國內法規觀點探討半導體設備用安全指引 SEMI S2 研習會會議資料。

12. 行政院勞動部勞工安全衛生研究所編譯(1999/1)：半導體設備和材料安全標準指引 SEMI S1-S11。

13. 行政院經濟部工業局工業污染防治技術服團(1987/3)：局部排氣系統設計，工業污染防治技術手冊之六。

14. 行政院衛生福利部疾病管制署(2020.4.1)：疑似或確診 COVID-19（武漢肺炎）病人手術感染管制措施指引。

15. 吳英民(1997/4)：送風機技術讀本，復漢。

16. 李文斌、臧鶴年(1994/3)：工業安全與衛生，第 17 章，通風與粉塵控制，前程。

17. 李希聖(1997/10)：防排煙工程設計，徐氏。

18. 林子賢(2020.7.1)工業通風，第 7 版，新北：新文京開發出版股份有限公司 [ISBN：978-986-430-620-6（平裝）]。

19. 林子賢、賴全裕、呂牧蓁(2019.1.1)作業環境控制－通風工程，第 5 版，新北：新文京開發出版股份有限公司 [ISBN：978-986-430-466-0（平裝）]。

20. 林文海(1999.9)工業通風・新北：新文京開發出版股份有限公司，296 頁 [ISBN：957-512-232-1（平裝）]。

21. 林文海、李芝珊(1995)「工業通風裝置與集塵裝置」・氣膠原理與應用（總編輯：王秋森教授），第 12 章，勞工安全衛生研究所，勞工安全衛生技術叢書 IOSH83-T-001。

22. 林文海、賴全裕、呂牧蓁(2007.10.1)作業環境控制－通風工程，第 2 版，新北：新文京開發出版股份有限公司，354 頁 [ISBN：978-986-150-744-6（平裝）]。[榮獲中國醫藥大學 98 學年度優良教材傑出獎]

23. 高正雄譯，高橋幹二編(1989/6)：氣溶膠工學應用，復漢。

24. 常知安(2003/6)：勞工安全衛生管理乙級技術士歷年試題解析，千華。

25. 陳博文(2003/8)：勞工安全衛生管理乙級技術士技能檢定得分寶典，千華。

26. 勞工安全衛生管理員訓練教材－通風，中華民國安全衛生協會，民國 81 年。

27. 勞工作業環境測定高級人員術科訓練教材，行政院勞工委員會，民國 82 年。

28. 黃金銀、王森(2003/6)：勞工安全衛生管理乙級技術士術科測驗大全，千華。

29. 黃啟明(1984/10)：除塵裝置手冊，國立編譯館。

30. 黃清賢(1993/9)：工業安全與管理，第 19 章，工業通風，三民。

31. 楊振峰、林進一、陳友剛(1997/9)：工業通風，高立。

32. 葉文裕(1996/6)：職業安全衛生與個人防護，空氣污染防制專責人員訓練教材，甲級第 3 冊，環保署環境保護人員訓練所。

33. 顏登通(1997/12)：潔淨室設計與管理，全華。

四、學位論文

1. 林文海(1992/6)：室內燃燒源產生之次微米氣膠在呼吸道沉積量特性之探討，國立臺灣大學環境工程學研究所碩士論文。

2. 陳信嘉(1995/6)：某辦公大樓室內空氣品質及「病態大樓症候群」之研究，國立臺灣大學公共衛生學院職業醫學與工業衛生研究所碩士論文。

3. 劉德齡(1995/6)：作業場所通風特性評估方法之研究，國立臺灣大學公共衛生學院職業醫學與工業衛生研究所碩士論文。

五、期刊論文

1. Claude-Alain R, Foradini F (2002). Simple and cheap air change rate measurement using CO2 concentration decays. International Journal of Ventilation, 1(1): 39-44.

2. Li CS, Lin WH, Jenq FT (1993). Characterization of outdoor submicron particles and selected combustion sources of indoor particles. Atmospheric Environment 27B: 413-24.

3. Li CS, Lin WH, Jenq FT (1993). Size distributions of submicrometer aerosols from cooking. Environment International 19: 147-54.

4. Li CS, Lin WH, Jenq FT (1993). Removal efficiency of particulate matter by a range exhaust fan. Environment International 19: 371-80.

5. McKernan JL, Ellenbecker MJ (2007). Ventilation equations for improved exothermic process control. Ann Occup Hyg. 51(3): 269-79.

6. McKernan JL, Ellenbecker MJ, Holcroft CA, Petersen MR (2007). Evaluation of a proposed velocity equation for improved exothermic process control. Ann Occup Hyg 51(4): 357-69.

7. McKernan JL, Ellenbecker MJ, Holcroft CA, Petersen MR (2007). Evaluation of a proposed area equation for improved exothermic process control. Ann Occup Hyg 51(8): 725-38.

8. 劉德齡、林文海、李芝珊、王秋森、石東生(1995)：空氣年齡概念在作業場所通風特性評估之應用，勞工安全衛生研究所，勞工安全衛生研究季刊，第 3 卷，第 4 期：1-20。

9 張錦輝(1995/6)：作業環境控制之利器—工業通風，環保資訊，NO.12，pp.14-16。

六、會議論文及摘要

1. Schenker MB, (1996). Recent findings on reproductive and other health effects in the semiconductor industry. 1996 年工業衛生學術研討會專題演講論文，台北。

2. 王順志(2003/10/2)：負壓隔離病房再啟動之注意事項，負壓隔離病房之維護與再啟動研習會，台北，pp.66-76。

3. 呂志維、林世昌、黃勝凱(1995/3)：鹽酸水洗槽通風系統改善評估，1995 年工業衛生暨環境職業醫學研討會論文摘要集，pp.21-2。

4. 呂牧蓁、賈台寶、陳秀玲、林幸嫻、饒詩瑋、蘇家慧，「國內職場吸菸區設置現況初探」，中華民國環境工程學會第十八屆年會暨各專門學術研討會，頁 654，2006 年 11 月 17~18 日。

5. 李錦東、夏良聚、張東隆(1996/12)：Clean Room Particle Monitor, Airflow Simulation and Measurement for Particle Reduction，1996 氣膠科技國際研討會論文集，pp.729-736。

6. 張振平(2003/10/2)：負壓隔離病房常見問題，負壓隔離病房之維護與再啟動研習會，台北，pp.45-49。

7. 陳友剛、葉文裕、陳春萬(1996/12)：圓形開口凸緣氣罩控制風速的理論探討，1996 氣膠科技國際研討會論文集，pp.421-429。

8. 陳春萬、林見衡、林宜長、葉文裕、陳友剛(1997/10)：電鍍槽鉻酸霧滴暴露控制效果測定，1997 暴露評估技術研討會論文集，pp.120-127。

9. 陳春萬、葉文裕、陳友剛(1996/12)：電鍍槽控制技術探討，1996 氣膠科技國際研討會論文集，pp.283-291。

10. 陳錦煌、劉遵賢、鄭福田(1996/11)：室內流場對局部排氣設施收集效率影響之研究，第十三屆空氣污染控制技術研討會論文專輯，pp.361-371。

11. 傅武雄、余榮彬、林慶峰(1996/12)：密閉作業環境有害氣體排除之電腦模擬，1996 氣膠科技國際研討會論文集，pp.411-419。

12. 葉文裕、陳友剛(1997/10)：環境測定與工程改善（摘要），1997 暴露評估技術研討會論文集，p.108。

13. 葉文裕、陳友剛、鍾弘、李忠庸、鍾基強(1995/3)：作業環境室內污染物擴散模式之研究，1995 年工業衛生暨環境職業醫學研討會論文摘要集，pp.7-8。

14. 葉文裕、陸忠憲、張靜文、鄭詠仁(2003/10/29)：生物安全櫃操作安全與檢測技術研討會講義，勞委會勞研所及工研院環安中心。

15. 劉德齡、林文海、李芝珊、王秋森、石東生(1995/3)：作業場所氣流型態與通風評估方法之研究，1995 年工業衛生暨環境職業醫學研討會論文摘要集，pp.23-24。

16. 鍾基強、陳柏志(1996/12)：潔淨室通風系統設計探討，1996 氣膠科技國際研討會論文集，pp.719-727。

七、技術報告及簡訊

1. 生物安全櫃年度／場地檢測報告書，工研院環安中心。

2. 石東生、黃文玉：國內半導體製造業潛在危害暴露之初步探討，勞工安全衛生簡訊第 24 期。

3. 洪珮珮：半導體製程健康潛在危害簡介，勞工安全衛生簡訊第 11 期。

4. 美國 CDC 實驗室生物安全分級規範，工研院環安中心譯。

5. 張振平(1999)：半導體業局部排氣系統之研究，行政院勞工委員會勞工安全衛生研究所研究報告，IOSH88-H308。

6. 張靜文、于台珊：生物安全櫃種類、選用依據及操作安全介紹，勞委會勞研所。

7. 陳友剛(1998/4)：新版局部排氣導管設計程式介紹，勞工安全衛生簡訊，第 28 期。

8. 勞委會勞工安全衛生研究所(2002/12)：微生物產業生物危害預防及管理規範研究－生物安全操作櫃及空調排氣安全管制標準模式建立，IOSH91-H341。

9. 鄭詠仁：生物安全櫃的設置評估、操作安全與檢測，工研院環安中心。

10. 鄭詠仁：生物科技安全技術系列報導－生物安全櫃，工研院環安中心，民 92 年。

11. 鄭詠仁：生物科技安全技術系列報導－生物實驗室設計安全基準，工研院環安中心，民 92 年。

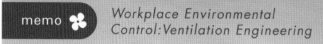
memo   Workplace Environmental
        Control: Ventilation Engineering

國家圖書館出版品預行編目資料

作業環境控制：通風工程 / 林子賢，賴全裕，呂牧
蓁編著. -- 第六版. -- 新北市：新文京開發出版
股份有限公司, 2021.07
　　面；　　公分

ISBN　978-986-430-749-4（平裝）

1.空調工程　　2.運風機

446.72　　　　　　　　　　　　　　　110011405

作業環境控制－通風工程（第六版）　　（書號：B206e6）

編 著 者	林子賢　賴全裕　呂牧蓁
出 版 者	新文京開發出版股份有限公司
地　　址	新北市中和區中山路二段 362 號 9 樓
電　　話	(02) 2244-8188（代表號）
F　A　X	(02) 2244-8189
郵　　撥	1958730-2
初　　版	西元 2004 年 03 月 25 日
第 二 版	西元 2007 年 10 月 01 日
第 三 版	西元 2012 年 09 月 10 日
第 四 版	西元 2015 年 09 月 21 日
第 五 版	西元 2019 年 01 月 01 日
第 六 版	西元 2021 年 08 月 10 日

New Wun Ching Developmental Publishing Co., Ltd.

New Age · New Choice · The Best Selected Educational Publications — NEW WCDP

新文京開發出版股份有限公司
NEW WCDP
新世紀‧新視野‧新文京 ─ 精選教科書‧考試用書‧專業參考書